畜禽常见病防制技术图册丛书

生猪常见病防制技术图册

张米申
吴家强　主编
张晓康

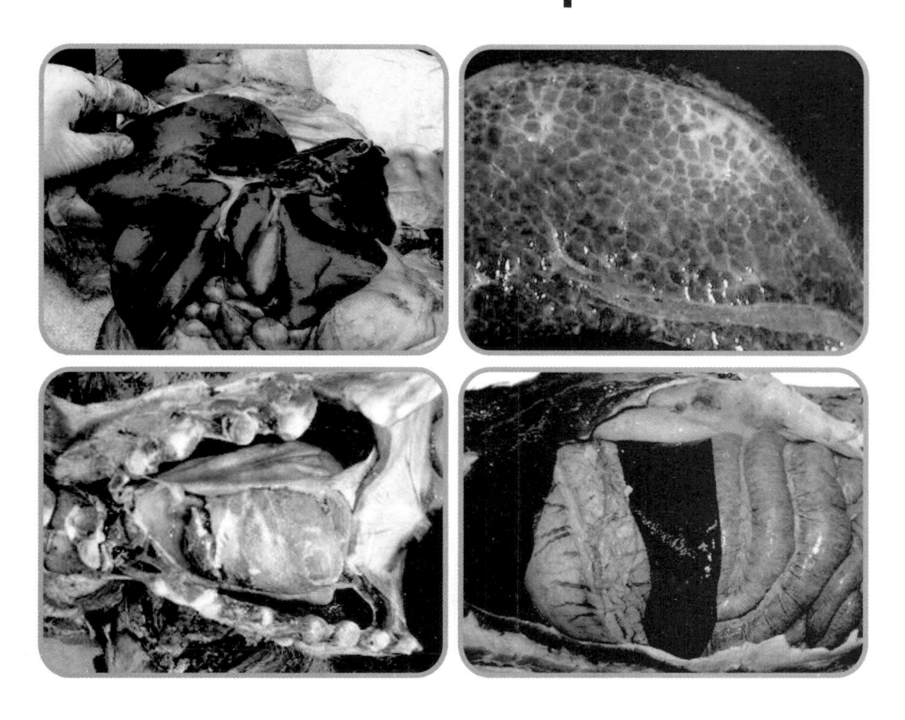

中国农业科学技术出版社

图书在版编目（CIP）数据

生猪常见病防制技术图册 / 张米申，吴家强，张晓康主编 .
— 北京：中国农业科学技术出版社，2016.4
ISBN 978-7-5116-2553-3

Ⅰ . ①生… Ⅱ . ①张… ②吴… ③张… Ⅲ . ①猪病—防治—图集 Ⅳ . ① S858.28-64

中国版本图书馆 CIP 数据核字（2016）第 058284 号

责任编辑 闫庆健 张敏洁
责任校对 马广洋

出 版 者 中国农业科学技术出版社
北京市中关村南大街 12 号 邮编：100081
电 话 （010）82106632（编辑室）（010）82109704（发行部）
（010）82109709（读者服务部）
传 真 （010）82106625
网 址 http://www.castp.cn
经 销 者 各地新华书店
印 刷 者 北京昌联印刷有限公司
开 本 787 mm × 1092 mm 1 /16
印 张 14.75
字 数 341 千字
版 次 2016 年 4 月第 1 版 2016 年 4 月第 1 次印刷
定 价 60. 00 元

编委会

主　编　张米申　吴家强　张晓康

副主编

张广勇（江苏省沛县农业委员会）

蒋　岩（江苏省沛县兽医卫生监督所）

宋光亮（江苏省沛县兽医站）

朱红陆（江苏省沛县农业委员会）

周克钢（西班牙海博莱生物大药厂）

张长征（江苏省沛县兽医站）

王　辉（山东省济宁原种猪场）

范玉峰（女，山东省农业科学院畜牧兽医研究所）

王延安（山东省鱼台县畜牧兽医局）

高幸福（山东省鱼台县畜牧兽医局）

王开峰（山东省鱼台县畜牧兽医局）

主　审　潘耀谦（河南科技大学学院教授，博士生导师）

编　委（排名不分先后）

于　江（女）　韩　红（女）　陈　智　陈秀辉　王进黉

丁　沛　王全丽（女）　王兆亮　王　慧（女）　王　旭

马书庆　史先锋　刘　涛　刘俊珍（女）　刘元召　朱本立

朱家春　李月山　李丰收　李　宁（女）　李方英（女）

张晓旺　张晓旭（女）　张玉玉（女）　张晓旺　夏芝玉

高　健　耿　松　赵广银　骆振东　薛垂喜　甄宗伦

Preface 前言

近几年，我国加大了对专业大户、家庭农场和农民合作社等新型农业经营主体的支持力度，实行新增补贴向专业大户、家庭农场和农民合作社倾斜政策。规模养猪如雨后春笋迅速发展起来。这对我国落后的养猪方式的改变以及政府对食品安全、疫病监管带来了积极的一面。然而，在规模养猪得到发展壮大的同时，猪的集约化、高密度饲养使得猪病越来越复杂多样，也使猪病防控面临新的形势和压力。规模养猪场疾病防制工作不仅关系到养猪业的健康发展，同时，也关系到食品安全和人民群众的身体健康。近几年，新病时有发生的同时，一些前些年在我国几乎灭绝的疾病（猪瘟、猪丹毒等）又卷土重来。养猪从业人员把急性死亡的猪丹毒病误认为是“高热病”（蓝耳病）的大有人在。虽然我国动物疫病防治的方针是“预防为主”，但就目前我国养猪现状看，猪病仍然困扰着养猪场户。因此，对发病猪及时正确诊断，然后合理预防和治疗仍是目前我国养猪场户，特别是中小规模场户绕不过去的坎。为适应目前猪病诊治需要，我们编写了《生猪常见病防制技术图册》，该书以图文并茂的形式展现近年来猪病发生时的临床表现、死后剖检变化以及猪病诊疗常识。全书采用近几年一线最新临床资料，生动直观地再现了猪病诊疗与防制情况。本书内容通俗易懂、可操作性较强，是养猪场户技术人员、基层兽医以及养猪从业人员的良师益友。

编者

2016 年 1 月

Contents

目录

目录 Contents

Contents 目录

目录

Contents

Contents 目录

第一章　猪场消毒和免疫

第一节　猪场消毒

为了有效控制病原微生物入侵，控制传染源，切断传播途径，确保猪群的安全，规模猪场必须严格做好日常消毒工作，制定切实可行的消毒方案。

一、非生产区消毒

猪场入口处必须设立门卫、消毒室、车辆消毒池。消毒池的长度为进出车辆车轮 2 个周长以上，消毒池上方要建顶棚，防止日晒和雨淋。最好设置喷雾消毒装置，对车辆车顶及车身进行消毒，并有人专职负责管理（图 1-1）。

图 1-1　未建顶棚的猪场消毒池（王辉摄）

1. 人员消毒

凡需进入养殖场的人员（参观人员、工作人员等）必须走专用消毒通道，并按规定消毒（图 1-2）。

（1）体表消毒。必须在入口消毒室人员出入通道设置消毒装置，如紫外线灯、高压喷雾消毒装置等（图 1-3）。紫外线消毒成本低，但对人体可能有害，有时因紫外线灯管安放位置不合理，影响消毒效果。高压喷雾消毒装置效果比较显著，在人员进入通道门时，即可进行喷雾，使通道内充满消毒剂汽雾，人员进入后全身粘附一层薄薄的消毒剂气溶胶，能有效地阻断外来人员携带的各种病原微生物。

图 1-2　技术管理人员专用通道（王辉摄）

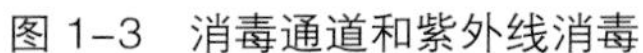
图 1-3　消毒通道和紫外线消毒　　（王辉摄）

（2）鞋底消毒。人员出入通道地面应做成浅池型，池中垫入有弹性的室外型塑料地毯，消毒药随时适量添加保持水位，每天更换一次。消毒剂 3~4 个月更换一次（图 1-4）。

图 1-4　浅池消毒

（3）手臂消毒。大门消毒室设置消毒洗手盆（图 1-5），凡进入猪场的人员必须洗手消毒，消毒盆中的消毒液每天更换一次。

图 1-5　消毒手盆

2. 车辆消毒

除饲料运输车辆外，其他社会车辆一律不能进场。

（1）饲料运输车。进入养殖场的饲料运输车必须严格消毒，特别是车辆的挡泥板和底盘必须用消毒液充分喷透、驾驶室等也必须严格消毒。

（2）运猪车。运猪车不得进入猪场生活区；在靠近装猪台前需先经清洗、干燥和消毒后方可装载（图 1–6、图 1–7）。

图 1–6　车辆手动消毒（来自网络）

图 1–7　车辆感应消毒通道（王辉摄）

3. 办公室及生活区环境消毒

办公室、会客室可以设置紫外线灯和臭氧发生装置（图 1–8），在人员离开时进行消毒。正常情况下，宿舍、厨房、冰箱等必须每周消毒 1 次，卫生间、食堂餐厅等必须每周消毒 2 次。疫情爆发期间每天必须消毒 1~2 次。

图 1–8　臭氧发生器（该图来自网络）

二、生产区消毒

1. 进入生产区人员的消毒

猪场员工和来访人员进入生产区需更换一次性的工作服，换胶鞋（图 1–9），如有条件，可以先洗澡更衣。洗澡更衣顺序为：外间更衣→洗澡→里间换工作衣→喷雾消毒（图 1–10）。然后穿上生产区的胶鞋，通过消毒池（或脚踏消毒桶），才能进入生产区（图 1–11）。

图 1–9　消毒通道

图 1–10　喷雾消毒（王辉摄）

图 1–11　通过消毒池后进入生产区

2. 生产区内部不同地面和通道消毒

生产区内部不同地面和通道主要包括入口消毒池、道路、空地、排污沟、赶猪通道、装猪台等，不同地点消毒方法亦有所不同。

（1）生产区入口消毒池（图 1–12）。消毒液每周更换 2 次。消毒剂可选用烧碱、酚制剂，2 种消毒剂 3~4 个月互换 1 次。

图 1-12　生产区消毒池

（2）场内生产区道路、空地、运动场等。使用高压清洗机，每周用消毒液对厂区道路、空地、运动场进行 1~2 次喷雾消毒，也可以每个月用烧碱和石灰水对道路、运动场定期白化。

（3）赶猪通道、装猪台消毒。每次赶猪前必须消毒，赶猪后必须清洗、消毒，以防止交叉感染。消毒剂可选用碘制剂、酚制剂、季胺盐等，每 3~4 个月互换 1 次。

3. 分娩舍动物消毒

（1）母猪消毒。母猪在预产期前 1 周经过驱体内外寄生虫、清洗、消毒后转入分娩舍（图 1-13）。经人工助产的母猪，必须严格用碘消毒液冲洗、消毒，灌注抗菌素以保证母猪生殖系统健康。

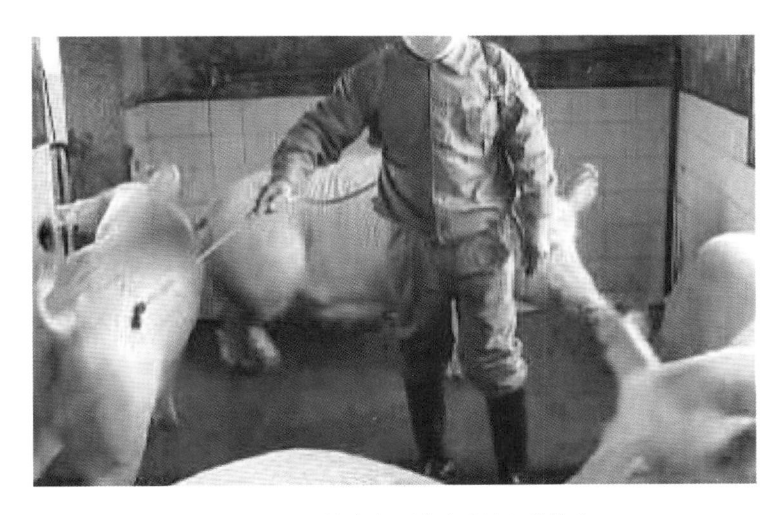

图 1-13　孕猪消毒、清洗后转入分娩舍

（2）仔猪断脐消毒。可采用不同消毒剂，涂布脐带消毒，包括碘制剂、密斯陀（一种进口的粉状消毒剂）（图 1-14）等。

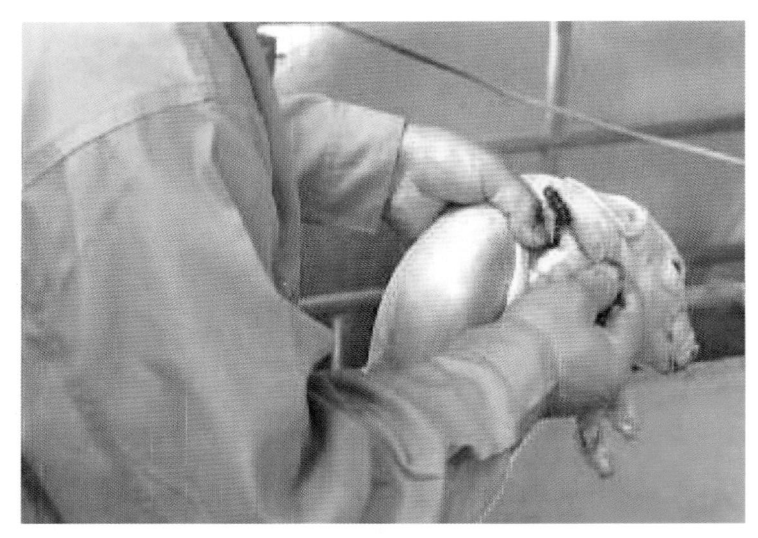

图 1-14　仔猪断脐消毒

（3）断尾、去势等消毒。断尾、去势等手术创口直接用碘制剂反复涂抹消毒。

（4）产房带猪消毒。可以选择无毒无刺激的消毒剂，用专用喷粉机或人工将适宜浓度的消毒剂充分喷洒在产房地面、产床上。保温箱内可以撒一层爽安粉，可起到干燥、杀菌消毒、驱赶蚊蝇等作用。也可每周 2 次用碘制剂或过氧化物制剂喷雾消毒。夏天可直接对仔猪喷雾消毒；冬天气温较低时，向上喷雾，水雾（滴）要细，慢慢下降，仔猪不会感到寒冷，注意喷雾一定要细（图 1-15）。

图 1-15　产房带猪消毒

4. 保育舍消毒

（1）进猪前消毒。用专用喷粉机或人为将石灰水、爽安粉充分喷洒在保育室高床、地面保温垫板上，可起到干燥、杀菌消毒、驱赶蚊蝇、防止擦伤等作用。

（2）定期带猪消毒。仔猪转入保育舍 1 周后，每周 2 次用碘制剂或过氧化物制剂喷雾消毒。夏天可直接对仔猪喷雾消毒；冬天气温较低时，向上喷雾，注意喷雾的雾滴一定要适宜（图 1–16）。

图 1–16 定期带猪消毒

5. 配种怀孕舍及公猪舍的消毒

每周 2 次用碘制剂或过氧化物制剂喷雾消毒。周边出现疫情时，用碘制剂或过氧化物制剂喷雾消毒 1 次 / 天。

6. 采精、配种时的消毒

采精、配种时，先用清水清洗母猪外阴和公猪包皮，后用蘸有消毒药水的湿毛巾擦拭母猪外阴和公猪包皮（图 1–17）。

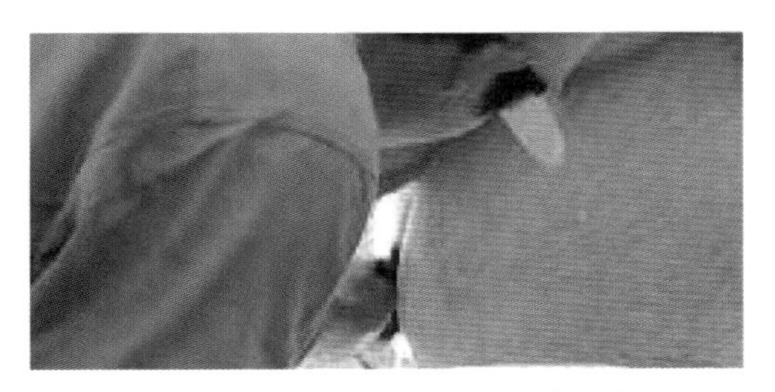

图 1–17 0.1% 高锰酸钾溶液擦洗外阴

7. 育肥猪舍的消毒

用碘制剂或过氧化物制剂喷雾消毒，每周 2 次。周边出现疫情时，消毒，每天 1 次，用碘制剂或过氧化物制剂喷雾消毒（图 1–18）。

图 1–18　用碘制剂或过氧化物制剂喷雾消毒

8. 病猪（病猪隔离室）的消毒

用碘制剂或过氧化物制剂喷雾消毒，每天 1~2 次。病死猪最好送到专业的化制站焚烧处理，也可深埋，用生石灰和烧碱拌撒，深埋。

9. 其他

出入猪舍的各种器具、推车，如小猪周转箱（车）等，必须经过严格的消毒，同时各种饲喂工具每天必须刷洗干净，定期消毒。进入生产区的药物、饲料等物料外表面（包装）也应进行消毒。对于不能喷雾消毒的药物、饲料等物料可用紫外线照射消毒（在晚上进行），有条件的可采用密闭熏蒸消毒，物料使用前除去外包装。注射器械可用高温消毒。手术器械在使用后用消毒药水浸泡消毒，再用洁净水冲洗晾干备用。每次使用后的活疫苗空瓶应集中放入有盖塑料桶中灭菌处理，防止病毒扩散。

三、空栏（舍）清洗消毒操作规程

空栏（舍）清洗消毒对规模化养猪场实行全进全出饲养管理十分重要，操作步骤如下。

1. 清扫

尽可能拆除及移走围栏、料槽、垫板、网架等设备；尽可能移走畜舍内所有物品；彻底清除排泄物、垫料和剩余饲料，确保清扫干净。

2. 清洗

用消毒药水对高床、垫板、栏杆、地面、墙壁和其他设备充分喷雾湿润或浸泡，24 小时后用高压水枪冲洗干净即可。对拆下的各种设备，可以先用碘制剂或酚制剂浸泡消毒，浸泡 30~60 分钟后，用高压清洗机冲洗干净，晾干即可。

3. 消毒

待栏舍干燥后用消毒药水自上而下喷雾使其充分湿润，保证空间、墙壁、地面及设备均得到消毒；墙体、地面也可以用2%的烧碱和生石灰水涂刷。

4. 清除寄生虫（卵）

如上批养殖动物发生寄生虫害（球虫）较严重，必须严格清除杀灭栏舍内的寄生虫卵，特别注意清除杀灭拐角处的昆虫、螨虫、甲虫等。消毒剂可以选用一种具有多种杀虫功能的消毒剂或多种联合使用；杀虫时，可以使用菊脂类安全杀虫剂。

四、饮水消毒

饮水消毒方法主要有两大类。一类为物理方法，如煮沸、紫外线照射；一类为化学方法，如加氯消毒法、碘消毒法等。

（一）煮沸消毒法

煮沸消毒法是物理消毒中效果可靠的简便方法。当将水加热至80℃时，水中的一般细菌及肠道致病菌均可被杀死。如将水在常压下煮沸5分钟左右，即可达到彻底消毒的目的。

（二）紫外线消毒法

紫外线对水中的细菌、病毒和芽胞等均有杀灭作用。用紫外线消毒清水时，当照射剂量为90 000微瓦·秒/平方厘米时，对大肠杆菌、伤寒杆菌、金黄色葡萄球菌、枯草杆菌芽胞、黑曲霉孢子等的灭活指数可达1 030，杀灭率可达到99.99%以上。对较混浊和色度较高的水，应先经沉淀澄清和过滤后再照射，以保证消毒效果。消毒装置可呈管道状，使水由一侧进入，另一侧流出。管道中用紫外线灯照射，装置的设计应使灯管不浸于水中，以免降低灯管的温度，减少辐射输出强度。流过管道的水层不要太厚，一般不超过2厘米。

常用的装置有直流式紫外线水液消毒器，使用30瓦灯管一支，每小时可处理约2 000升水，微生物灭活指数可达10^4；套管式紫外线水液消毒器，这种装置可使水沿外管壁形成薄层流到底部，然后由底部开口流出，内管装紫外线灯管，因此可受到紫外线的充分照射，每小时可生产150升无菌水。

（三）氯化消毒法

指用含氯消毒剂进行消毒。由于此类消毒剂的杀菌力强，价格便宜，故当前国内外仍广泛使用。养猪场引用水有水塔式和压力罐式两种，目前以压力罐式供水较多。氯化消毒法目前仍以漂白粉为主，一般取漂白粉的上清液消毒效果较好。上清液的配制浓度为1%~2%（即一升水中溶10~20g漂白粉）。上清液的投放可直接加入井内，也可加入到水泵吸水管中。消毒前，最好有针对性的对将要处理的水源做加氯量的测定，如不具备测量条件，过滤后的地表水或地下水的加氯量可按0.5~1.0mg/L（以有效氯）来计算。

确定了加氯量以后，可按下列公式计算漂白粉的投放量。

$$漂白粉投放量=0.1\times\frac{最高日用水量（m^3/d）\times 最大加氯量（mg/L）}{漂白粉有效氯含量（\%）}（kg/d）$$

由于投药量要与用水量成正比，一日的药量要在供水的6小时内投放，连续投放漂白粉上清液的公式为：

每小时投放的漂白粉溶液量（L/h）

$$漂白粉投放量=0.1\times\frac{最高日用水量（m^3/d）\times 最大加氯量（mg/L）}{漂白粉有效氯含量（\%）}（kg/d）$$

式中应投加的漂白粉量（mg/L，以有效氯计）= 最大加氯量（mg/L）/ 漂白粉有效含氯量（%）×100

（四）碘消毒法

碘适用于小规模一时性的饮水消毒，效果可靠，消毒后的水呈浅黄色。方法如下：（1）2.5% 碘酒：取20mL碘酒加入50kg水中，即含碘10mg/L，10分钟后即可饮用。（2）有机碘化合物：有机碘消毒剂主要有三碘化硫酸六脲铝、三碘化二硫酸六脲铝等，可与碘酸钠、氯化钠等压成有机碘片剂，每片重100毫克，含有效碘10mg，消毒时按规定要求加入。有机碘消毒剂杀菌效力高，对人和动物健康无害。

五、空气消毒

猪圈舍内空气中的微生物主要来源于养殖场中饲养的动物和管理人员。一般情况下，动物不断地从呼吸道、消化道、皮肤和毛发等处排出微生物进入空气，而发病动物和隐性感染动物的排泄物与分泌物，如鼻、口腔分泌物、粪便和尿液中可含大量的病原体，严重污染周围环境。动物之间的打斗和争食加剧了养殖场内空气流动和尘土飞扬，会促进病原的进一步传播。对养殖场中的空气消毒主要有以下几种方法。

（一）自然通风除菌

这是养殖场内净化动物圈舍内空气的主要方法，不但可以减少圈舍内空气中细菌的含量，而且还可以降低圈舍内的湿度。自然通风除菌简单易行，但效果受诸多因素影响。要提高消毒效果，还应采用其他消毒手段，尤其在冬春季节，应加强动物圈舍的通风换气，减少呼吸道疾病的发生。

（二）紫外线消毒

动物圈舍内使用紫外线消毒的不多。主要用于饲养管理人员的更衣室和饲料贮存间。

（三）化学法消毒

通过喷雾和气体熏蒸的方法杀灭空气中的微生物。熏蒸消毒效果优于喷雾法，但应在圈舍空置时进行，并注意圈舍必须严格密闭。

1. 熏蒸方法

（1）过氧乙酸。将过氧乙酸稀释成3%~5%的水溶液，置于容器内加热。杀灭细菌繁殖体的用量为$1g/m^3$，熏蒸60分钟；杀灭细菌芽胞的用量为$3g/m^3$，熏蒸90分钟。相对湿度以60%~80%效果最好。

（2）甲醛。当空气受到严重污染时，可用甲醛气体熏蒸消毒。甲醛用量$12.5\sim25mL/m^3$。

（3）臭氧。臭氧消毒是利用臭氧发生装置产生臭氧杀灭空气中微生物。可用于饲养管理人员的更衣室和圈舍消毒。臭氧消毒空气只适于在圈舍空置状态下使用，空气中容许存留最高浓度为$0.2mg/m^3$。对密闭空间，使用浓度为$5\sim10mg/m^3$，作用30分钟即可。

2. 气溶胶喷雾

根据不同消毒剂使用剂量，将消毒剂稀释后进行喷雾消毒。如采用0.5%~1%的过氧乙酸溶液喷洒，剂量为$10\sim20mL/m^3$，封闭门窗半小时。

六、粪污发酵消毒

沼气是农作物秸秆、杂草和人畜粪便等有机质在厌氧条件下经微生物分解所产生的一种以甲烷为主的可燃性气体，利用动物粪便生产沼气需要一定的投资，其次是保证一定的条件，主要包括：① 要保持无氧环境，厌氧发酵是甲烷微生物新陈代谢的先决条件。② 原料必须进行预处理，秸秆要铡短，与粪便要合理搭配，碳：氢以25 ： 1时产气量最大。③ 沼气液的酸碱度以中性为适宜。可用pH试纸测定，以鸡粪为主的发酵容易酸化，偏酸时用石灰水或草木灰中和。④ 温度对沼气的发酵影响较大，沼气菌发酵的最佳温度为35℃。⑤ 沼气发酵启动时最好有30%的接种物，每隔6~10天换料一次，换料时先出料后进料。

粪便发酵分解后，约60%的碳素转变为沼气，而氮素损失很小，且转化为速效养分，因而肥效高。一般固形物经发酵后还剩50%废液。这种废液呈黑黏稠状，无臭味，不招苍蝇，施与农田肥效良好，沼渣中尚含有植物生长素类物质，可使农作物和果树增产，沼渣可做花肥，做食用菌培养料，增产效果较好。

必须注意，生物热消毒法虽然对粪便消毒很好，可以杀灭许多种传染性病原，但对于发生一类传染病时所产生的粪便及其它污物，必须进行焚烧处理。

七、病死动物尸体的无害化处理

1. 销毁

确认为炭疽、鼻疽、牛瘟、牛肺疫、恶性水肿、气肿疽、狂犬病、羊快疫、羊肠毒血症、肉毒梭菌中毒症、羊猝疽、马流行性淋巴管炎、马传染性贫血病、马鼻腔肺炎、马鼻气管炎、蓝舌病、非洲猪瘟、猪瘟、口蹄疫、猪传染性水疱病、猪密螺旋体痢疾、急性猪丹毒、牛鼻气管炎、黏膜病、钩端螺旋体（已黄染肉尸）、李氏杆菌病、布鲁氏菌病、鸡新城疫、马立克氏病、禽流感、小鹅瘟、鸭瘟、兔病毒性出血症、野兔热、兔产气荚膜梭菌病等传染病和恶性肿瘤或两个器官发现肿瘤的病畜、病禽，以及从其他患病动物各部分分割下来的病变部分和内脏都需要经过销毁处理。

销毁时，应采用密闭的车辆运送尸体。销毁方法有两种：湿法化制和焚毁。湿法化制是指将整个尸体投入湿化机内进行化制（熬制工业用油），焚毁是将整个尸体或割除下来的病变部分和内脏投入焚化炉中烧毁炭化（图 1-19）。

图 1-19　焚化炉中焚烧

2. 化制

病变严重、肌肉发生退行性变化、除上述传染病以外的其他传染病、中毒性疾病、囊虫病、旋毛虫病及自行死亡或不明原因死亡的动物整个尸体和内脏，应采用化制的方法进行无害化处理（图 1-20）。

图 1-20　化制池法（此法因有臭味，并不科学，已少用）

3. 深埋

过去一般主张对病死动物尸体和其产品进行深埋处理，但需要引起注意的是，深埋可能带来很大隐患。深埋的尸体有可能在自然环境（洪水冲刷、地震等）或者人为（开山、采矿）因素的影响下，暴露在土壤表面，使得一些抵抗能力强的细菌或病毒等病原体有机会重新回到地表，再次感染人、动物等。另一方面，深埋的发病动物尸体内的病原微生物可能会通过渗透作用而污染地下水。此外，即使深埋地点不受到任何外在因素的破坏而暴露，但其上面生长的植物可能会通过广泛伸展根茎的生长把深埋在地下的病原再次带上地表。所以，为确保病原微生物彻底无害化，对病死动物尸体的处理最好不要采用深埋的方法（图 1-21）。

图 1-21　最好焚烧后深埋更安全

第二节　猪常用免疫程序

给猪群进行免疫，应首先按危害程度排列出当地可能发生的动物传染病，然后确定疫苗种类、剂型、剂量、次数以及免疫时间等。免疫的原则：一是要“少而精”，选出必须要免疫而且免疫有效的；根据疫情和可能发生的激发因素安排次要的；排除可免可不免或免疫效果不好或不能肯定免疫效果的。二是要一定适合于本猪群情况的“个性化”免疫程序，避免盲目模仿。以下为某规模化养猪场制定的免疫程序，供参考。

一、后备公、母猪（参考）免疫程序

疫苗种类	免疫时间		疫苗剂量
猪蓝耳病苗	首免 120 日龄	二免 162 日龄	1 头份 / 头
猪口蹄疫高效灭活苗	首免 127 日龄	二免 197 日龄	2mL/ 头
猪伪狂犬基因缺失苗	首免 134 日龄	二免 169 日龄	1 头份 / 头
猪瘟弱毒苗	首免 141 日龄	二免 176 日龄	1 头份
猪乙脑活苗	首免 148 日龄	二免 183 日龄	1 头份 / 头
猪细小病毒灭活苗	首免 155 日龄	二免 190 日龄	1 头份 / 头

二、经产母猪（参考）免疫程序

疫苗种类	免疫时间		疫苗剂量
猪萎缩性鼻炎	孕后 90 天		1 头份
猪蓝耳病苗	产后 7 天	孕后 40~60 天	1 头份 / 头
猪口蹄疫高效灭活苗	每年 3 次	2 月、6 月、10 月各一次	2mL/ 头
猪伪狂犬基因缺失苗	每年 3 次	1 月、5 月、9 月各一次	1 头份 / 头
猪瘟弱毒苗	配种后 84~89 天	产后 23 天	1 头份
猪乙脑活苗	每年 2 次	3 月、8 月各一次	1 头份 / 头
猪细小病毒灭活苗	产后 15 天		1 头份 / 头

三、种公猪（参考）免疫程序

疫苗种类	免疫时间		疫苗剂量
猪蓝耳病苗	每年 3 次	4 月、8 月、12 月各一次	1 头份 / 头
猪口蹄疫灭活高效苗	每年 3 次	2 月、6 月、10 月各一次	2mL/ 头
猪伪狂犬基因缺失苗	每年 3 次	1 月、5 月、9 月各一次	1 头份 / 头
猪瘟弱毒苗	每年 3 次	3 月、7 月、11 月各一次	1 头份
猪乙脑活苗	每年 2 次	3 月、8 月各一次	1 头份 / 头
猪细小病毒灭活苗	每年 2 次	4 月、8 月各一次	1 头份 / 头

四、仔猪（参考）免疫程序

疫苗种类	免疫时间	疫苗剂量
猪伪狂犬基因缺失苗	2 日龄(滴鼻)	1 头份 / 头
猪支原体苗	7 日龄	1 头份 / 头
猪蓝耳病苗	15 日龄（一边一针）	1 头份 / 头
猪圆环病毒苗		1 头份 / 头
猪瘟弱毒苗	25 日龄（一边一针）	1 头份 / 头
猪支原体苗		1 头份 / 头
猪蓝耳病苗	35 日龄（一边一针）	1 头份 / 头
猪圆环病毒苗		1 头份 / 头
猪伪狂犬基因缺失苗	45 日龄	1 头份 / 头
猪口蹄疫高效灭活苗	60 日龄（一边一针）	2mL/ 头
猪瘟弱毒苗		1 头份 / 头
猪口蹄疫高效灭活苗	85 日龄	2mL/ 头

第二章　检查方法和治疗技术

第一节　保　定

在养猪生产过程中，猪的保定方法有很多种，可以根据不同的用途灵活使用。

1. 站立保定法

用绳的一端打一活结，一人抓住猪的两耳同时上提，在猪嚎叫时，把绳的活结立即套入猪的上颌并抽紧，然后把绳头扣在圈栏或木柱上，此时猪常后退，当猪退至被绳拉紧时，便站住不动，解脱时，只需把活结的绳头一抽便可。此法适用于检查和肌肉注射，也可专用套猪器（图 2-1 至图 2-3）。

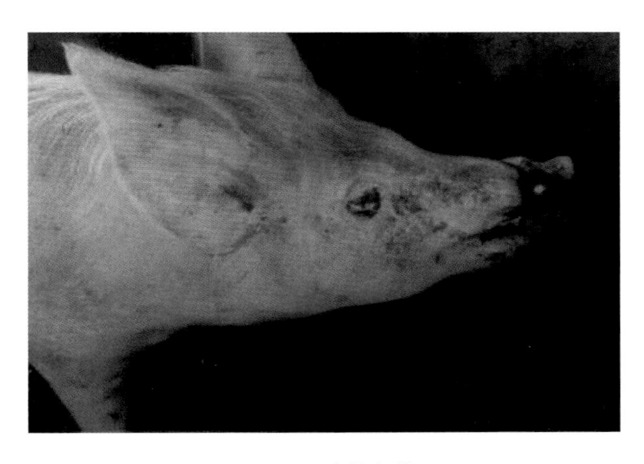

图 2-1　套猪部位

图 2-2　适用前腔静脉采血

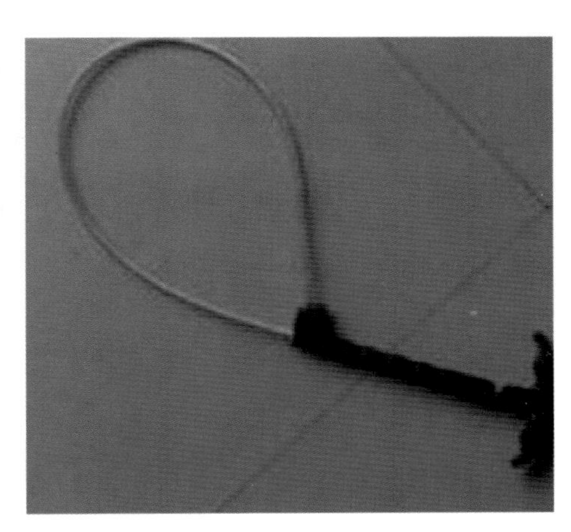

图 2-3　套猪器

2. 提举保定法

抓住猪的两耳，迅速提举，使前肢悬空，同时用膝部夹住其背胸或腰腹部，使腹部朝前。此法适用于灌药或肌肉注射。

3. 网架保定法

网架保定常用于一般检查及猪的耳静脉注射（图 2–4）。

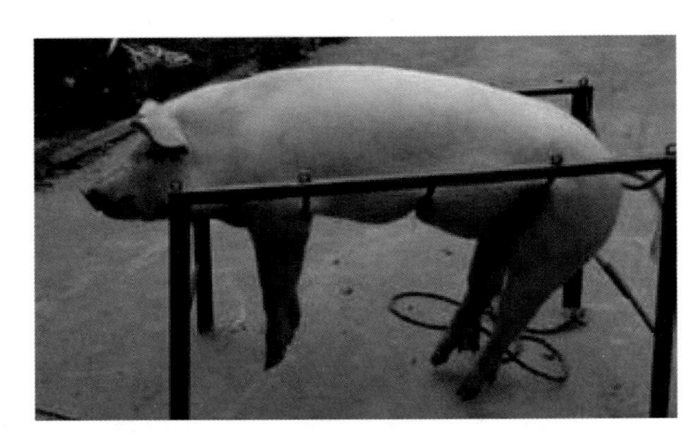

图 2–4 网架保定法

4. 保定架保定法

可用于一般检查、静脉注射及腹部手术等（图 2–5）。

图 2–5 保定架保定法

5. 侧卧保定法

左手抓住猪的右耳，右手抓住右侧膝前皱褶，并向保定者怀内提举放倒，然后使前后肢交叉，用绳在掌跖部拴紧固定。此法适用于大公猪、母猪的去势，腹腔手术及静脉、腹腔注射。

6. 倒立保定法

用两手握住猪两后肢飞节，头部朝下，术者用膝部夹住其背部即可。对于体格较大的猪或保定时间较长时，用绳拴住两后肢飞节，将猪倒吊在一横梁上即可（图 2–6）。

图 2–6 倒立保定法

7. 竹竿抵颈保定法

用长 0.6~1m 的竹竿或木棍，操作者左手用竹竿抵住猪的耳部（让开注射部位）并轻轻点击，待猪安静后，右手持注射器，在颈部注射部位进针并注入药物。此法适用于较大猪颈部肌肉注射。（操作时，最好将同圈猪同时驱赶几圈，此时，猪挤在一角，便于操作）（图 2–7）。

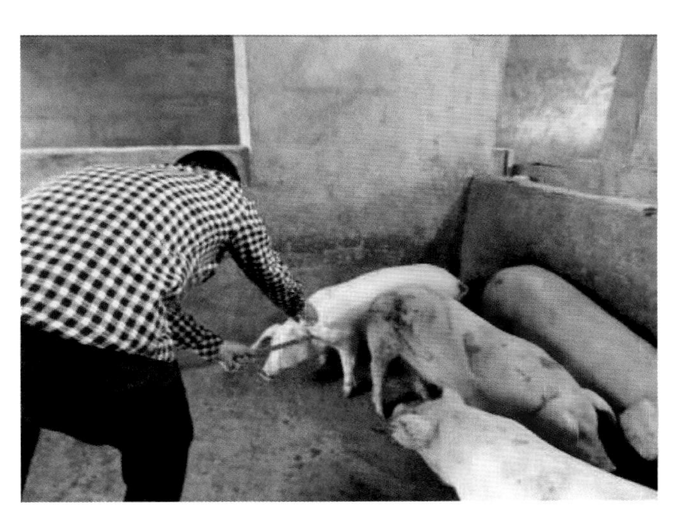

图 2–7 竹竿抵颈保定法

第二节　一般检查

一、全身检查

抓捕、刺激等因素会剧烈影响猪的生理指标，所以，猪的全身检查应尽可能在其自由状态下进行。若有必要，可在此之后再将猪保定，做进一步的检查。全身检查主要包括以下 3 个方面。

1. 行为与精神状况检查

应将病猪与同栏健康猪比较，以判断猪是倦怠无神还是骚动不安。通常情况下，局部疾患（如跛行）的猪仅引起在正常范围内的警觉行为，而全身性疾病则引起行为异常。健康猪总是两耳竖立或前伸，如两耳下耷或后贴则表明猪的精神状态不佳。胡冲乱撞或对外界声音无反应均提示猪可能已聋或已瞎。

2. 特定姿势检查

猪的某些特定姿势常可成为某种疾病的示病症状。猪的卧地姿势有侧卧和平卧两种，有心脏疾患的猪一般不侧卧，但动物极度疲乏或过热时通常取这种姿势卧地。当处于寒冷状态时，猪的四肢缩于腹下而平卧，以减少身体与寒冷地面的接触。猪呈犬坐姿势提示呼吸困难，常见于肺炎、心功能不全、胸膜炎或贫血。如猪站立时头颈向前伸直也表示有呼吸障碍。患有胸膜炎的猪通常弓背站立。有跛行的病猪，通常不愿站立或倚栏而立。有严重的前肢跛行的猪常常以鼻触地来避免前肢负重（图 2-8）。猪的头颈歪斜或做圆周运动通常见于中耳炎或内耳炎，进一步发展则可形成脑脓肿或脑膜炎。头颈弯曲和圆周运动均向着患侧进行。

图 2-8　跛行不愿站

3. 体型体态与营养状况检查

体型体态也可以反映动物的健康状况，动物的营养状况应与同栏猪比较。架子猪的体表不应有明显的骨骼结构，而应背弓腹圆，但过分背或驼背，且脊柱、肋骨或盆骨外凸均属异常（图 2-9）。腹部应充盈但不膨胀。成年猪站立时背部平直或微弓，两侧腹壁平坦或微凸，通过视诊或触诊坐骨、肋骨、脊背和尾根可估计猪的脂肪沉积状况。

图 2-9　骨骼变形

二、皮肤检查

观察猪全身皮肤的颜色，尤其要注意鼻、耳、腹下、股内侧、外阴和肛门部皮肤的颜色。白猪皮肤的颜色变蓝提示有血液循环障碍；变红则提示充血、发热或有感染；苍白则提示贫血；黄染则提示肝脏功能不全或溶血；若呈灰色或出现结痂则提示寄生虫侵袭或营养失调。健康猪被毛光滑平整，如被毛粗乱则提示猪冷、有病或营养不良。如果发现皮肤有损伤，则应注意是局部的还是均匀分布的（图 2-10）；病变部位是平坦的还是凸起的图（2-11），是弥漫性的还是界限分明的，还要注意患猪是否经常摩擦皮肤。当怀疑有疥癣时，应从耳道内取皮屑进行检查。如果有特征性的皮肤损伤，则应从损伤边缘刮取皮屑进行检查。采集皮屑的方法是用解剖刀刮取皮屑至微微出血。可用矿物油、10% 氢氧化钾或甘油将皮屑从皮肤上转移到玻片上或试管内。圆环病毒也可引起皮损（图 2-12）。

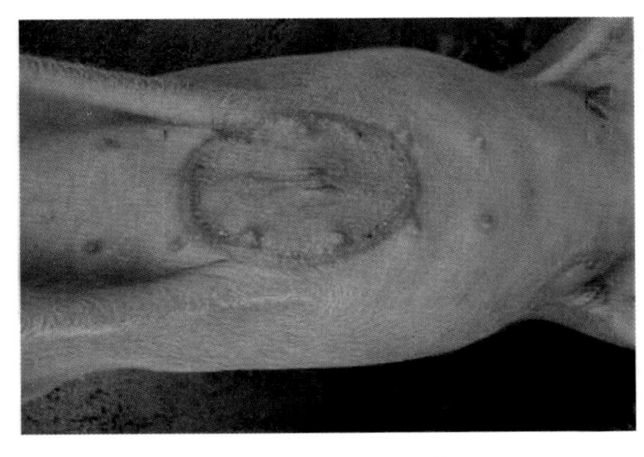

图 2-10　对称的红色疹环

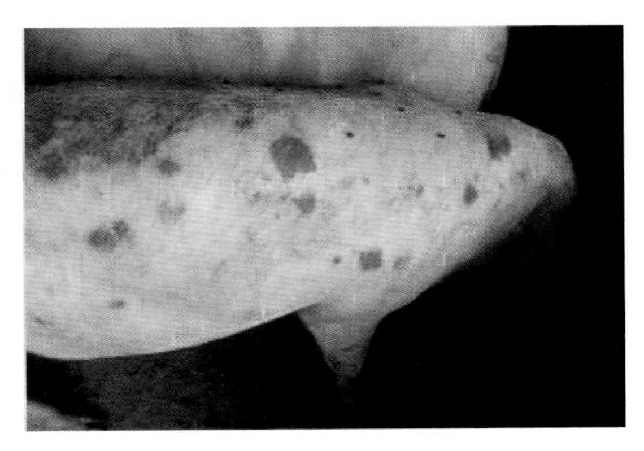

图 2-11　皮肤疹块凸起

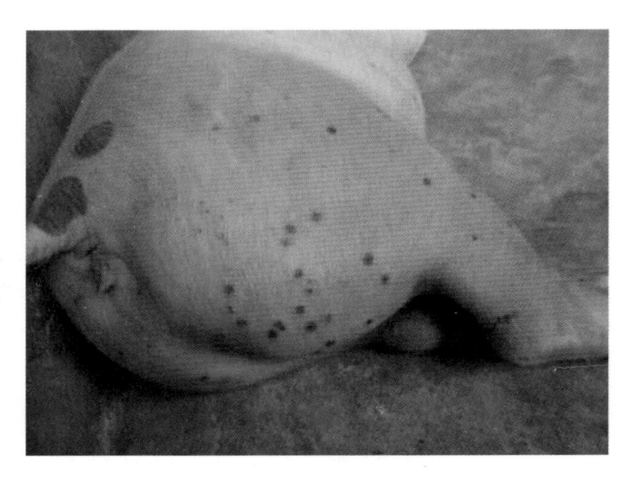

图 2-12　皮肤丘疹

三、可视黏膜检查

在猪病诊断中，可视黏膜的检查是一种非常有效的检查方法，大部分的疫病都能通过可视黏膜检查看出蛛丝马迹。不过兽医在做可视黏膜检查时，要仔细观察，经过多次的实践和经验积累才能对疑似病例做出准确的诊断。

检查可视黏膜时，除应注意其温度、湿度、有无出血、完整性外，更要仔细观察黏膜颜色变化，尤其是眼结合膜的颜色变化。结合膜的颜色变化，不仅可反映其局部的病变，并可推断全身的循环状态从血液某些成分的改变，在诊断和顶后的判定上有一定的意义。眼结膜的颜色决定于黏膜下毛血管中的血液数量及其性质以及血液和淋巴液中胆色素的含量。正常时，结膜呈淡红色。结膜颜色的改变，可表现为潮红、苍白、发绀或黄疸色（图 2-13、图 2-14）。

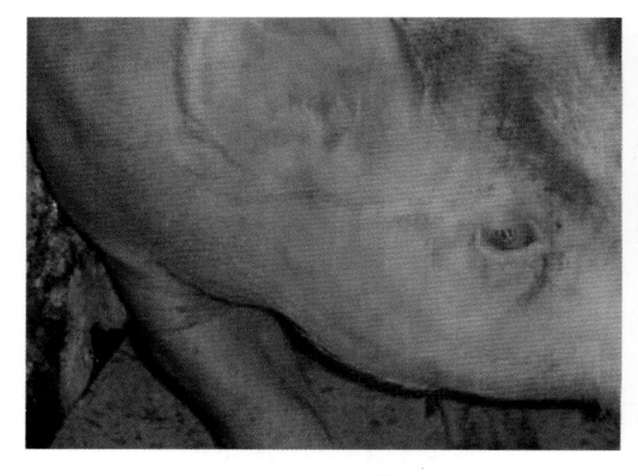

图 2-13　结膜炎

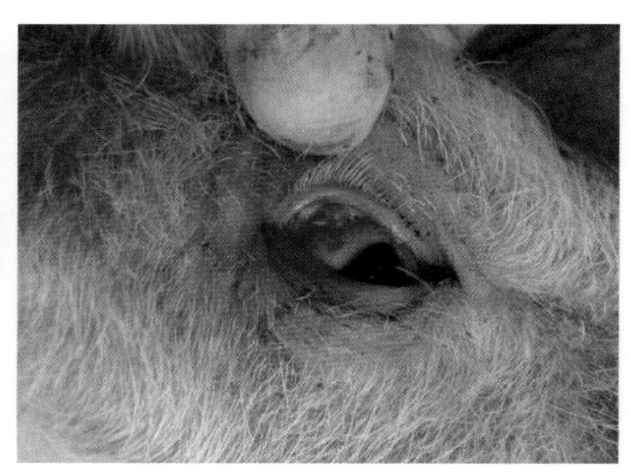

图 2-14　可视黏膜黄染

四、体温、呼吸及脉搏测定

由于猪呼吸频率的正常范围较大，故应把病猪的呼吸频率与同栏健康猪进行比较。体温、呼吸频率和心率的正常值范围详见下表。肺炎、心功能不全、胸膜炎、贫血、劳累和疼痛均可引起呼吸加快；肺炎和胸膜炎可引起腹式呼吸；引起呼吸增数的其他原因还有肋骨疾患。有时呼吸道疾病还会引起声音改变，出现一时性或持续性变尖。

表　不同年龄猪的体温、呼吸频率和心率

猪的年龄	直肠温度	呼吸率（次 / 分）	心率（次 / 分）
新生猪	39℃	50~60	200~250
1 小时	36.8℃		
12 小时	38℃		
未断奶猪	39.2℃		
保育猪	39.3℃	25~40	90~100
中猪	39.0℃	30~40	80~90
怀孕母猪	38.7℃	13~18	70~80
产前 24 小时母猪	38.7℃	35~45	
产前 12 小时母猪	38.9℃	75~85	
产前 6 小时母猪	39℃	95~105	
第一仔出生母猪	39.4℃	35~45	
产后 12 小时母猪	39.7℃	20~30	
产后 24 小时母猪	40℃	15~22	
产后一周至断奶	39.3℃		
断奶后 1 天	38.6℃		
公猪	38.4℃		

五、体表淋巴结检查

猪病诊断中检查的体表淋巴结主要有颌下淋巴结、咽喉周围的淋巴结、颈部淋巴结、腹股沟淋巴结、乳房淋巴结等。体表淋巴结可用视诊、触诊，必要时，要穿刺检查。观察淋巴结的位置、大小、形状、硬度及表面状态、敏感性、可动性以及是否有急性或慢性脓肿和化脓的病理变化。急性脓肿表现为肿大，表面光滑，伴有明显的热、痛反应。慢性脓肿呈现肿胀、硬接，表面不平，无热、无痛，且多与周围组织粘连而固定，难于活动。化脓则在肿胀、热痛的同时，有明显的波动，穿刺可吸出脓性内容物。猪的颌下淋巴结肿胀可提示为猪肺疫，腹股沟淋巴结肿胀则可提示为猪患猪瘟、猪丹毒或猪圆环病毒病（图 2-15）。

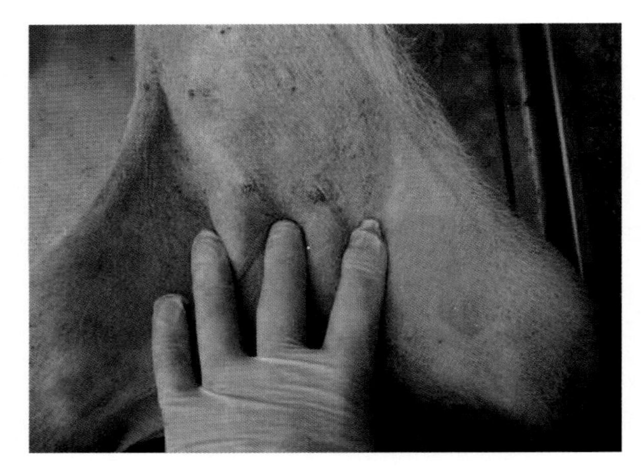

图 2-15　腹股沟淋巴结肿大

第三节　系统检查

一、呼吸系统检查

猪咳嗽、打喷嚏、流鼻液，表明呼吸道或肺部有炎症。呼吸加快可由肺炎、心功能不全、胸膜炎、贫血和疼痛等引起。猪呈犬坐姿势（图 2-16），常见于肺炎、胸膜炎、贫血或心功能不全。腹式呼吸多见于肺炎和胸膜炎。

图 2-16　呼吸道疾病常表现犬坐

二、消化系统检查

检查猪是否有拉稀、便秘和呕吐现象，饮食是否正常。正常猪的粪便为条状，呈棕黄色或深棕色。如果猪的粪便干硬呈球状，拉糊状粪便或水样稀粪（图 2–17），粪便颜色变成黄色、白色、灰褐色或红色，粪便中含有血液、肠黏膜和寄生虫，都表明胃肠道出现了问题。此外，猪的采食和饮水量下降，或猪发生呕吐，也表明消化系统异常。检查时，还要注意呕吐物中有无异物、乳块、血液（图 2–18）。粪便和呕吐物中的血液是鲜红还是暗红等。

图 2–17　喷射状腹泻

图 2–18　呕吐

三、循环系统检查

猪的心脏位置，一般均在胸腔下 1/3 处，第三至第六肋骨间，偏于胸腔正中线的左侧，与左侧胸壁接触，故检查心脏时，一般在左侧进行。

1. 心率、心音变化

检查猪的心脏，可用听诊器在左前肢肘后上方（心区）进行听诊，正常心率为每分钟 60~80 次，如果心率显著增多、心音不清，表明心脏衰弱。

2. 心搏动病理变化

（1）心搏动增强，指心搏动有力且震动面积大，与心肌收缩力加强有关。见于心肌炎及心包炎、热性病、急性心内膜炎等。

（2）心搏动减弱，即波动力量弱而震动面积小，与心肌收缩力减弱或心脏与胸壁的距离加大有关。见于浮肿、气肿、严重心力衰竭、渗出性胸膜炎等。

（3）心搏动移位，多由于心脏被发生病变的邻近器官或病理产物压迫所引起。向前移位见于胃扩张、肠臌胀等，向一侧移位见于胸膜炎或肿瘤等。

四、生殖系统检查

公猪检查睾丸、阴茎是否正常（图 2-19），有无发热、肿胀。怀孕母猪检查是否流产、死产、难产或超过预产期仍不产仔，产出的胎儿的大小、颜色、发育状况等（图 2-20），记录木乃伊胎、死胎、弱仔和正常胎儿的数量；仔细观察胎衣、脐带是否有出血、坏死、淤血、腐败等现象。阴门是否发红，水肿。产后泌乳是否正常。

图 2-19　睾丸不对称

图 2-20　胎儿死于不同时期

五、神经系统检查

猪的头颈歪斜或做圆圈运动（向病侧），通常见于中耳炎、内耳炎、脑脓肿或脑膜炎。肢腿麻痹、共济失调、平衡失控、强直性或阵发性痉挛，表明神经系统有器质性病变或功能性损伤（图 2-21）。

图 2-21　神经症状

第四节　常规治疗技术

一、注射给药法

主要包括以下几种注射给药方式。

1. 皮下注射给药法

将药物注入猪的耳根后或股内侧皮下疏松结缔组织中，经毛细血管、淋巴管吸收，一般注射后 10~15 分钟产生药效。皮下注射，药液吸收缓慢而均匀，药效持续时间较长。多用于易溶解、无强刺激性的药品及疫苗，如伊维菌素宜皮下注射。刺激性药物和油类药物不宜皮下注射，否则，易造成组织发炎或坏死。在股内侧注射时，注射者应以左手的拇指与中指捏起皮肤，食指压其顶点，使其呈三角形的凹窝，右手持注射器直刺入凹窝中心皮下约 2 厘米 (此时针头可在皮下自由活动)，左手放开皮肤，抽动活塞不见回血时，推动活塞注入药液。在耳根后注射时，由于局部皮肤紧张，可不捏起皮肤而直接垂直插入约 2cm（体重约 50kg 猪的注射深度，小猪酌情浅一些）。

2. 肌内注射给药法

本法临床上应用较多，是将药液注入肌肉丰满处，如臀部或颈部，肌肉组织血管丰富，神经分布较少，吸收速度比皮下快，一般经 5~10 分钟即可产生药效。其方法是将吸有药液的注射器针头迅速垂直刺入肌肉内 34cm(大猪)，在刺入的同时将药液注入。混悬剂、油剂均可肌内注射，刺激性较大的药物应注入肌肉深部，药量多的应分点注射，每点不超过 10mL（图 2-22 至图 2-24）。

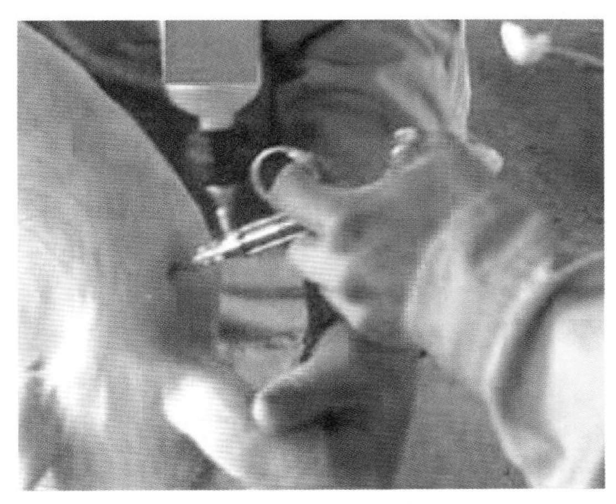

图 2-22　肌注方法

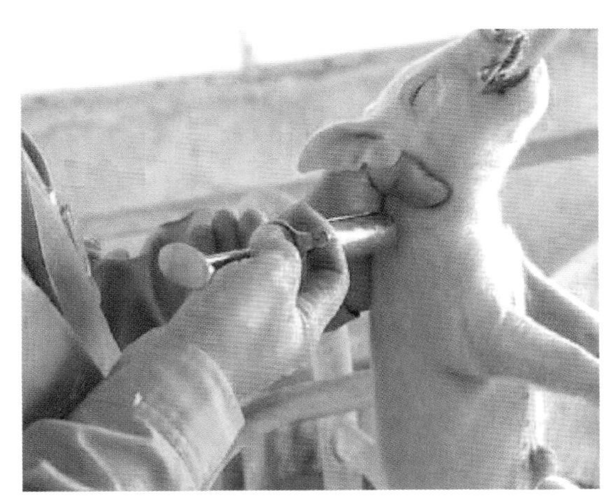

图 2-23　肌注方法

图 2-24　肌注方法

3. 耳静脉注射给药法

是将药物直接注入耳静脉，药液很快进入血液循环，药效产生得最快，剂量准确且药量少(静脉注射量为肌肉注射量的（1/2~3/4)，适用于急性严重病例及注射量大的药物或输液。混悬剂、油剂等易引起溶血或凝血的物质，不能静注（图 2-25)。

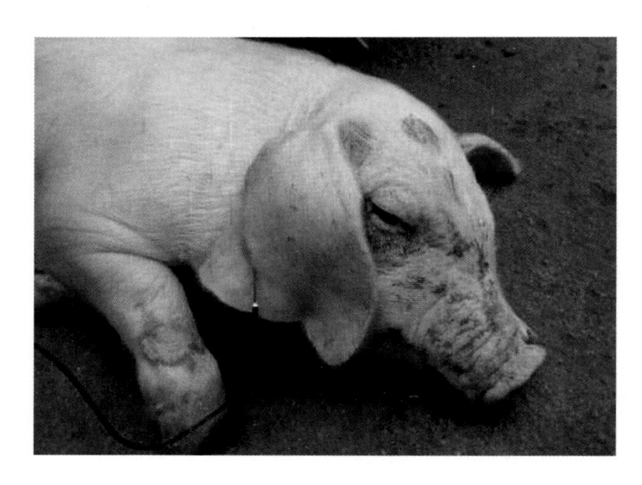

图 2-25　静脉注射

4. 胸腔注射给药法

胸腔注射给药法：部位在右侧倒数第 6~7 肋间的胸壁处（图 2-26)，与坐骨结节向前作一水平线的交点（即“苏气穴”)。沿倒数第 6 肋前缘与胸壁成垂直插入细长针头。注射前需先剪毛消毒，左手将注射点处皮肤向前移动 0.5~1cm，插针后回抽针管感觉真空后，缓慢注入药液。多用于治疗猪气喘病、胸膜肺炎，而将某些药物直接注入胸腔内，兼起局部治疗作用；此外，还可作猪气喘病疫苗注射用；亦可用来采取胸腔积液，供实验室诊断用。

图 2-26　胸腔注射在倒数 6~7 肋间

5. 腹腔注射给药法

将药物直接注入腹腔，经腹腔吸收后产生药效。因腹腔面积大，药效产生迅速，可用于剂量较大、不宜经静脉注射给药的药物。也可用于久病体弱、耳静脉注射困难的病猪或仔猪。仔猪可由助手倒提后腿，肚皮朝外，术者在倒数第 2 对乳头处于腹中线旁开 2 厘米左右的腹壁（图 2-27），先擦碘酊后擦酒精严格消毒后，右手持连接 9 号针头（长 1.5 厘米）的注射器，垂直刺入腹腔 *l*~1 厘米，回抽注射器活塞，如无气体和液体时，即可缓缓注入药液。注入药液后，拔出针头，局部再进行消毒处理。

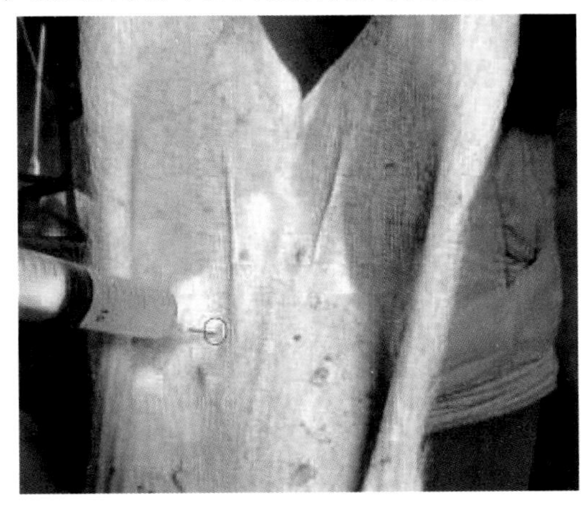

图 2-27　腹腔注射

6. 穴位注射法

这是一种中西医结合的治疗方法，既含有中医的针刺穴位，调节动物机体的生理功能，又使用了现代提纯的药物，这种疗法不同于传统的针灸。因为，药物进入经络，其治疗规律和传统的针灸治疗规律不尽相同。但两种疗法都是以传统经络理论为基础进行的。因此，该方法既有针刺穴位又有西药治疗的作用。

（1）交巢（后海穴）穴注射。用于治疗各种原因的腹泻、麻醉直肠及阴道、减少猪的努责、注射猪传染性胃肠炎和流行性腹泻二联灭活苗用。交巢穴位于尾巴提起后尾根腹侧面与肛门之间的凹陷的中心点。注射针头宜长针头，注射前先用酒精消毒，针头与皮肤呈垂直平稳刺入，严防针尖朝上或朝下，朝上则刺到尾椎骨上；朝下则刺入直肠内，不仅使注射无效，还损伤了直肠。注射后消毒（图 2–28）。

图 2–28　后海穴注射

（2）增食穴注射。用于治疗猪消化不良，食欲不好，厌食。增食穴位于猪颈部下的甲状腺或颌下腺两侧（耳后方无毛区向下的凹陷处），左右各一穴（图 2–29）。往前消毒，针头垂直皮肤刺入约 3cm 即可。药液用得最多的有：10% 葡萄糖液、10% 樟脑磺酸钠、新斯的明、复合维生素 B 等药物。

图 2–29　增食穴注射

（3）百会穴注射：用于治疗后肢麻痹、腰胯痛、泌尿生殖道感染等。百会穴位于腰荐十字部凹陷处。注射前局部剪毛、消毒，针头垂直刺入 3~4cm，如果部位错误，可能针扎在椎骨上，无法进针。可用手感觉后注入药液。常用的药物包括硝酸士的宁、新斯的明、安乃近、庆大霉素、卡那霉素等（图 2-30）。

图 2-30 百合穴注射

二、口服给药法

主要包括以下两种口服给药方式。

1. 饮水服用

按规定的剂量将药物拌入少量饲料或饮水中让猪服用。

2. 人工灌服

小猪可直接用注射器灌入，稍大一点的猪可用灌药瓶灌入（图 2-31、图 2-32）。

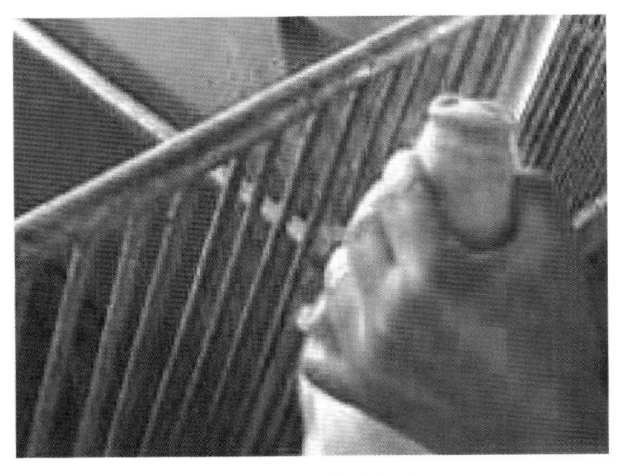

图 2-31 灌服方法

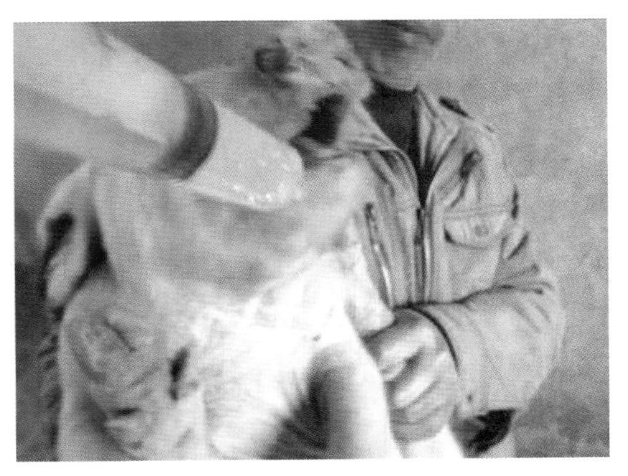

图 2-32 灌服方法

三、经胃给药法

用胃导管经口腔直接插入食道内灌服（图 2–33、图 2–34）。灌药时，药量不宜过多，胃导管插入不宜过浅，严防药物误入气管而导致异物性肺炎或猪窒息死亡。插胃导管前，必须用开口器（图 2–35）使猪的嘴巴张开。如无开口器也可自制，自制方法：找一块粗细合适的硬木棒，中间穿一个孔，直径要比胃导管粗。将开口器由口的侧方插入，开口器的圆孔置于口中央，术者将胃导管的前端经圆孔插入咽部，不断刺激会厌软骨，随着猪的吞咽动作而将胃导管插入食道内。注意，如果误插入气管，则猪表现为不安，时有咳嗽，用嘴唇吸胃导管的口时不沾嘴唇而有空气呼出，或能听到管内有空气呼出声，此时应立即拔出胃导管重新插。

图 2–33　胃导管投药器

图 2–34　胃导管投药法

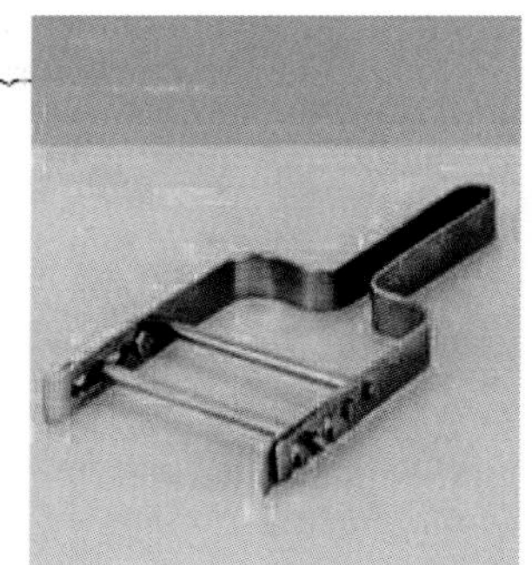

图 2–35　开口器

四、灌肠给药法

也称直肠给药法，是用导管自动物肛门经直肠插入结肠灌注液体，以达到通便排气的治疗方法（图 2–36）。能刺激肠蠕动，软化、清除粪便，并有降温、催产、稀释肠内毒物、减少吸收的作用。此外，亦可达到供给药物、营养、水分等治疗目的。

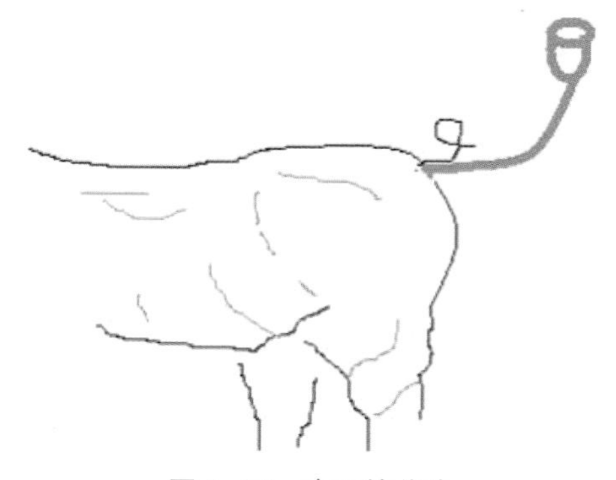

图 2–36　直肠给药法

五、穿刺术

分为腹腔穿刺术和胸腔穿刺术两种常用方法。

1. 腹腔穿刺术

是借助穿刺针直接从腹前壁刺入腹膜腔的一项诊疗技术，主要用于：① 明确腹腔积液的性质，协助诊断；② 适量的抽出腹水，缓解腹胀、呼吸困难等症状；③ 向腹膜腔内注入治疗药物或补充电解质。穿刺方法：倒提仔猪，将针头（9 号以下消过毒的针头）于倒数第二个乳头的外侧刺入，回抽针头无血液、无污物（表示注射正确，否则可能刺伤内脏）(图 2-37)。

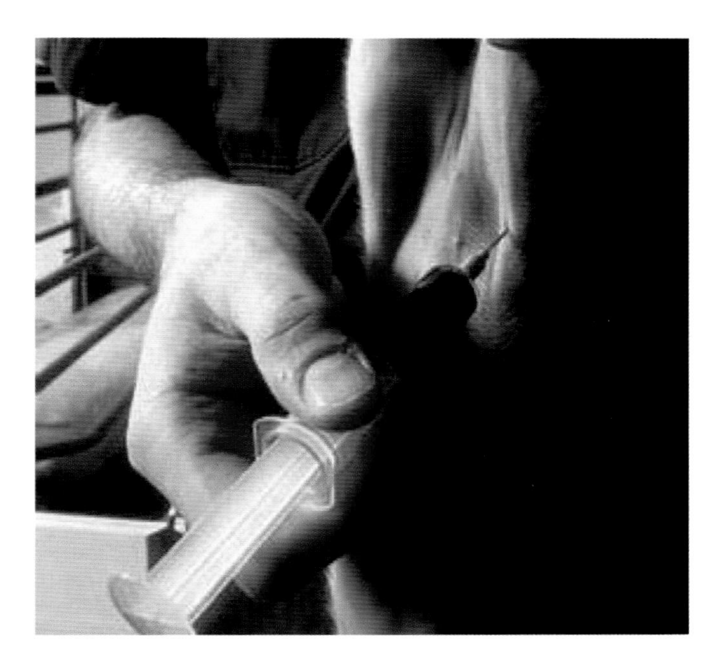

图 2-37　腹腔穿刺术（同腹腔注射部位）

2. 胸腔穿刺术

猪多用于治疗气喘病、传染性胸膜肺炎，将某些药物直接注入胸腔内，兼起局部治疗作用；此外，还作猪气喘病疫苗注射用；亦可用来采取胸腔积液，供实验室诊断用。穿刺方法：采取站立保定，助手骑在猪背上两腿夹住病猪，双手抓住猪耳。术者在第 6、第 7 肋间与髓关节水平线交界处（即肺俞穴）(图 2-38)，用 12 号针头垂直刺入，进针后有空洞感即可。专用穿刺针见图 2-39、图 2-40。

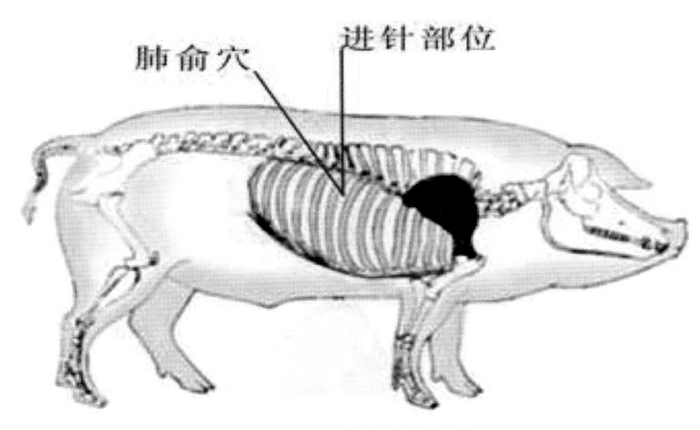

图 2-38　胸腔穿刺部位

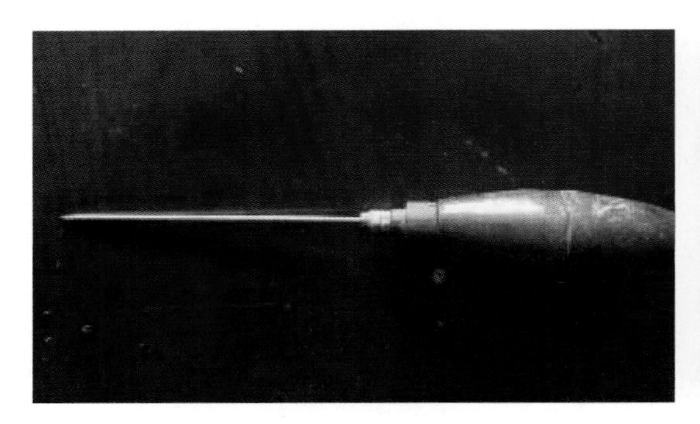

图 2-39　穿刺针（专用）

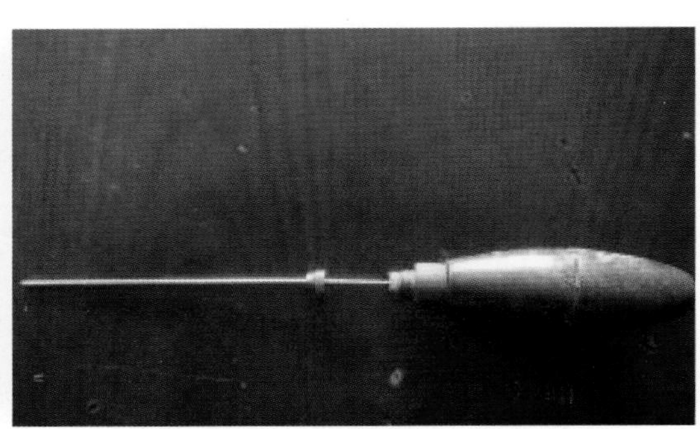

图 2-40　穿刺针（专用）

六、皮肤给药法

是将药物涂擦、喷洒于皮肤表面。此法多用于杀灭体外寄生虫，或治疗皮肤疾患。如用 25% 速灭杀丁（杀灭菊酯）1∶250 倍稀释液全身喷雾，可治疗猪疥癣及其他体外寄生虫病。

第三章 猪的重要传染病

第一节 常见猪病毒性传染病

一、猪口蹄疫

猪口蹄疫是由口蹄疫病毒引起的以猪口、蹄部出现水疱性病变为特征的烈性传染性疾病。该病起病急、传播极为迅速。除通过感染动物污染的固性物传播外，还能以气溶胶的形式通过空气长距离传播。呈水平和跳跃式传播。发病率可达100%，成年猪死亡率低，仔猪常因心肌炎而不见症状突然死亡，严重时死亡率可达100%。猪是该病的“扩大器”，一旦发生，如延误了早期扑灭，疫情常迅速扩大。因此，我国政府把该病列为一类疫病之首。目前，本病属国家强制免疫病种。

（一）流行特点

传染源：病畜及带菌猪。本病主要为接触性传播，也能通过空气传播，主要发生在寒冷的冬春季节。早年猪口蹄疫病一般每4年一个周期，现今已经无此周期，每年都可能发生。从未发生本病的地区或猪场一旦感染，除了仔猪的高死亡率外，保育猪或较大的猪死亡率也较高。近年发现本病康复猪有复发的情况，可能是不同血清型在不同时间感染同群猪所致，应引起重视。

（二）临床症状

特征性症状：口腔黏膜、舌、唇、齿龈、颊黏膜形成小水疱或糜烂（图3-1至图3-6）。流涎，蹄冠、蹄叉等部红肿、疼痛、跛行，不久形成米粒大或蚕豆大的水疱，水疱破裂后表面出血，形成糜烂，最后形成痂皮，硬痂脱落后愈合。哺乳幼畜常因急性胃肠炎出现黄痢症状和心肌炎突然死亡。乳房上也常见水疱病变。

（三）剖检变化

口腔、蹄部水疱和烂斑。胃肠黏膜可见出血性炎症（图3-7至图3-9）。初生15日龄以内急性死亡仔猪，大多只是心肌和肠道出血，一般很少见到“虎斑心”。其他病例，心肌表面和切面出现灰白或淡黄色斑点或条纹状的“虎斑心”。该病变具有诊断意义。死于口蹄疫的猪剖检除了心肌炎外，大多都有出血性肺炎和肠炎。

图 3-1　站姿异常、表现震颤和鸣叫

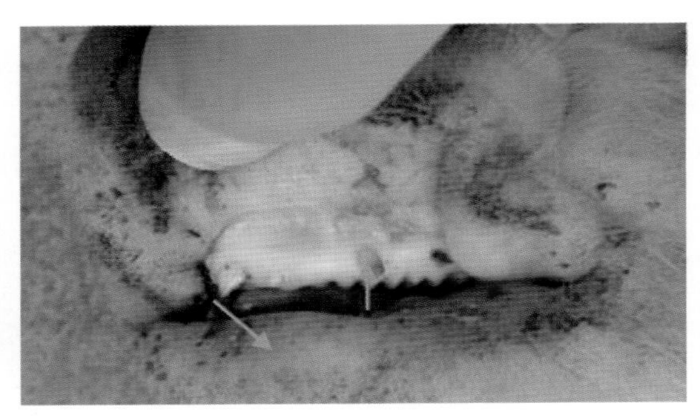

图 3-2　口腔齿龈处水泡溃烂

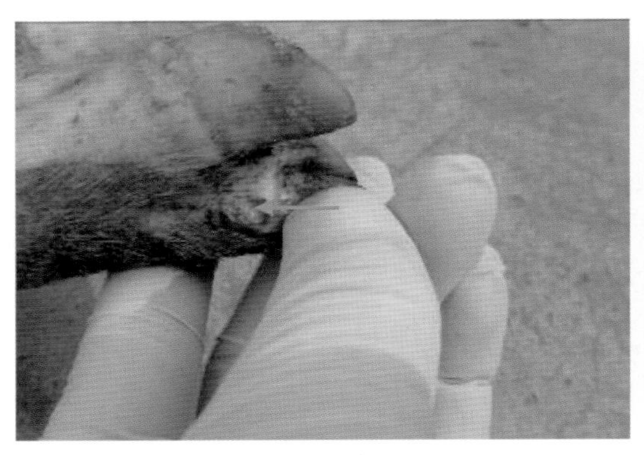

图 3-3　蹄冠水泡溃烂

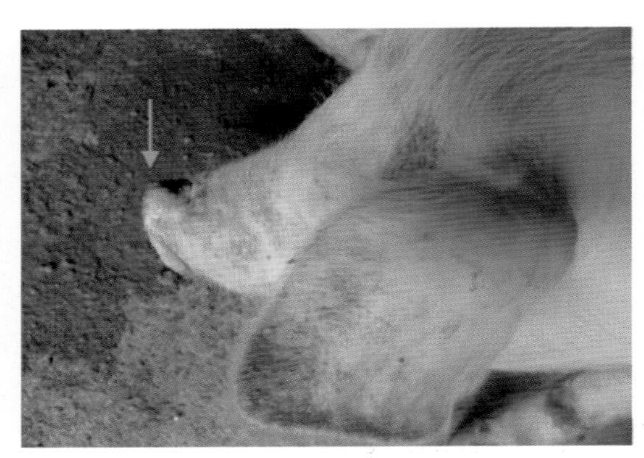

图 3-4　吻凸水疱

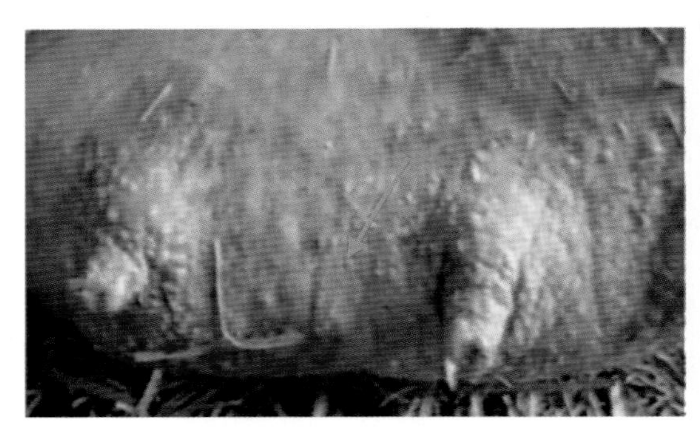

图 3-5　乳房上也常见水疱病变

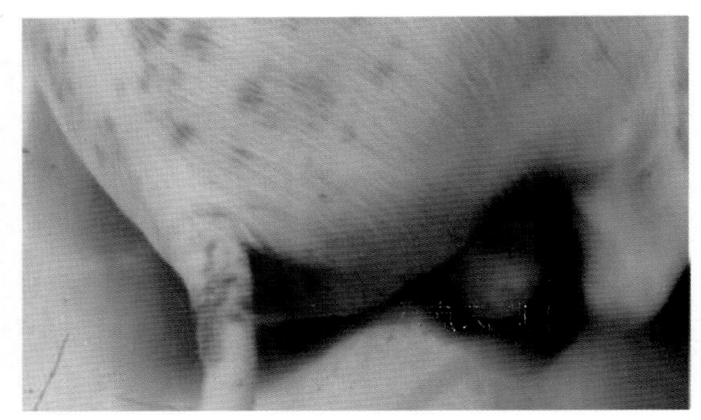

图 3-6　急性死亡乳猪可见腹泻

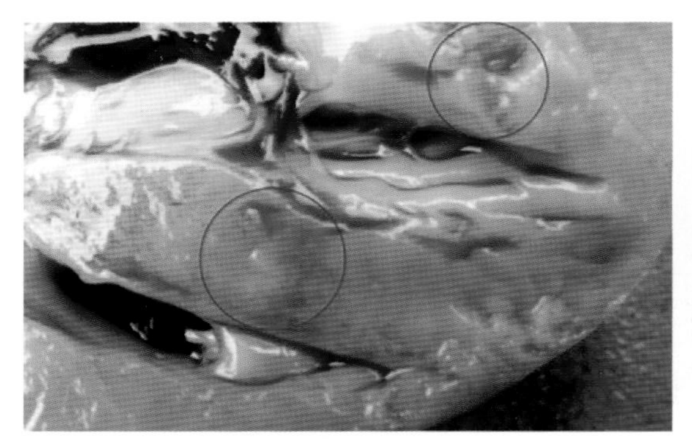

图 3-7　心肌出血

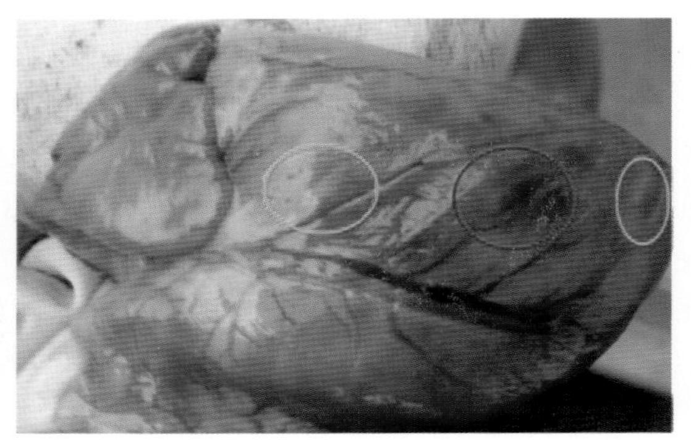

图 3-8　心肌坏死（虎斑心）

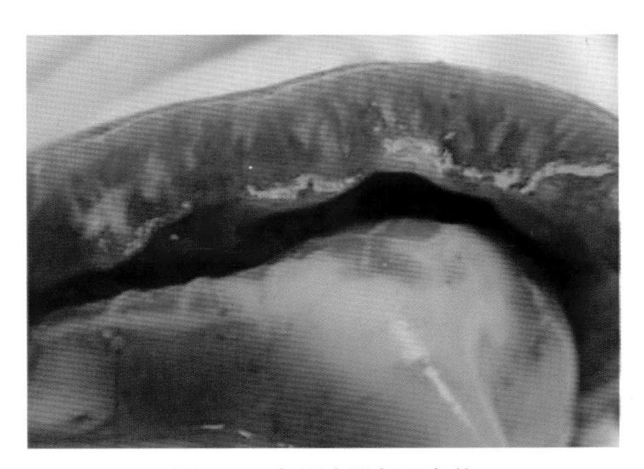

图 3-9　切面心肌坏死条纹

（四）防治

（1）不从疫区引种和购进动物及其产品、生物制品和饲料等。

（2）根据国家强制免疫计划，结合本场和本地实际情况，制定切实可行的免疫程序。用猪口蹄疫合成肽灭活疫苗，散养户每年春秋两季集中免疫，平时补免。养猪场要常年免疫。

（3）疫区和封锁区内应禁止人畜及物品的流动。

（4）一旦发病，禁止治疗，需要保护的品种，注射耐过猪血清或原血，治疗和紧急预防效果均可。（不过，一定要根据《动物防疫法》和国家规定法律、法规和相关政策处理。）

二、猪繁殖和呼吸障碍综合征

猪繁殖和呼吸障碍综合征，该病是由莱利斯塔德病毒引起的一种急性传染病。本病以妊娠母猪的繁殖障碍（流产、死胎、木乃伊胎）及各种年龄猪特别是仔猪的呼吸道疾病为特征，年龄越小症状越重，现已经成为规模猪场的主要疫病之一。国家对该病相当重视，目前，本病属国家强制免疫病种。

（一）流行特点

猪是唯一的易感动物，本病传播迅速，呈地方性流行，主要感染途径为呼吸道、空气传播、接触传播、怀孕母猪对仔猪可垂直传播。患病公猪可通过精液传播。各种年龄均可感染，但仔猪和妊娠母猪最易感染。在一个猪场的流行过程比较缓慢，可持续 10~12 周，但一般不会袭击 2 次。2006 年以来，该病在我国大部分养猪地区流行，危害极其严重。但随着时间的推移和我国政府采取的强制免疫等预防措施，近几年该病已经逐步得到控制。

（二）临床症状

突然出现厌食，打喷涕、流涕、咳嗽等类似流感的呼吸道症状；有的呼吸急促、体温升高。目光阴森（就是有的饲养人员说：猪用眼瞪我，就要坏事）。个别病猪，耳尖、耳边呈蓝紫色，四肢末端和腹侧皮肤有红斑、大的疹块和梗死，母猪乳头、阴门肿胀。怀孕母猪约在妊娠 100~112 天发生大批（约 20%~30%）流产或早产，产下木乃伊、死胎和病弱仔猪，早产母猪分娩不顺，泌乳减少或无乳。一般在怀孕后期流产，临床上，木乃伊胎较少见。死胎大多均匀和比较新鲜。病后恢复的母猪，有一些呈现间情期明显延长。急性病例的母猪死亡率通常为 1%~4%，剖检可见肺水肿、肾盂肾炎、膀胱炎等症状。也有国外资料显示，急性严重感染母猪，流产率可达 10%~50%，死亡率 10%，且伴有共济失调、转圈、轻瘫等神经症状。

哺乳仔猪：早产仔猪有的出生时立即死亡或生后数天即死，有的可见腹泻，沉郁、呼吸急促、呼吸困难（喘鸣）和球结膜水肿。有的病例可能出现贫血、震颤、游泳状划动、前额轻微突起和脐带部位出血等症状。死亡率可达 35%~100%。断奶仔猪：发病初期，病猪体温升高、口渴，饮水器前拥挤抢饮，此时，测量体温明显升高 41℃左右。感染后大多数出现眼睑肿胀、呼吸困难、咳嗽、耳朵发绀。

育肥猪：表现轻度类似流感症状，厌食和轻度呼吸困难，懒惰、嗜睡。育肥猪高致病性蓝耳病，可见猪 3 天内全部发病，初期 1~3 天皮肤发红，减食，但扔进青菜或水果等青绿饲料，仍然慌忙抢吃；进而皮肤暗红 5~7 天，此时，扔进青菜或水果等青绿饲料，只是个别懒洋洋的起来采食、后来全身紫红色，个别开始出现皮肤溃烂现象。其他症状：呼吸稍快，鼻炎，有鼻塞声，黏液或脓性鼻液。粪便干硬，上附白色黏液，尿液黄色，行走时后肢不稳。体温升高在 41.5~42℃，公猪：食欲不振、乏力、嗜睡、精液品质下降。

（三）病理变化

喉头、气管充血，切开内含大量泡沫。肺脏呈红褐花斑状，不塌陷，呈褐色。脾脏肿大，有梗死点。肾紫红色，有较密集的出血点。大部分病例的胃、肠浆膜划痕状出血（能与猪瘟出血点相鉴别）。胃黏膜出血和溃疡。淋巴结髓样肿大，仔猪淋巴结褐色肿大。眼球结膜水肿。腹腔、胸腔和心包腔清亮液体增多。

产出的新鲜死胎肺脏呈红褐花斑状，不塌陷。淋巴结肿大，呈褐色，死胎外观和皮下水肿。腹腔、胸腔和心包腔清亮液体。死胎肾出血呈紫色。胎盘出血性炎症（图 3-10 至图 3-16）。

图 3-10 传播快、发病率高耳蓝紫色

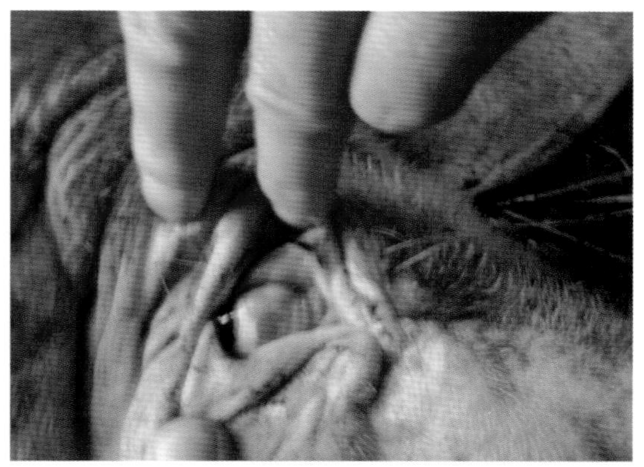

图 3-11 产死胎母猪可视黏膜充血和出血

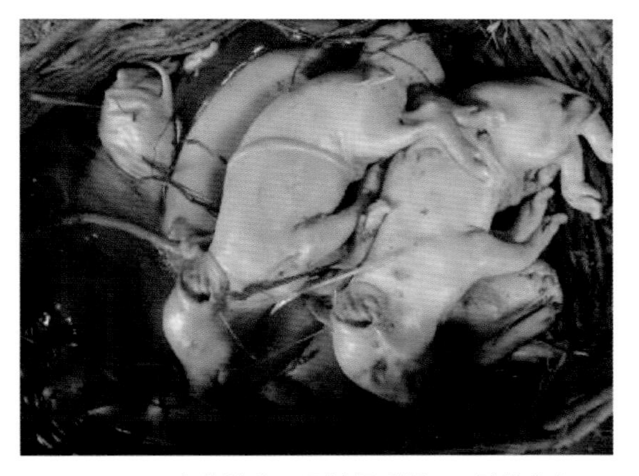

图 3-12 多数胎儿死于妊娠后期，死胎较均匀

图 3-13 脸肿胀、耳朵发绀并出现呼吸道症状

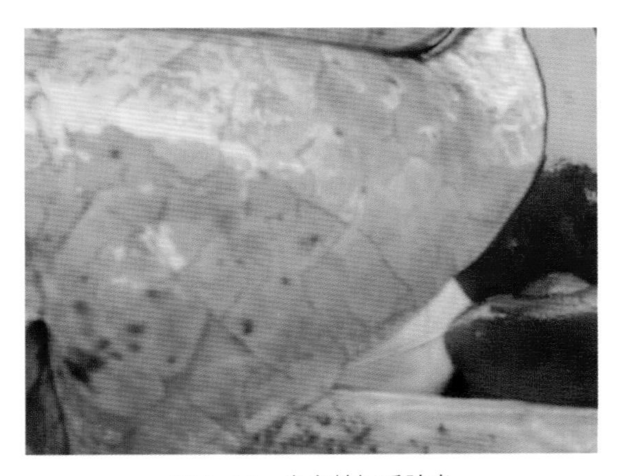

图 3-14 出血性间质肺炎

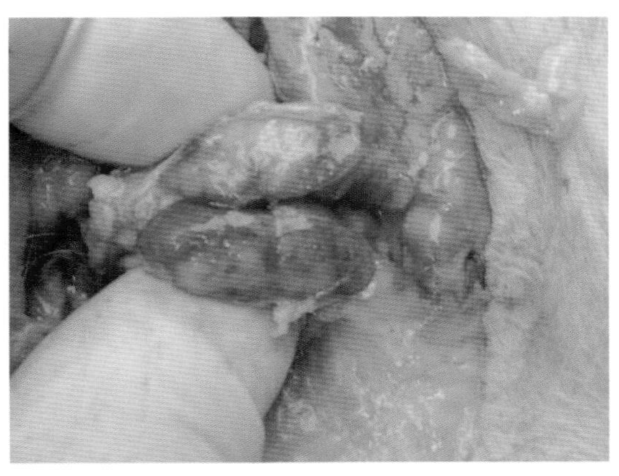

图 3-15 腹股沟淋巴结肿大出血

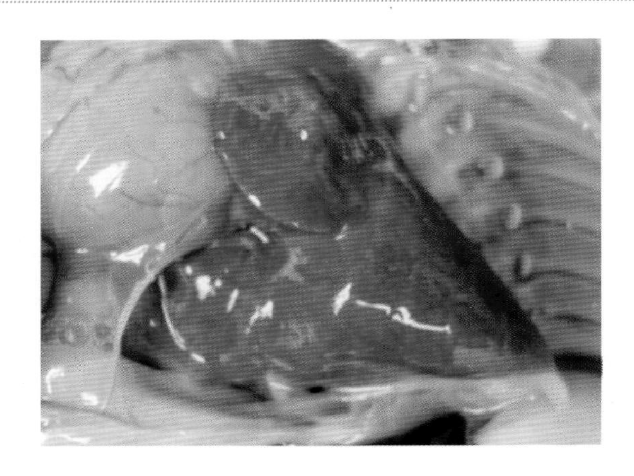

图 3–16　产出的新鲜死胎肺脏呈红褐花斑状，不塌陷。淋巴结肿大，呈褐色。

（四）防治

（1）要从非疫区引种、精液等。引入猪要经过严格的隔离检测，检测阴性者才能入群。

（2）对猪群进行疫苗免疫。母猪、种公猪建议用灭活疫苗；育肥猪用弱毒疫苗。（建议免疫时最好选用国产疫苗，因国外疫苗可能与国内流行株不吻合）。

（3）通过自繁自养来控制 PRRS 的传入。

（4）执行严格的管理，如执行全进全出制度。

（5）治疗目前无特效药物，根据混感情况，选择适当药物。

三、猪瘟

猪瘟是由黄病毒科瘟病毒属的猪瘟病毒引起的一种急性、热性、高传染性疾病，感染不分品种、年龄、性别，具有高发病率和高死亡率。由于我国早期生产的猪瘟活疫苗免疫效果很好，加之国家对本病的重视，一直到 2000 年之前，本病在我国几乎呈灭绝状态。然而，随着改革开放步伐的加快，20 世纪 90 年代，养猪专业户出现和市场的活跃（当时的部分养猪户都以为已经不存在猪瘟，猪瘟疫苗免疫好像可有可无），加之国内外流通频繁，使这种几乎灭绝的疫病又死灰复燃。本病一般分为急性、亚急性、慢性、非典型性或不明显型猪瘟。近些年，由于猪瘟疫苗广泛应用，大多数猪只获得不同程度免疫力，典型猪瘟已经不常见。其流行缓和，发病率及死亡率较低。症状与病变亦不甚典型。在诊断中要注意。

（一）流行特点

本病在自然条件下只感染猪，不同年龄、性别、品种的猪和野猪都易感，一年四季均可发生。病猪是主要传染源，病猪排泄物和分泌物，病死猪和脏器及尸体、急宰病猪的血、肉、内脏、废水、废料污染的饲料，饮水都可散播病毒，猪瘟的传播主要通过接触，经消化道感染。此外，患病和弱毒株感染的母猪也可以经胎盘垂直感染胎儿，产生弱仔猪、死胎、木乃伊胎等。

（二）临床症状

猪瘟临床症状，受饲养管理、年龄、健康状况、免疫情况等诸多因素影响，临床表现也不尽相同。最急性病例，高热稽留，体温在 41℃左右。大多数猪体温在 40.5~41.5℃之间，稽留不退。黏液性脓性眼结膜炎。精神沉郁，食欲废绝，粪便呈干粒状，后期便秘和腹泻有时交替出现。或顽固性深绿色下痢。有的病猪出现神经症状，运动失调，痉挛，后肢麻痹，步态不稳。腹下、耳和四肢内侧皮肤病初充血，随着病情的发展，皮肤出现发绀和出血斑点现象。慢性病例的症状与急性相似，只是病程长，可达 1~2 个月或更长，便秘与腹泻交替，病情时好时坏（图 3–17）。有的妊娠母猪感染后不表现症状，但病毒通过胎盘传给胎儿，引起流产、死胎、畸形、胎儿木乃伊化，或生下弱小、颤抖的仔猪，最终死亡。

（三）病理变化

急性猪瘟：以全身皮肤、皮下、粘浆膜及内脏有出血点为特征（图 3–18）。淋巴结周边出血，切面大理石状。 喉头黏膜、会厌软骨、膀胱黏膜，心外膜、肺及肠浆膜、黏膜有斑点状出血；脾脏不肿大，常见边缘出血性梗死；肾脏颜色变淡且表面有较多针尖大小出血点，外观呈雀卵状；有时胆囊、扁桃体和肺也可发生梗死（图 3–19 至图 3–22）。

慢性型（肠型）：大肠黏膜出血和坏死，特别是盲肠、结肠及回盲口处黏膜上可形成纽扣状溃疡（图 3–23）。

迟发性：怀孕母猪流产胎儿木乃伊化、死产和畸形；死产胎儿全身性皮下水肿，胸腔和腹腔积液；初生后不久死亡的仔猪，皮肤和内脏器官可见出血点。

图 3–17　稽留热和皮肤出血，病程长

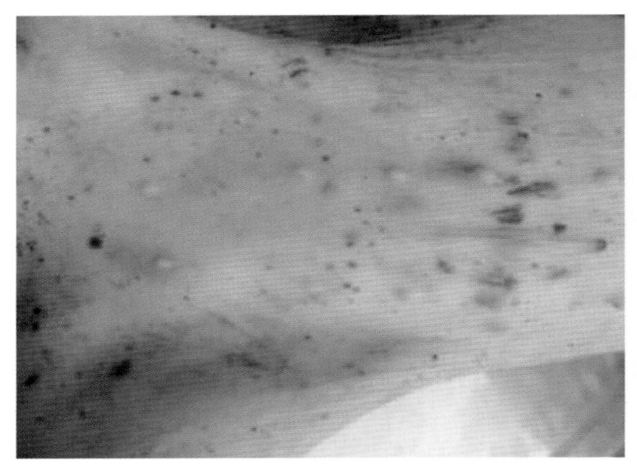
图 3-18　腹部皮肤出血点

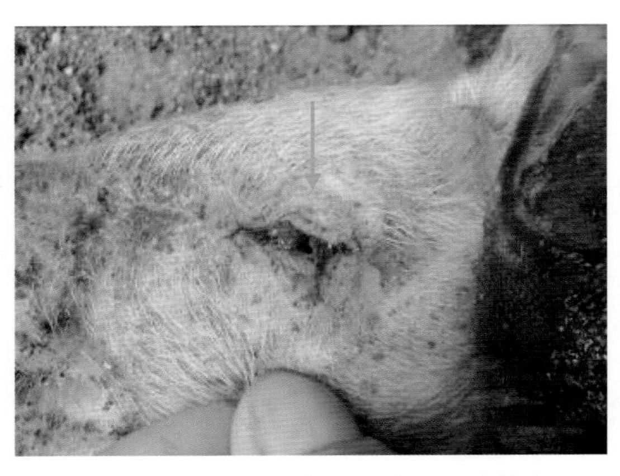
图 3-19　结膜炎，脓性分泌物及眼睑粘连

图 3-20　粪便干硬带血

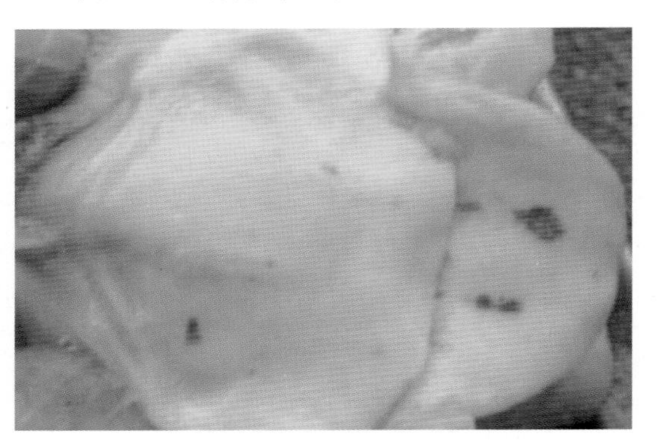
图 3-21　喉头会厌部出血

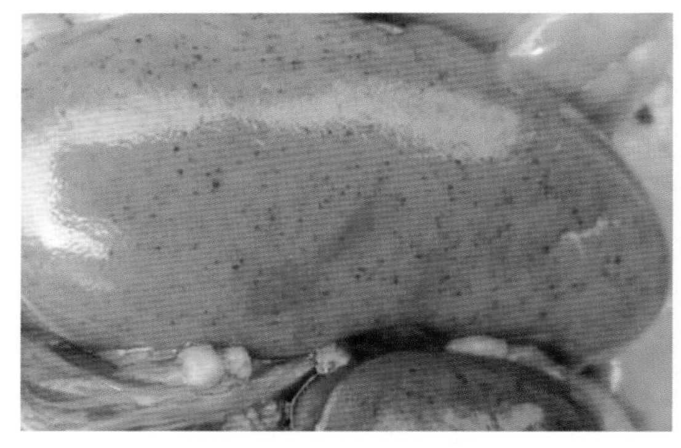
图 3-22　肾贫血及出血点（雀卵肾）

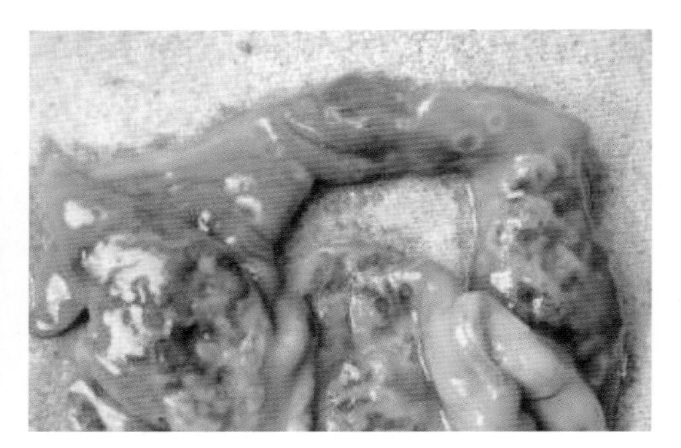
图 3-23　盲肠纽扣状溃疡

（四）防治

（1）猪瘟兔化或脾淋弱毒苗接种是预防和控制本病的主要方法。仔猪 20~30 日龄及 60~65 日龄 2 次接种。疫区可乳前免疫接种，免受母源抗体干扰。种猪每年春秋两次免疫接种。

（2）爆发猪瘟时紧急接种，对全部无症状的猪用 6 倍剂量猪瘟疫苗接种，对控制疫情有积极作用。

（3）无特效药物治疗。

四、猪圆环病毒病

猪圆环病毒病是由猪圆环病毒 -2 型感染所致，家猪和野猪是自然宿主，长白猪易感性可能高于其他品种。猪科外的其他动物不易感染。目前，已知口鼻接触是该病主要传播途径。临床上分为断奶仔猪多系统衰竭综合征和猪皮炎与肾病综合征。有报道本病毒，还与增生性坏死性肺炎、猪呼吸道疾病综合征、繁殖障碍、先天性颤抖、肠炎等疾病有关。本病被公认为是继猪繁殖与呼吸综合征之后引起猪免疫障碍的重要传染病，故有人称是“猪的艾滋病”。

（一）流行特点

1. 断奶仔猪多系统衰竭综合征

主要发生在哺乳期和保育舍的仔培猪，尤其是 5~12 周龄的仔猪，一般于断奶后 2~3 周开始发病到保育期结束，个别猪可延续到转栏以后，但不会出现新的病例。在急性发病猪群中，病死率可达 10%，但常常由于并发、继发细菌或病毒感染，使死亡率大大增加，病死率可达 25% 以上。发病最多的日龄为 6~8 周龄，发病率为 20%~60%，发病死亡率为 5%~35%。据观察，发病猪首先表现为发热（一般不超过 41℃），食欲降低，继而出现消瘦、被毛粗乱、皮肤苍白或黄疸、呼吸困难等症状。个别猪眼睛有分泌物、腹泻，腿部肘关节和膝关节肿胀。

2. 猪皮炎和肾病综合征

主要侵害生长猪和育肥猪，多发生于体重 20~65 千克的猪，尤其是 10~15 周龄的猪多见。造成猪只生长速度减慢，饲料报酬降低，死亡率上升，而且还能导致免疫抑制，降低机体对疫苗的应答能力，增加对其他病原感染的敏感性。哺乳期仔猪和刚断奶仔猪少发。发病率 10%~60%，有的高达 80%，病死率 5%~20%。夏秋季多见。近几年，本病发病形势趋于温和，虽然发病日龄有所提前，但病死率不高。

（二）临床症状

1. 断奶仔猪多系统衰竭综合征

主要侵害 5~12 周龄的猪，哺乳仔猪很少发病，临床上发病猪进行性消瘦、生长发育不良，初期发热咳嗽还表现呼吸困难、喜卧、腹泻、贫血、部分黄疸。全身淋巴结肿胀，腹股沟淋巴结外观最为明显。

2. 猪皮炎和肾病综合征

主要侵害架子猪育肥猪和成年猪，发病率低，但病死率高，严重病例发病后几天就可能死亡。病猪皮肤出现红色，紫色不规则的丘疹，遍及全身，但以猪的后驱密度最大，随着病情的延长，丘疹逐渐被黑色结痂覆盖，丘疹机化吸收后留下疤痕。喜卧、步态僵硬。体温有较大差异，从正常体温至 41.5℃不等，皮下水肿，典型的皮肤损害，皮肤发生瘀血点和瘀血斑，呈紫红色。

（三）病理变化

1．断奶仔猪多系统衰竭综合征

淋巴结肿大，特别在腹股沟淋巴结、肺门淋巴结和肠系膜淋巴结、颌下淋巴结，严重时可肿大 3~5 倍或更大；肝炎、有些病例肝肿大（有时可能出现萎缩），颜色发白、坚硬表面有颗粒状物质覆盖，肝细胞变性坏死；肺炎、弥漫性充血、间质明显。后期可见无明显特征的黄疸。可出现黄色胸水或心包积液。肾脏呈肾小球性肾炎和间质性肾炎，表面可见白点和（或）瘀血点。严重下痢，呼吸困难。据国外资料介绍，疾病早期淋巴结肿大是主要病理特征，但在疾病更早期淋巴结常呈正常大小或萎缩（图 3–24 至图 3–26）。

2．猪皮炎和肾病综合征

内脏和外周淋巴结肿大到正常体积的 3~4 倍，切面为均匀的白色。肺部有灰褐色炎症和肿胀，呈弥漫性病变，坚硬似橡皮样。肝脏呈浅黄到橘黄色外观，萎缩。肾脏水肿，肾皮质表面细颗粒状、皮质红色点状坏死，有时苍白，被膜下有坏死灶（花斑肾），肾盂水肿。脾脏轻度肿大，有时可见梗死。质地如肉。常见胰、小肠和结肠肿大及坏死病变，结肠黏膜可见圆形溃疡灶。大多数病猪都有皮肤和肾脏病变，但个别病例也可出现单一的皮肤或肾脏病变（图 3–28 至图 3–34）。

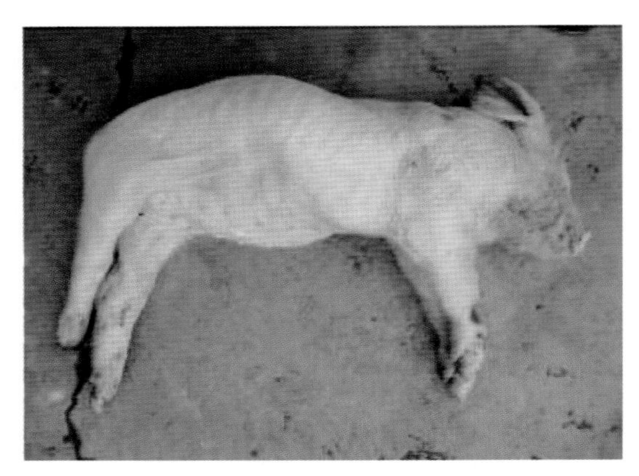

图 3–24　猪断奶后多系统衰竭综合征 (PMWS) 的逐渐消瘦、弓背

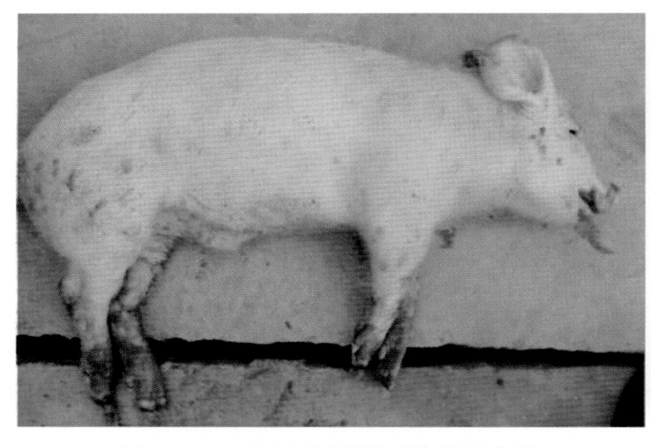

图 3–25　PMWS 可见四肢皮下水肿

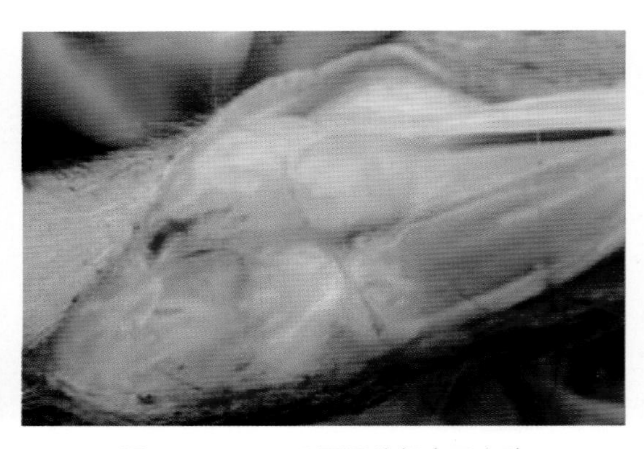

图 3–26　PMWS 可见头部皮下水肿

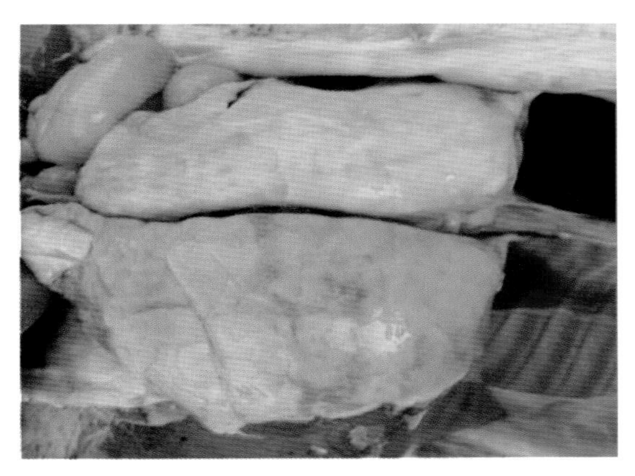

图 3-27　PMWS 橡皮肺

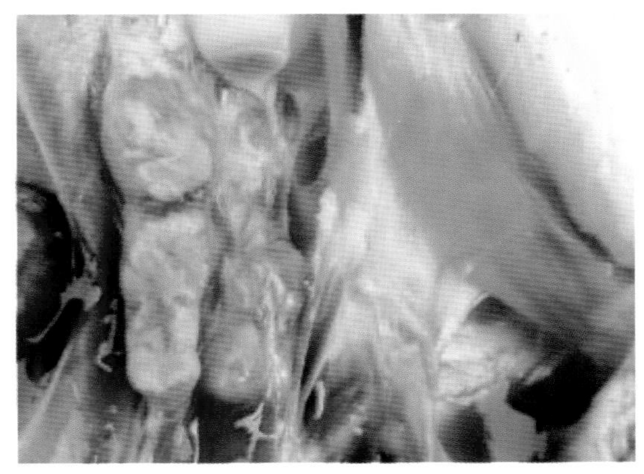

图 3-28　PMWS 淋巴结水肿切面多汁

图 3-29　PMWS 肠系膜、淋巴结均水肿

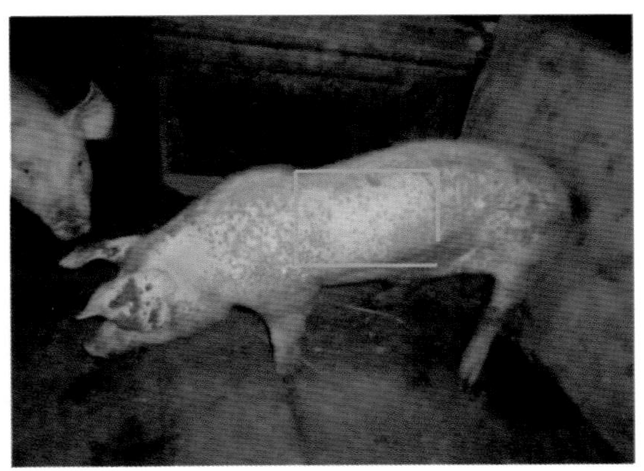

图 3-30　皮炎肾病综合征 (PDNS.) 以皮损为特征，近心端皮损轻微

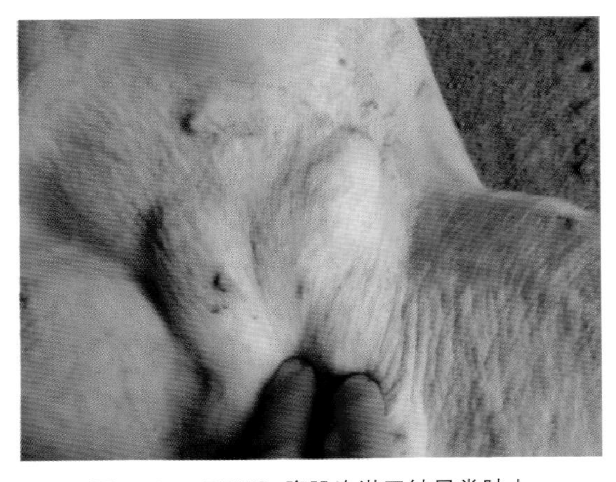

图 3-31　PDNS. 腹股沟淋巴结异常肿大

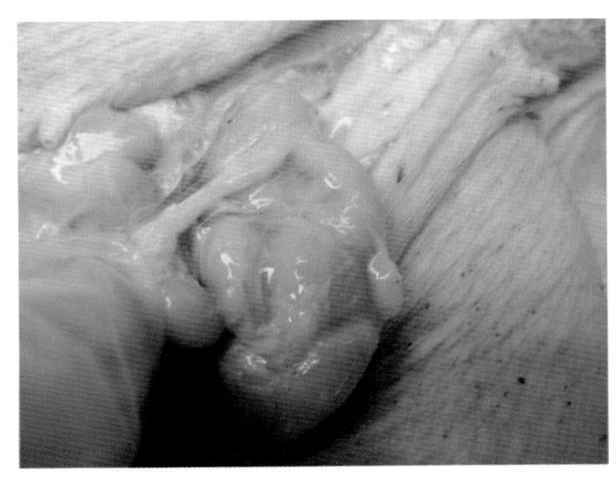

图 3-32　PDNS. 腹股沟淋巴结水肿

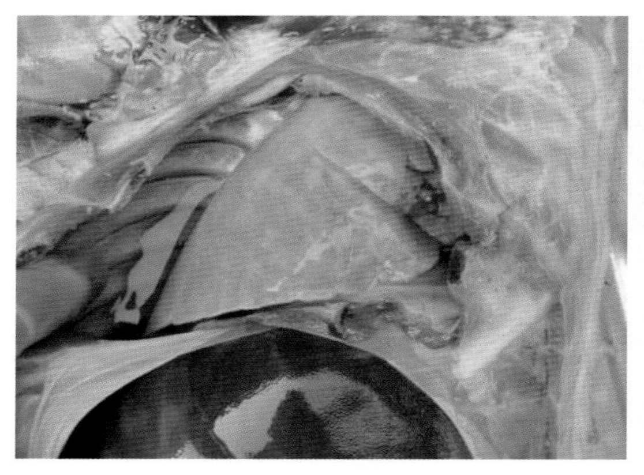
图 3-33　PDNS. 胸腔积液，间质性肺炎

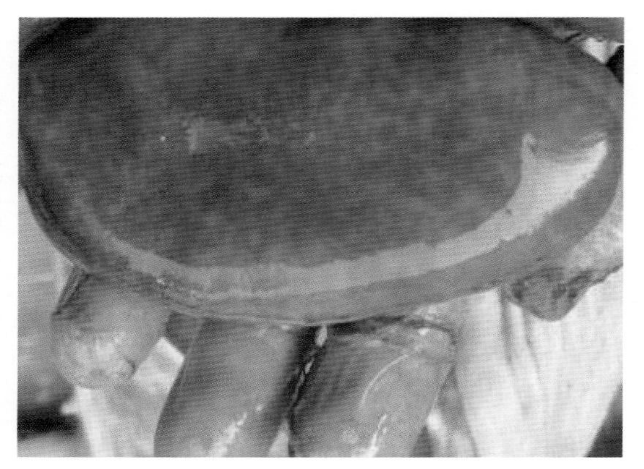
图 3-34　PDNS. 花斑肾

（四）防治

1. 加强饲养管理

减少断奶仔猪的应激是预防圆环病毒病的关键。

早期补料，到断奶时每头仔猪累计采食 1.3 千克以上。断奶前 4~5 天，每天减少哺乳次数，断奶后不要立即并窝并群。

2. 做好猪其他主要传染病的免疫工作

目前，各国控制本病的经验是对共同感染源作适当的主动免疫和被动免疫。因此，做好猪蓝耳病、猪瘟、猪伪狂犬病、猪细小病毒病、猪气喘病等疫苗的免疫接种，确保胎儿和乳猪的安全是关键。并对母猪实施合理的免疫程序至关重要。

在保证安全的情况下可试试采集猪场的育肥猪血液，分离血清，给断乳期的仔猪腹腔注射或使用自家疫苗进行预防和治疗。

目前，亦有疫苗问世，大家可以根据厂方提供免疫方法或在兽医指导下使用。

用抗生素治疗可减少继发细菌感染，降低死亡数，但对本病无治疗作用。

五、流行性乙型脑炎

本病是由日本乙脑炎病毒引起的一种人畜共患急性传染病。多发于夏秋季节，以吸血昆虫特别是蚊类做传播媒介。主要导致死胎和其他繁殖障碍。公猪睾丸炎，大多数猪不显症状，仅少数猪呈现神经症状。

（一）流行特点

本病主要通过蚊的叮咬进行传播，病毒能在蚊体内繁殖，并可越冬，经卵传递，成为次年感染动物的来源。本病是自然疫源性疫病，许多动物感染后可成为本病的传染源，猪的感染最为普遍。由于该病是经蚊虫传播，因而流行与蚊虫的孳生及活动有密切关系，有明显的季节性，80% 的病例发生在 7—9 月；猪的发病年龄与性成熟有关，大多数在 6 月龄左右发病，其特点是感染率高，发病率低（20%~30%），死亡率低；新疫区发病率高，病情严重，以后逐年减轻，最后多数成为无症状的带毒猪。

（二）临床症状

仔猪突然发病，体温升高 40~41℃并呈稽留热型，持续几天或十几天以上，精神不振，食欲减少或不食，粪便干燥呈球形，表面常附有灰白色黏液。少数猪后肢轻度麻痹，有的后肢关节肿胀、疼痛而呈跛行，有的视力障碍，摆头，乱冲撞，表现出神经症状。

妊娠母猪只有发生流产或分娩时才发现症状，分娩时间多数超过预产期数天。主要表现为流产，产出大小不等的死胎，木乃伊、畸形、弱仔。有些母猪因木乃伊化在子宫内长期滞留，造成子宫内膜炎，最后导致繁殖障碍（图 3-35）。

发病猪所产同窝仔猪大小不均，有的发育可能正常，有的产后不久死亡，有的呈各种木乃伊或畸形胎。病猪流产后大多数影响下次配种（图 3-36、图 3-37）。

公猪常发生单侧性睾丸肿大，也有两侧性的，性欲减退和精液品质下降。患病的睾丸阴囊皱襞消失，发亮，有热痛感，经 3~5 天后，肿胀消退，有的睾丸变硬或萎缩（图 3-38）。

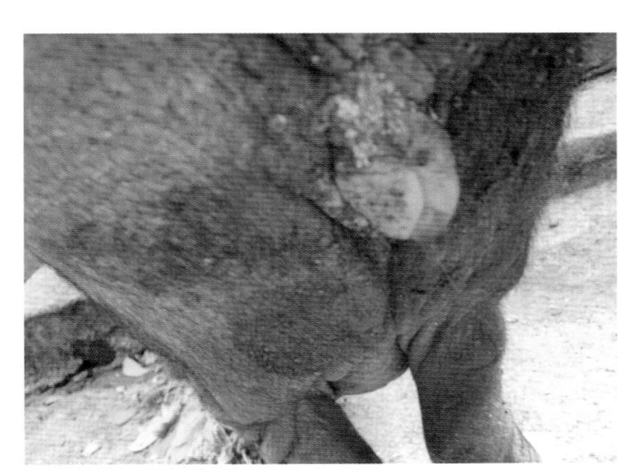

图 3-35　子宫内膜炎流产后影响下次配种

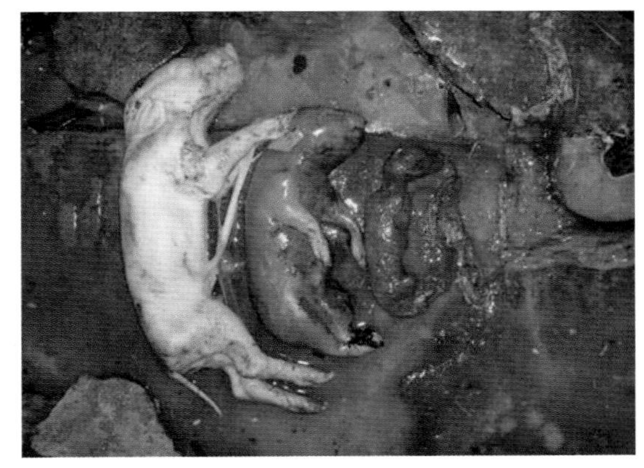

图 3-36　产出的同胎仔猪有很大差别

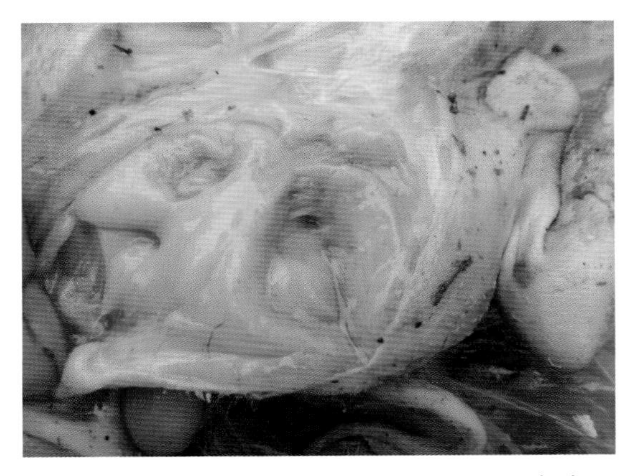

图 3-37　所产胎儿皮下水肿，肌肉褪色似煮过

图 3-38　猪常发生一侧性睾丸萎缩

（三）病理变化

母猪出现子宫内膜炎；胎儿病变与猪细小病毒病相似，有死胎、弱猪、木乃伊；所产胎儿皮下水肿，胸腔积液，肌肉褪色似煮过。肝、脾、肾出现坏死灶，肺瘀血、水肿，胎盘水肿或出血，脑积水、非化脓性炎症，全身淋巴结出血。

公猪睾丸实质充血、出血和小坏死灶；硬化缩小的睾丸实质为结缔组织化，并与阴囊粘连。

（四）防治

（1）疫区和受威胁区的猪场，对 5 月龄至 2 岁的后备公母猪，在蚊子到来季节之前 1~2 个月，用乙型脑炎弱毒疫苗免疫接种一次。可产生坚强免疫。

（2）乙脑炎病毒可以在多种蚊类体内繁殖，控制此类蚊虫显得十分重要。

（3）对产出死胎、木乃伊、胎衣以及其他生产过程中用过物品等焚烧、深埋做无害化处理。

（4）目前，无特效药物可疗。

六、猪细小病毒病

本病是由猪细小病毒引起的繁殖障碍病之一，特征是初产母猪产出死胎、畸形胎、木乃伊胎、弱仔猪，母猪无明显病症（图 3-39）。

（一）流行特点

本病多发生于春季、夏季或母猪产仔和交配季节。母猪怀孕早期感染时，胚胎、胎猪死亡率可高达 80%~100%。母猪在怀孕期的前 30~40 天最易感染，孕期不同时间感染分别会造成死胎、流产、木乃伊、产弱仔猪和母猪久配不孕等不同症状（图 3-40、图 3-41）。病毒的感染率与动物年龄呈正比。传染源主要来自感染细小病毒的母猪和带毒的公猪，后备母猪比经产母猪易感染，而带毒猪所产的活猪可能带毒排毒时间很长甚至终生。感染种公猪也是该病最危险的传染源。

污染的猪舍在病猪移出、空圈 4~5 个月，经彻底清扫后，再放进易感猪，仍可被感染。污染的食物及猪的唾液等均能长久地存在传染性。初产母猪的感染多数是与带毒公猪配种时发生的；鼠类也能传播本病。

本病具有很高的感染性，易感的健康猪群一旦病毒传入，3 个月内几乎可导致猪群 100% 感染；感染群的猪只，较长时间保持血清学反应阳性。

（二）临床症状

多数初产母猪，同一时期内，有很多头流产、死胎、木乃伊胎。流产后母猪精神、食欲均正常。主要表现：母猪怀孕后，不见明显腹围变大，但不发情，一直到 114 天后重新发情（假孕，前期感染胚胎被吸收）；中期，出现腹围逐渐减小，最后木乃伊胎全部产出；后期出现死胎，怀孕母猪超过预产期，仍然不分娩。精神、食欲均正常。一周后至两周内陆续产出死胎、木乃伊胎等。产下的死胎，因在怀孕的不同阶段被感染，大小不均。胎儿死亡，脱水干枯变成棕黑色。新生仔猪死亡和产弱仔。该病流行期间，对预产期前（111~113 天），尚有胎动的母猪，用氯前列稀醇引产，大部分胎儿能存活下来，但体质虚弱 。虽然初产猪大多产死胎，流产、死胎后的母猪大多不影响次配种。

（三）病理变化

妊娠母猪，子宫内膜邻近广泛出现由单核细胞形成的血管套；出现轻度子宫内膜炎、胎盘部分钙化；感染的胎儿可见水肿、充血、出血、体腔积液、脱水等病变（图 3-42）。

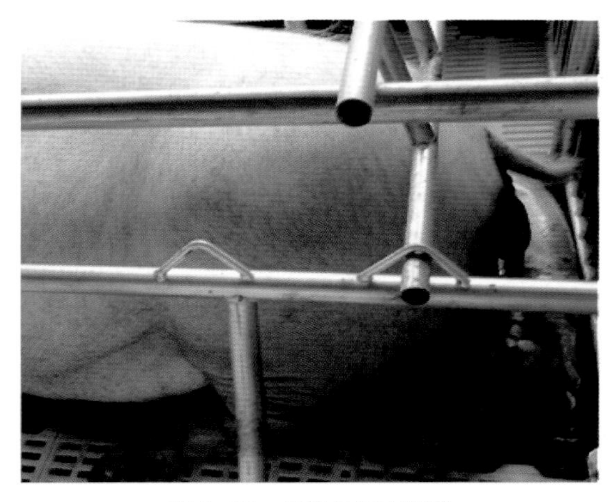

图 3-39 多数是初产母猪

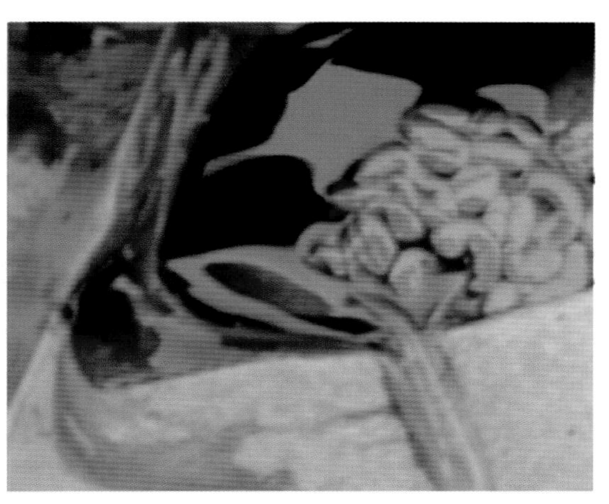

图 3-40 感染的胎儿可见出血、体腔积液

图 3-41 死胎、木乃伊胎

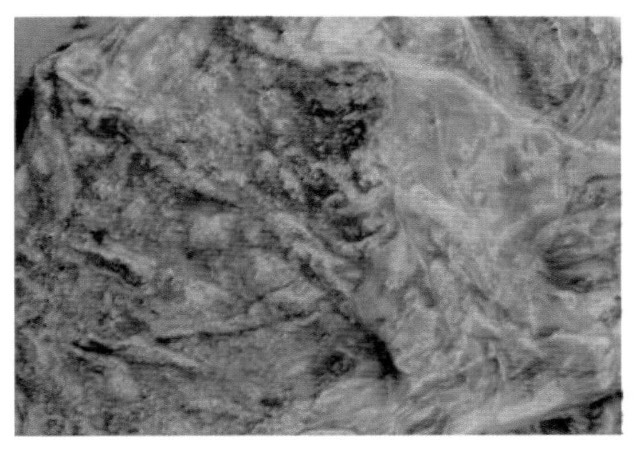

图 3-42 胎衣钙化

（四）防治

（1）引进种猪时，必须检验此病，常用血凝抑制试验，当 HI 滴度在 1∶256 以下或阴性时，才能引进。

（2）灭活苗和致弱的活苗都已研制成功，对后备猪（含公猪）在配种前 1 个月免疫接种。

（3）适当延长后备母猪配种年龄，延至10月龄以后配种，可明显降低发病率。

（4）发生流产或木乃伊胎的同窝幸存者不能留作种用。仔猪母源抗体可难持14~24周，故断奶时将仔猪从污染猪群移到清净区，可培育出血清阴性猪群。

（5）无特效药物治疗。

七、猪伪狂犬病

伪狂犬病是由疱疹病毒科的伪狂犬病病毒引起的多种家畜和野生动物的一种急性传染病。病毒嗜侵呼吸和神经组织。除猪外，其他动物发病后表现奇痒，因此，亦称“疯痒病”。对于非猪类的其他物种，染病后几乎无存活可能。猪是感染后唯一能存活的物种。

（一）流行特点

本病一年四季都可发生，但以冬春和产仔旺季多发，往往是分娩高峰的母猪舍首先发病，窝发病率可达100%。发病猪主要在15日龄以内的仔猪，发病最早日龄是4日龄，发病率98%，死亡率85%。随着年龄的增长，死亡率可下降，成年猪轻微发病，但极少死亡。母猪多呈一过性或亚临床感染，很少死亡。

病猪、带毒猪及带毒鼠类是本病的主要传染源，病毒主要从病猪的鼻分泌物、唾液、乳汁和尿中排除，有的带毒猪可持续排毒一年。

（二）临床症状

发病初期，猪场怀孕母猪流产和死胎（图3-43），接着2周龄内仔猪大量发病和死亡，患猪开始突然发病，体温升高，呼吸困难，有的咳嗽，出现呕吐、腹泻；进而出现神经症状，犬坐、流涎、转圈、惊跳、癫痫、强直性痉挛、后期出现四肢麻痹、口吐沫、倒地侧卧、头向后仰、四肢乱动，呈现脑脊髓炎、败血症（图3-44、图3-45）。1~2天迅速死亡，死亡率可高达100%。断奶前后的仔猪发病和死亡率皆明显降低，导致昏迷和死亡的神经症状不常出现，有时可见食欲、精神不振、发热(41~42℃)、咳嗽、呼吸困难，大多数患猪可以自行恢复。个别出现神经症状，引发休克和死亡。成年猪发病少，症状较轻，表现厌食、精神沉郁、视力差，个别猪也可出现喷嚏、流鼻液和程度不同的呼吸道症状。妊娠母猪怀孕早期感染，多在病后1周内流产。怀孕中后期感染，产出死胎、木乃伊胎，产出的弱仔，多在2~3天死亡。

哺乳母猪可出现不吃食、咳嗽、发烧、泌乳减少或停止。

（三）病理变化

有神经症状的4周龄以内的患病仔猪：脑膜充血、水肿，脑实质小点状出血；全身淋巴结肿胀、出血；肾上腺、淋巴结、扁桃体、肝、脾、肾和心脏上有灰白色小坏死灶；肾脏有出血点；肺充血、水肿，上呼吸道常见卡他性、卡他化脓性和出血性炎症，内有大量泡沫样液体。一般可见感染胎猪的肝、脾脏坏死灶，肺、扁桃体有出血性坏死灶（图3-46至图3-51）。

图 3-43 产出死胎或具有神经症状弱胎

图 3-44 瞳孔散大

图 3-45 吐沫、倒地侧卧、头向后仰、四肢乱动

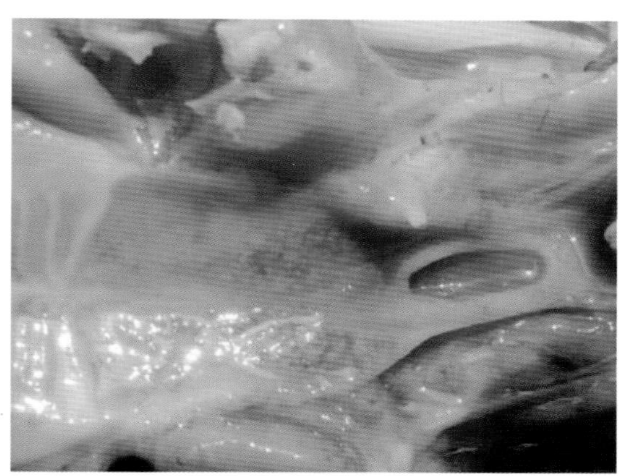

图 3-46 扁桃体出血坏死

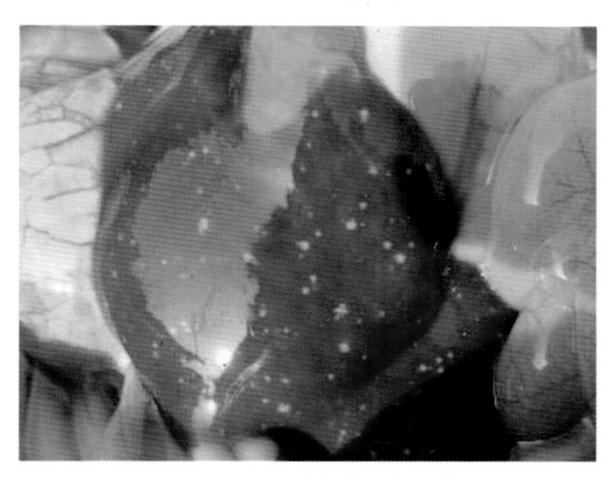

图 3-47 肝脏灰白色坏死灶

图 3-48 间质性肺炎

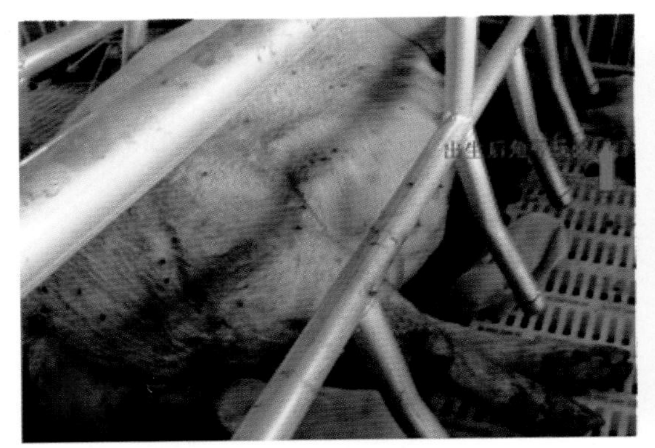

图 3-49　生产母猪产死胎

图 3-50　坏疽性胎盘炎

图 3-51　产出死胎和弱仔

（四）防治

禁止从疫区引种，引进种猪要严格隔离，并经检疫无该病原才能转入生产群使用。

猪场内不准饲养狗、猫，加强灭鼠灭蝇工作。

目前有灭活油苗和双基因缺失苗，双基因缺失苗的优点是：毒力低，免疫原性强，用于伪狂犬病预防接种。并结合消毒、灭鼠等工作，可有效的降低本病的发生。

本病无特效药物治疗，加强饲养管理和做好疫苗注射非常重要。

八、猪流感

猪流感是由 A 型流感病毒（H_1N_1、H_1N_2、H_2N_3、H_3N_1、H_3N_2、H_4N_6 等）引起的一种急性、传染性呼吸道疾病；发病不分年龄性别，主要发生于天气骤变的晚秋，早春及寒冷冬季，气温突变是本病的诱因。无继发或并发感染时，一般取良性经过，但怀孕母猪会因高烧而流产，带来严重的经济损失。此病毒具人畜共同感染的特性。通常呈现暴发性，猪群中所有猪同时发病。

（一）流行特点

各个年龄、性别和品种的猪对本病毒都有易感性。本病的流行有明显的季节性，如天气多变的秋末、早春和寒冷的冬季最易发生本病。一旦发病，迅速传播，发病率可高达100%，无继发感染死亡率2%~8%。常呈地方性流行或大流行。本病病猪和带毒猪是猪流感的传染源，患病痊愈后猪带毒6~8周。

（二）临床症状

不同品种、年龄、性别均易感，猪群多数猪突然同时发病（图3–52），发病率高达100%，死亡率低通常不到1%。发病后一周左右康复。体温升高多在41℃作用。结膜潮红、流泪、流鼻液。喷嚏、打哈欠（图3–53、图3–54）。呼吸困难和阵发性咳嗽，触摸肌肉有疼痛感，懒动。粪便干硬。

（三）病理变化

鼻喉、气管和支气管黏膜充血，气管和支气管含大量泡沫状液体，肺呈紫红色或鲜牛肉样，病变通常见于实叶，心叶和中间叶，为不规则对称，颈淋巴结和肺门淋巴结充血、水肿（图3–55）。

图3–52　突然大批发病

图3–53　犯困、打哈欠

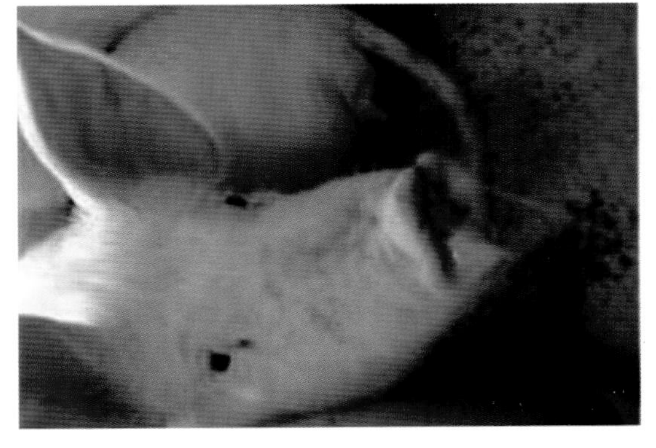

图3–54　喷嚏、流泪和流鼻

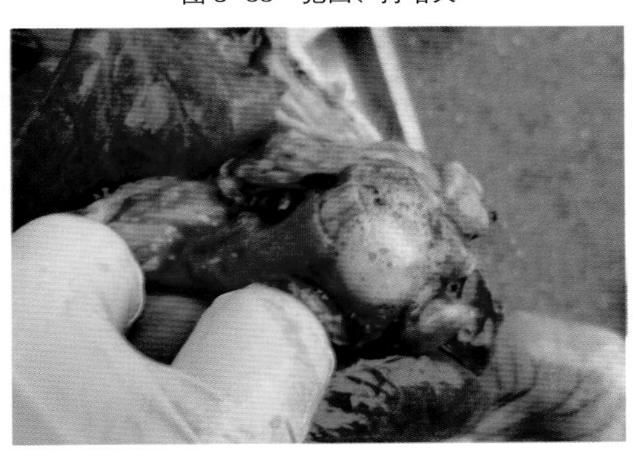

图3–55　肺淤血、气管充满泡沫

（四）防治

无特效治疗药物，一般采取对症治疗方法。

（1）肌肉注射：板蓝根注射液＋林可霉素。紫胡或大青叶 + 卡那霉素治疗或青、链霉素。

（2）中药处方：柴胡、茯苓、薄荷、菊花、紫苏、防风、陈皮，水煎服，每天一剂。

九、猪痘

猪痘是由痘苗病毒引起的一种接触性传染病（图 3-50）。皮肤损伤是猪痘感染的必要条件。猪虱及其他吸血昆虫蚊蝇等是主要传播媒介。架子猪，特别是仔猪发病率可达 100%。

（一）流行特点

猪痘病毒只能感染猪，其他动物不发病。由痘病毒引起的猪痘，各种年龄的猪都可感染，呈地方流行性。但保育猪发病率高，乳猪很少发病。本病的传播方式主要由猪血虱、蚊、蝇等体外寄生虫传播。本病可发生于任何季节，冬季少发，其他季节高发。品种、年龄、卫生以及营养因素的差异一般不影响发病，流行比较严重，发病率很高，病死率低。

（二）临床症状

病变渐进性发展：从发红斑点发展为丘疹再到水疱到脓疱或形成硬皮。这个全过程大约 3~4 周。受感的幼龄猪比成年猪的表现要严重。痘疹可出现皮肤任何部位。痘疹中心凹陷，周围组织肿胀，似火山口或肚脐状。局部贫血呈黄色，脓疱很快结痂，呈棕黄色痂块，痂块脱落后呈无色的小白斑（图 3-57、图 3-58）。

图 3-56　遍布全身的痘疹

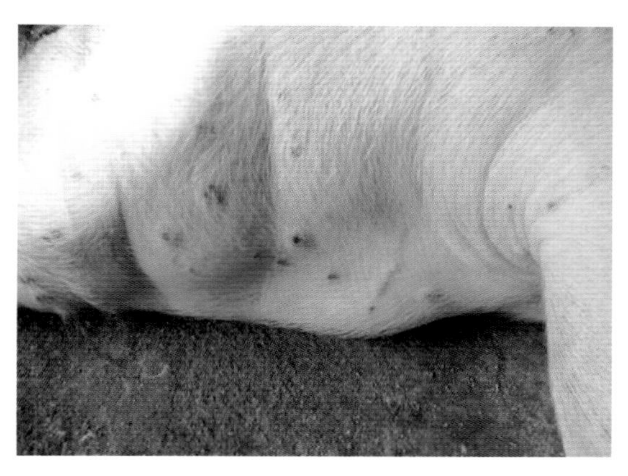
图 3-57　隆起与皮肤表面的痘疹，中央部黑色结痂

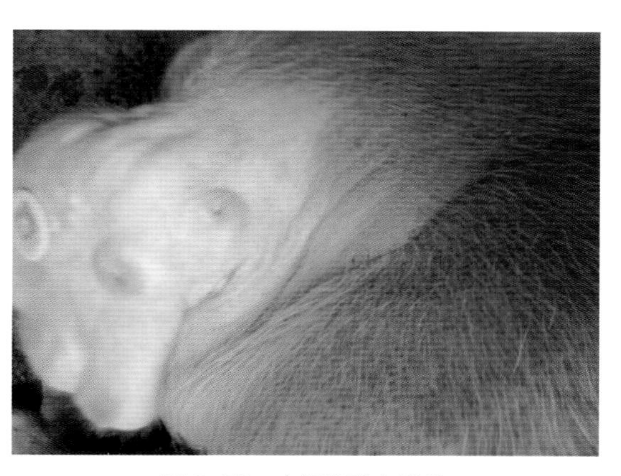
图 3-58　中间凹陷如肚脐

（三）病理变化

肉眼病理变化在临床症状中已有描述，组织病理学：上皮细胞坏死，在真皮和表皮上皮出现嗜中性白细胞和巨噬细胞。

（四）防治

猪痘无特效疗法，治疗目的在于防止细菌继发感染。控制猪痘的最佳方法是加强卫生管理及清除一切外寄生虫。

（1）目前尚无疫苗可以免疫，猪痘流行期间做到每天消毒，驱除体内外寄生虫以及吸血昆虫。

（2）对体温升高的病猪，可用青霉素、链霉素、安乃近或安痛定等控制细菌性感染。

（3）在患处涂擦碘酊、甲紫溶液，或用 0.1% 高锰酸钾喷雾或洗刷猪体。

十、传染性胃肠炎

传染性胃肠炎是由猪传染性胃肠炎病毒感染引起的。该病毒感染后以 3 种方式流行：流行性传染性胃肠炎、地方流行性传染性胃肠炎、猪呼吸道冠状病毒感染。本节主要介绍发病症状严重、对养猪生产造成损失较大的流行性传染性胃肠炎病。

（一）流行特点

本病发生和流行有明显的季节性，多见于冬季和初春。多呈地方性流行，新发区可暴发性流行。本病近年发病多与口蹄疫重叠，致使养猪户苦不堪言。传染源为发病猪、带毒猪及其他带毒动物。病毒存在于病猪和带毒猪的粪便、乳汁及鼻分泌物中，病猪康复后可长时间带毒，有的带毒期长达 10 周。本病主要经消化道、呼吸道传播。感染母猪可通过乳汁排毒感染哺乳仔猪。感染动物为猪，各种年龄的猪都易感，但以 10 日龄以内的仔猪发病率和病死率高。狗、猫、狐狸等可带毒排毒，但不发病。

（二）临床症状

突然呕吐和下痢，数日内可波及至全群。病初体温可能升高，腹泻后很快下降。前期黄色粪便呈喷射状排除，中后期病猪排泄物呈水样，粪便中经常含有未消化的饲料（图3-59、图3-60）。颜色多样，黄色、绿色、灰白色以及个别猪褐色等。仔猪发病突然呕吐，进而剧烈水样腹泻，很快脱水。粪便中经常含有小的未消化的凝乳块，粪便恶臭。该病不但侵害肠道，也侵害胃，因此，病猪不但减食或绝食，而且饮水也减少。发病猪年龄越小，病情越严重，乳猪病死率可高达100%。架子猪或成年猪的临床症状只限于呕吐、下痢、减食或废食，一般不用药物也可耐过。母猪一般先表现呕吐和突然不食，24小时左右开始出现腹泻，也有突然拒食，但不表现腹泻，3天后自然康复。近年有的发病20天后又复发现象，但不知是本病有复发现象，还是不同时间感染其他病原所致。

（三）剖检变化

主要病变在胃和小肠。仔猪明显脱水，尸体消瘦；胃胀气，剖开可见未消化的乳块。胃底潮红充血和出血。在其膈侧可能有小出血区小肠胀气，充满黄绿色或灰白色液体，并含有未消化的凝乳块；肠壁菲薄，透明或半透明状。可能是绒毛萎缩引起的（图3-61至图3-63）。

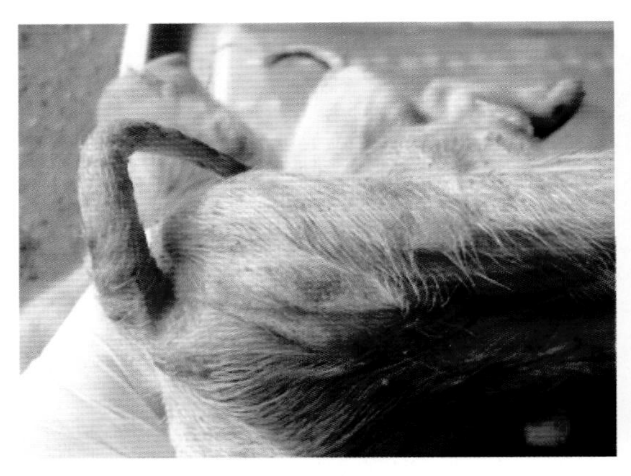
图3-59　呕吐、水样腹泻

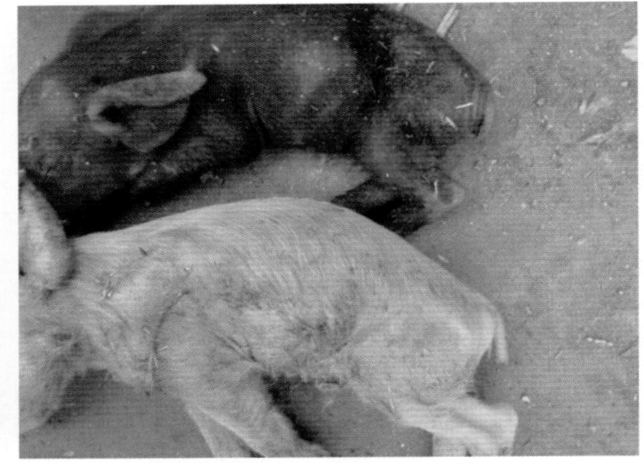
图3-60　日龄越小死亡率越高，严重脱水

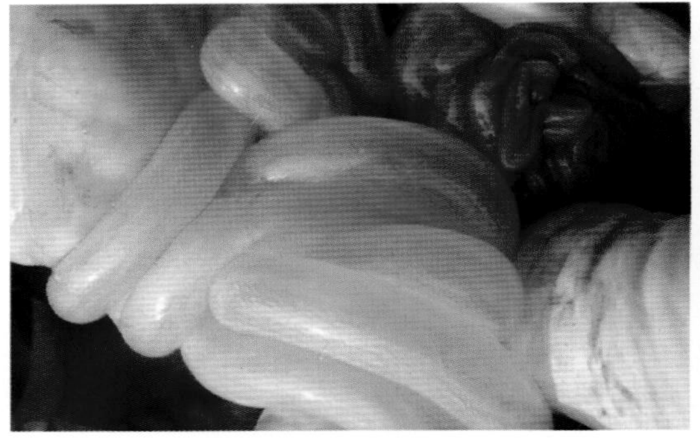
图3-61　小肠壁变薄，有的部分肠管胀气

图3-62　肠管有的充血，有的无充血

图 3–63 胃满可见未消化的乳块。胃底潮红充血和出血

（四）防治

目前无特效防治药物，可采取以下措施：提供温暖（最好 32℃以上）、无穿堂风、干燥的环境，并使口渴的病猪可自由饮用水或营养液。这些措施将会减少 3~4 龄以上感染猪的死亡率。减少饥饿、脱水和酸中毒。静脉输液、补充电解质和营养物质对治疗小猪是有效的，但对于猪场大批治疗不实用。用口服电解质溶液和葡萄糖溶液治疗仔猪存在争议。发病仔猪用抗生素防止激发感染，可促进康复减少死亡。

根据国外资料显示：干扰素可能激活新生仔猪体内的自然杀伤细胞，它对传染性胃肠炎病毒的感染起着某种程度的抑制作用。另据国外资料显示，在该病暴发期间，用 1~20 IU 人 α－干扰素给 1~12 日龄的仔猪连续口服 4 天，其存活率明显高于未给药猪。然而不断给刚出生的新生猪口服 α－干扰素其存活率却未见增加。这种对传染性胃肠炎病毒感染仔猪昂贵但有效的治疗仍需要评估。

（1）从非疫区引种，坚持自繁自养，以免传入病原。

（2）使用传染性胃肠炎和流行性腹泻二联免疫接种，母猪产前免疫 2 次，可使仔猪获得良好的被动免疫抗体，冬春季节对保育期仔猪进行免疫接种。

（3）遇到 TGEV 暴发，给全场猪（包括新引入的猪）饲喂切碎的感染猪的肠道组织来消除易感猪，以缩短病程，并保证全群猪感染在同一水平上。

（4）猪群发病，应立即封锁，固定人员饲养，对病猪停食或减食，饮水中添加适量收敛作用较好的消毒药（高锰酸钾等）或补液盐和电解多维溶液。在饲料中添加抗生素预防激发感染，可以减少死亡，促进康复。

（5）肌肉注射血清或免疫球蛋白，适当配合抗生素和止泻药物有一定治疗作用。

十一、猪轮状病毒病

本病是由轮状病毒引起猪腹泻的主要病原体之一，能感染多种动物及人，常见于仔猪、犊牛及儿童，其主要感染小肠上皮细胞，从而造成细胞损伤，引起腹泻。轮状病毒多发生在寒冷季节。寒冷、潮湿、污秽环境和其他应激因素可增大病的严重性。常致 8 周龄内仔猪发病，发病率 50%~80%，死亡率较低。

（一）流行特点

主要存在于病猪及带毒猪的消化道，随粪便排到外界环境后，污染饲料、饮水、垫草及土壤等，经消化道感染易感猪。排毒时间可持续数天，严重污染环境，加之病毒对外界环境有很强的抵抗力，使轮状病毒在成猪、中猪之间反复循环感染，长期扎根猪场。另外，人和其他动物也可扩散传染。本病多发生于晚秋、冬季和早春。各种年龄的猪都可感染，感染率最高可达 90%~100%，在流行地区由于大多数成年猪都已感染而获得免疫。因此，发病猪多是 8 周龄以下的仔猪，日龄越小的仔猪，发病率越高，发病率一般为 50%~80%，病死率一般为 10% 以内。

（二）临床症状

突然发病，传播迅速，发病仔猪精神不振，不愿走动，吮乳无力（图 3-64）。呕吐及腹泻，排出水样、乳脂、糊状至半固体状粪便（图 3-65、图 3-66）。颜色多样，黄色、黄绿色、白色或灰白色等。粪便腥臭。持续 3~5 天。病前一群干净的仔猪，很快变成脏兮兮的，且严重脱水。虽然腹泻，但腹围却增大。症状的轻重取决于日龄、管理及环境条件。

（三）病理变化

哺乳猪死亡后剖检：小肠壁变薄（图 3-67）、松弛、膨胀半透明，内容物呈水样、絮状、黄色或灰白色液体，小肠后 2/3 中没有食糜，肠系膜淋巴结变小且呈棕褐色（图 3-68）。大多数病例盲肠和结肠也膨胀。胃内充满凝固乳块。

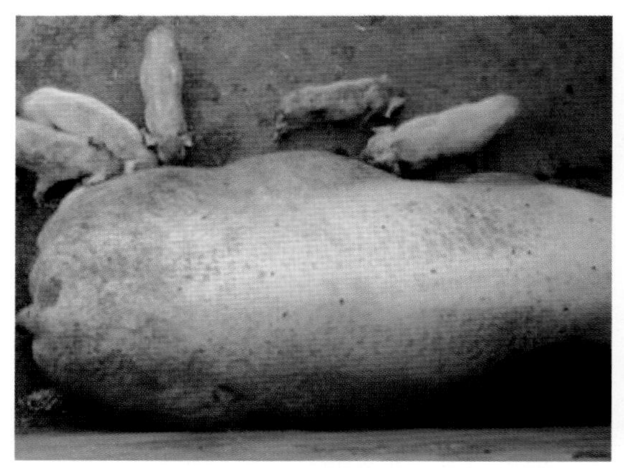

图 3-64　发病仔猪精神不振，无力吮乳

图 3-65　乳猪突然发病，呕吐、腹泻

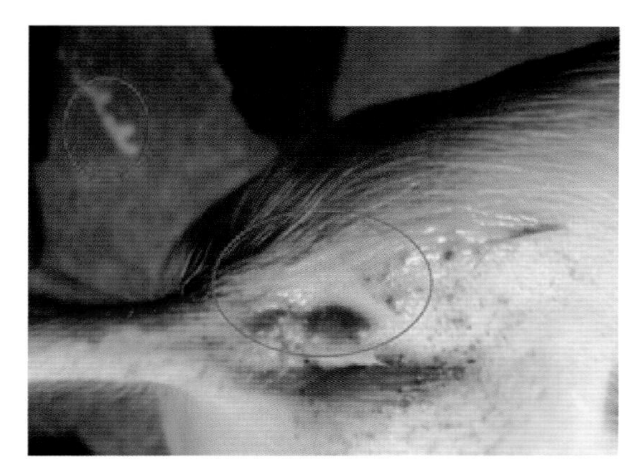

图 3-66　不同颜色腹泻

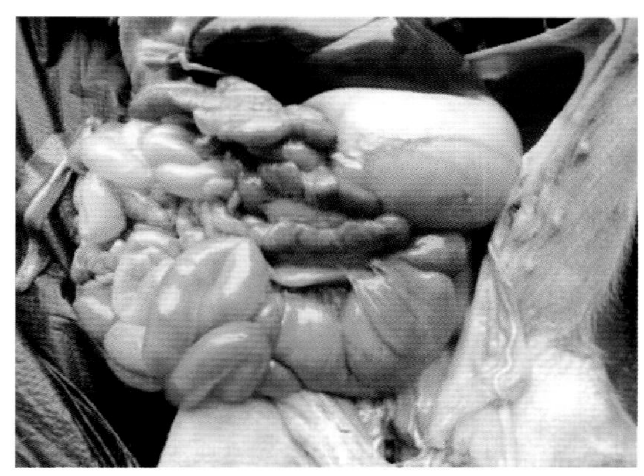

图 3-67　胃肠迟缓，小肠壁菲薄

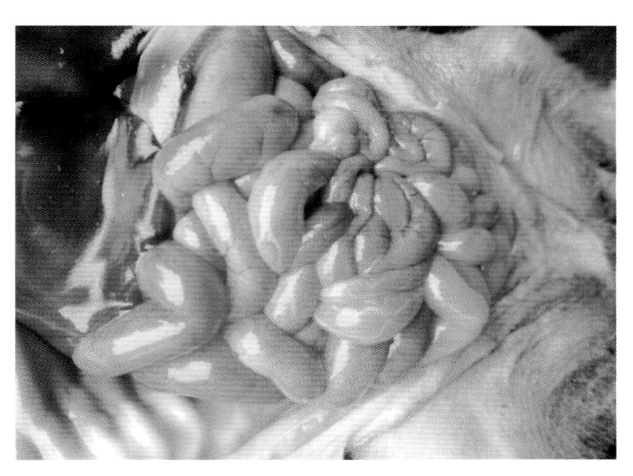

图 3-68　小肠的膨胀、壁薄，内含水样、絮状灰黄色液体

（四）防治

（1）目前，尚无有效疫苗。把吮吸仔猪所排出的下痢粪便喂于怀孕母猪，将会提高乳汁内的抗体含量，可减少所产仔猪发病。

（2）无特效治疗药物，适当使用抗病毒药物。球蛋白、免疫核糖核酸可选择使用。

（3）抗生素治疗无效，适当应用可治疗继发细菌感染。使用电解质溶液来预防脱水，可提高治愈率，减少死亡。

（4）使用吸附剂，如活性炭、蒙脱石等疗效是看得见的，吸附剂最大的优点就是安全有效。如蒙脱石在肠道不吸收，但能吸附在肠黏膜上，可修补损伤的肠黏膜，又可吸附和固定细菌和病毒，继而随大便排出体外。

第二节　常见猪细菌性传染病

一、猪丹毒

猪丹毒是由猪丹毒杆菌所引起的一种散发性传染病。急性猪丹毒的特征为败血症和突然死亡。亚急性猪丹毒患猪的皮肤则可能出现红色疹块。慢性型表现非化脓性关节炎和疣性心内膜炎。该病菌可引起人的类丹毒。本病主要发生于架子猪。哺乳猪和成年猪发病较少。

（一）流行特点

本病呈地方流行，一年四季都有发生，但夏季严重，主要发生于架子猪。哺乳和成年猪发病少。病猪和隐性感染猪是主要传染源，大猪在隐性感染后能得到主动免疫，哺乳仔猪可从母乳中获得免疫力。主要是经消化道传染，猪吃了病猪的排泄物或被污染的饲料和饮水均可感染。另外，吸血昆虫、皮肤的创伤以及内源性都有感染的可能。国外资料显示，3 月龄以上的猪易感染该病。这种在我国濒临灭绝的疾病。近年又卷土重来，2011 年以来，我国许多地方均有发病报道。

（二）临床症状

急性病例个别猪突然发病死亡

体温升至 42℃以上，用退热药往后，有的病猪病症很快减轻，经过一天左右的时间，如不能及时针对病因治疗，病情很快恶化，且皮肤出现紫黑色连片斑块。走路僵硬形如踩高跷。喜卧、强行驱赶或接近时，立即走开或短暂站立，有的可能出现尖叫声，表现烦躁和愤怒。一旦解除驱赶，很快又卧下。在站立时，四肢紧靠，头下垂，背弓起。减食或食欲废绝。大猪和老龄猪粪便干硬，而小猪表现腹泻。皮肤呈凸起的红色区域，红斑大小不一，多见于耳后、颈下、背、胸腹下部及四肢内侧，后瘀血发紫。怀孕母猪可发生流产。病猪可能在见到或触到疹块病变前就死亡。

哺乳仔猪和刚断奶小猪，一般突然发病，出现神经症状，抽搐，倒地而死，病程不超过一天。

亚急性（疹块型）：

体温 41℃以上，颈、背、胸、臀及四肢外侧出现多少不等疹块（图 3-69、图 3-70）。疹块方形，菱形或圆形，稍凸于皮肤表面，紫红色，稍硬。疹块出现 1~2 日体温逐渐恢复，经 1~2 周痊愈。

慢性型：

急性或亚急性猪丹毒耐过后常转变成慢性型，以跛行和皮肤坏死为特征。皮肤结节坏死并且发黑，表皮坏死增厚似结痂“盔甲”状（图 3-71 至图 3-73）。耳尖也可能烂掉。

关节疼痛和发热，随后变成肿胀和僵硬。心内膜炎：往往引起心脏杂音，突然衰竭而死。消瘦、贫血。

（三）病理变化

患猪唯一具有诊断意义特征性的病变是菱形或方形疹块病灶。当这种病灶全身化时是一种可靠的败血症的标志。

急性猪丹毒：皮肤弥漫性出血，特别是口鼻部、耳、下颚、喉部、腹部和大腿的皮肤。肺脏充血和水肿，心内膜、心外膜有出血点。胃、十二指肠、空肠：黏膜出血。肝脏：充血。脾明显肿胀、呈樱桃红色，是典型特征性病变。肾皮质部有斑点状出血。全身淋巴结充血肿大，切面多汁呈浆液性出血性炎症。但应注意急性败血型剖检极易与败血型链球菌等败血症混淆，应做好区别（图 3–74 至图 3–76）。

疹块型：与急性猪丹毒的病理变化相似。

慢性猪丹毒：主要病变是增生性、非化脓性关节炎。心内膜炎：常为瓣膜溃疡或菜花样疣状赘生物。

图 3–69　哺乳仔猪也发病，体温升高至 42℃，皮肤疹块

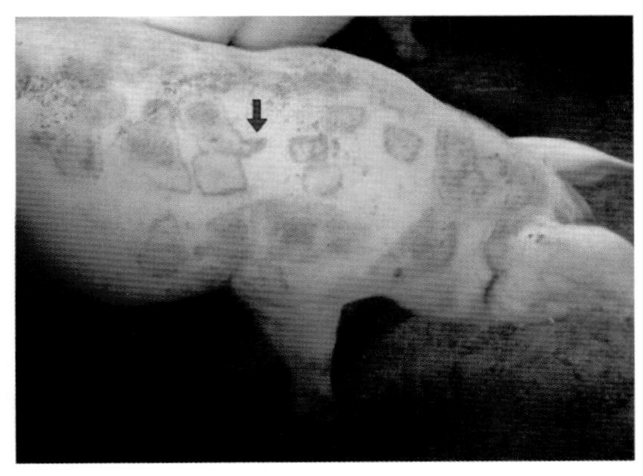

图 3–70　85 日龄猪皮肤疹块

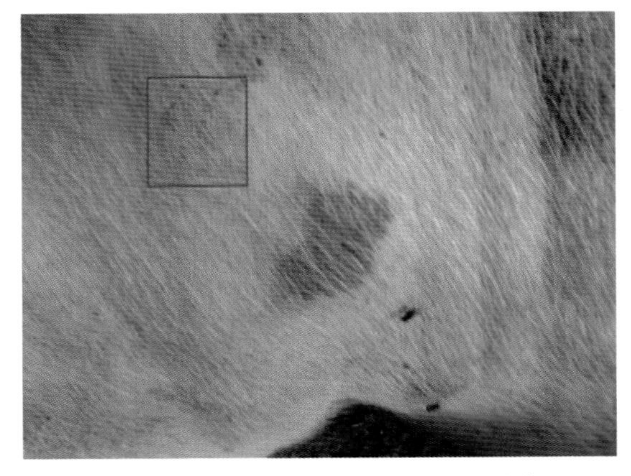

图 3–71　初期疹块红色，继而颜色紫红或紫黑色

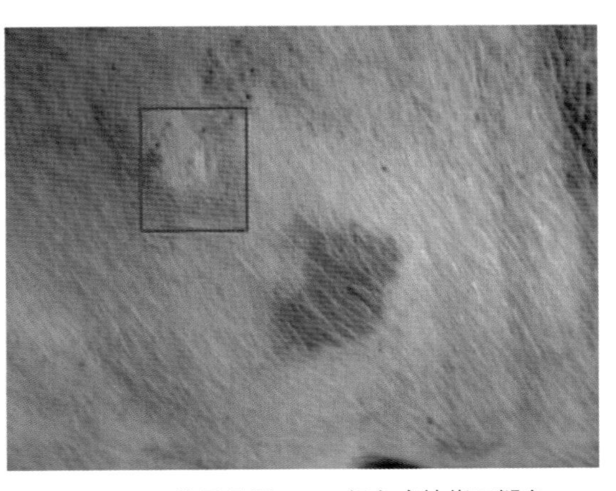

图 3–72　此图是图 3–71 红色疹块指压褪色

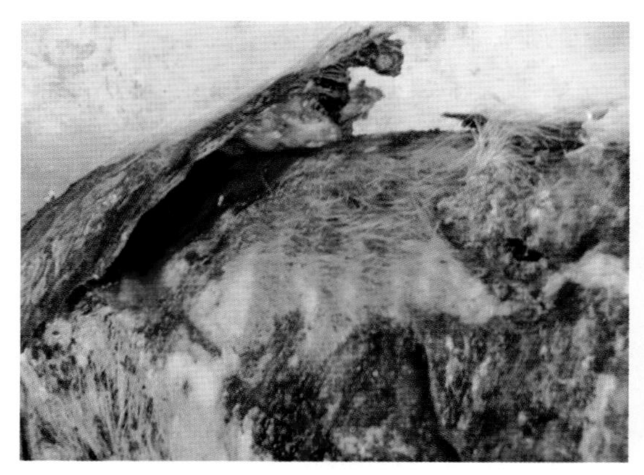

图 3-73　表皮坏死增厚结痂似“盔甲”状

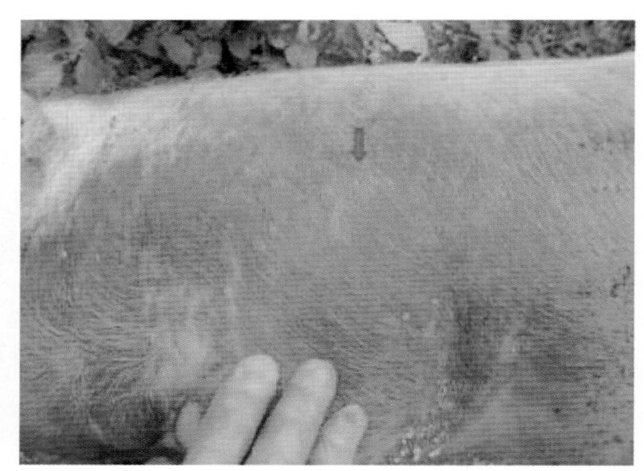

图 3-74　急性：皮肤弥漫性出血并见坏死灶

图 3-75　脾樱红色肿胀，切面颗粒状

图 3-76　肾皮质部可见白色坏死灶

（四）防治

（1）预防：在非疫区要搞好猪场的卫生消毒等工作，可免受猪丹毒杆菌感染。坚持自繁自养的原则，进猪前做好预防接种疫苗工作，待产生免疫力后再引进，进场后，还应隔离观察一个月以上，待无发生疫情后，方可混群。

（2）治疗：① 首选青霉素类药，并且加大剂量，每千克体重 5 万 IU，肌肉注射，每天 2 次。② 全群投药，可用阿莫西林粉拌料或饮水。

二、猪链球菌病

猪链球菌病是由致病性猪链球菌感染引起的一种人畜共患病。猪链球菌是猪的一种常见和重要病原体，也是人类动物源性脑膜炎的常见病因，可引起急性败血症、脑膜炎、心内膜炎、关节炎和淋巴结脓肿，各种年龄均可感染，架子猪和乳猪常发。多种动物、鸟类和苍蝇均能传播该病，存在于环境中的病原菌可通过浮尘传播。猪可通过呼吸道、生殖道、消化道以及外伤感染。

（一）流行特点

病猪和带菌猪是主要传染源，经呼吸道和伤口传播。蚊蝇在本病传播中起到积极作用。

易感动物主要是猪，以仔猪、架子猪发病率高。一年四季均可发生，但5~11月发生较多。传播速度很快，短期波及全群。发病率和死亡率很高，常为地方流行。人也可感染。

（二）临床症状

在临床上表现败血症型（图3–77）、脑膜炎型（图3–78）、关节炎型（图3–79）和淋巴结脓肿型（图3–80）。最急性病例病猪不表现临床症状可能突然死亡。急性败血症型：病猪体温高达41~43℃，精神不振，眼结膜充血，流泪，流鼻液，有的有咳嗽和呼吸困难症状。耳、颈、腹下皮肤瘀血发绀、发绀，腹下、后躯可见紫红色斑块“刮痧状”。关节肿大或跛行。如果拖延不治到爬行或不能站立时，患猪很快死亡。神经症状主要表现：运动失调，游泳状运动、角弓反张、惊厥眼球震颤和双目直视。个别病猪濒死前，天然孔流出暗红血液。淋巴结脓肿型：可见颌下、腹股沟淋巴结脓肿。

（三）剖检变化

病猪全身各器官充血、出血（图3–81、图3–82）。肺、淋巴结、关节有化脓灶（图3–83）。鼻、气管、胃、小肠黏膜充血及出血。胸腔、腹腔和心包腔积液，并有纤维素性渗出物。脾脏肿大（保育猪“巨脾症”、蓝紫色。肾肿大、充血、出血，膀胱积尿。脑膜充血或出血。心内膜炎，心瓣膜上的疣状赘生物病变呈菜花样。链球菌心内膜炎和关节炎病变症状类似于猪丹毒。如咬尾感染（图3–84），内脏器官，尤其肺很容易出现多发性脓肿灶（图3–85）。

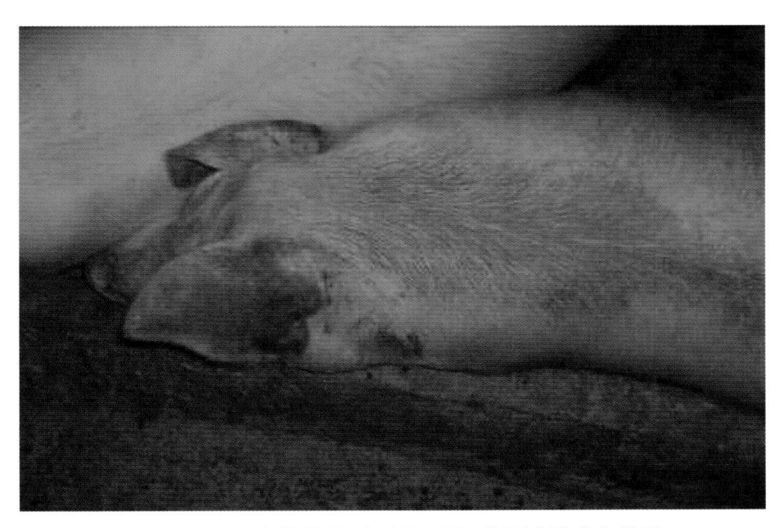

图3–77　急性败血型：耳、颈、腹下皮肤瘀血发绀

图 3-78　脑膜炎型：运动失调，游泳状运动及痉挛

图 3-79　关节炎型：跛行或站立困难

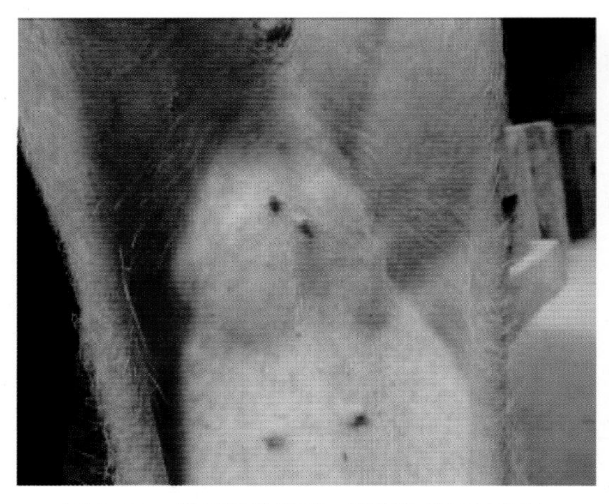

图 3-80　淋巴结脓肿型：腹股沟淋巴结脓肿

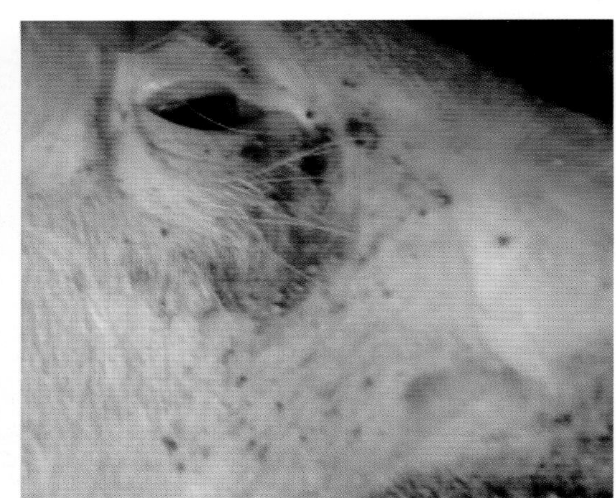

图 3-81　眼结膜充血

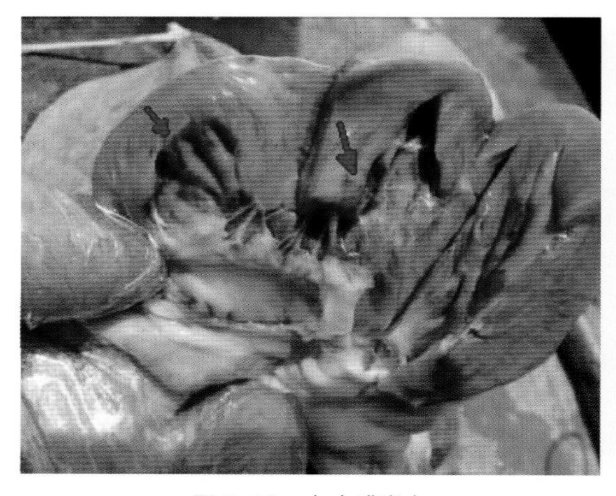

图 3-82　心内膜出血

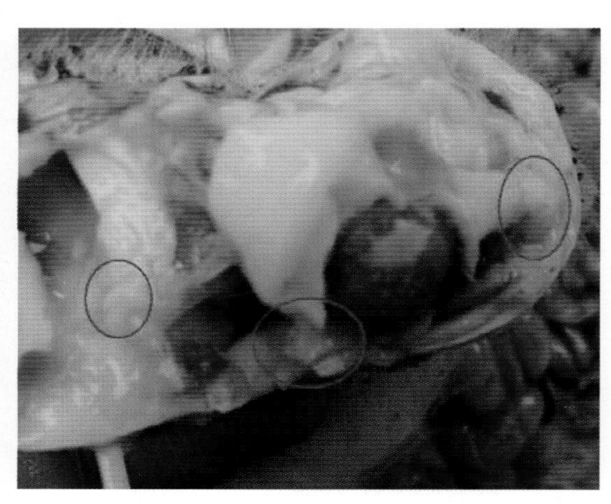

图 3-83　关节腔脓性液体

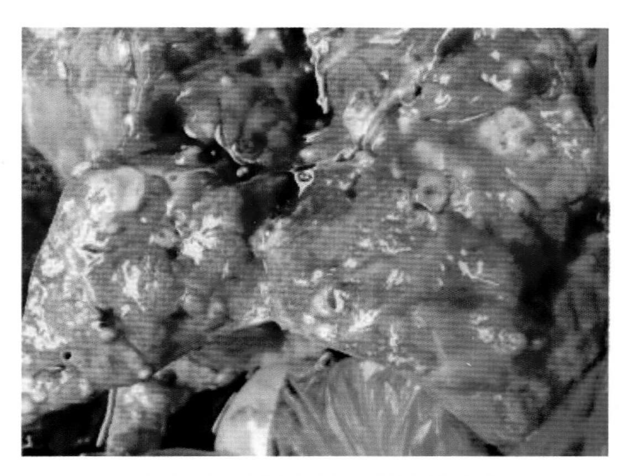

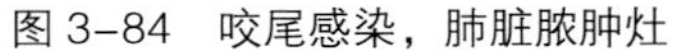

图 3-84 咬尾感染，肺脏脓肿灶

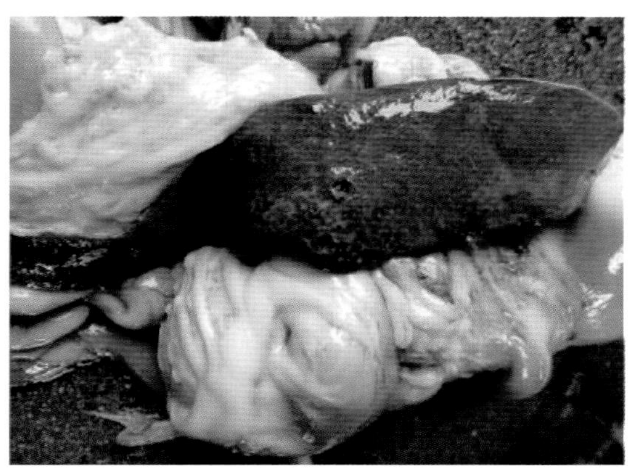

图 3-85 脾脏肿大："巨脾症"、蓝紫色

（四）防治

保持猪舍清洁干燥，定期消毒，患猪用青霉素、链霉素，四环素，磺胺类药物均可。

（1）青霉素每千克体重 5 万单位，每日 2 次，连用 3 天。

（2）磺胺嘧啶是治疗链球菌性脑膜炎的首选药物。

（3）治疗时、要延长治疗周期，一般用药应不低于一周。

三、副猪嗜血杆菌病

猪副嗜血杆菌病又称多发性纤维素性浆膜炎和关节炎。是由猪副嗜血杆菌引起。对于采用无特定病原或运用早期断奶技术而没有猪副嗜血杆菌污染的猪群，初次感染该病原体时，后果会相当严重。病原体广泛存在于自然环境中，病猪和带毒猪是该病的传染源，健康猪鼻腔、咽喉等上呼吸道黏膜上也常有病原体存在。属于一种条件性常在菌，当天气恶劣、长途运输、疾病等不利因素出现时，副猪嗜血杆菌就会乘虚而入。主要通过呼吸道、消化道传播。无明显季节性。以 5~8 周龄的仔猪最为多见，哺乳仔猪也可发病。

（一）流行特点

病原体广泛存在于养猪的环境中，健猪鼻腔、咽喉等上呼吸道黏膜上也常有本病的病原体存在。属于一种条件性常在菌。当猪体健康良好、抵抗力强时，病原体不呈致病作用，而一旦猪体健康水平下降、抵抗力弱时。病原体就会大量繁殖而出现临床症状。病猪和带毒猪是该病的传染源，多通过呼吸系统传播，也可通过消化道感染。2 周 ~4 月龄的猪都可能发生感染，但以 5~8 周龄的断奶保育仔猪最为多见，以致一些猪场的保育舍和生长舍猪群的死淘率因之而大大增加，给猪场造成了巨大的经济损失。有时哺乳仔猪也会发病，曾发现 8 日龄仔猪发病。尤其是免疫水平较低的初产母猪产下的仔猪更易感染。发病率一般在 10% ~15%不等，致死率约为 50%，混合感染严重时则死亡率会更高。

各种原发性疾病发生后，特别是在猪群发生了呼吸道疾病，如猪喘气病、猪流感、猪蓝耳病、猪伪狂犬病和猪呼吸道冠状病毒感染的猪场，猪只抵抗力下降，不但本病的发病

率更高，危害程度会更大，也更加剧了原发病的病程或使病情复杂化。因此，强化其他疾病(特别是呼吸道疾病)的防制，对控制本病的发生、流行和减少猪病的危害具有十分重要的意义。

（二）临床症状

急性病例，不出现临床症状即突然死亡，死后全身皮肤发白色或红白相间，约有50%的急性死亡猪出现程度不等的腹胀，个别猪鼻孔有血液流出。一般病例体温升高(40.5~41℃)，有的可能只出现短暂发热。反应迟钝，脉搏加快，耳梢发紫，眼睑水肿。保育猪和育肥猪，一般取慢性经过，食欲下降，生长不良，咳嗽，呼吸困难，被毛粗乱，皮肤发红或苍白，消瘦衰弱。四肢无力、特别是后肢尤为明显（图3-86），出现跛行，关节肿胀（图3-87），多见于腕关节和跗关节，少数病例出现脑炎症状，震颤、角弓反张，四肢游泳状划动。部分病猪鼻孔有浆液性或黏液性分泌物。后备母猪常表现为跛行、僵直、关节和肌腱处轻微肿胀；哺乳母猪跛行以及母性行为极端弱化。也可见妊娠母猪流产，公猪慢性跛行。

（三）病理变化

败血症损伤主要表现在肝、肾和脑膜上形成瘀点和瘀斑。胸腔、腹腔出现似鸡蛋花状纤维素性炎症（图3-88）：剖检时，一般病例胸腔积液，肝周炎、心包炎、腹膜炎，其病变酷似鸡大肠杆菌（包心、包肝）病变。较慢性病例可见心脏与心包膜粘连；肺与胸壁、心脏粘连，部分出现腹腔积液或腹腔脏器粘连（图3-89）；急性败血死亡病例表现皮肤发绀、皮下水肿和肺水肿（图3-90）。肝、肾和脑等器官表面有出血斑(点)，急性死亡病例，大多肉眼看不到典型的鸡蛋花状凝块，但仔细观察腹腔有少量的、似蜘蛛网状纤细条索，这对诊断急性副嗜血杆菌病死亡病例有相当重要的价值（图3-91、图3-92）。

图3-86　患猪四肢无力，特别是后肢尤为明显，出现跛行

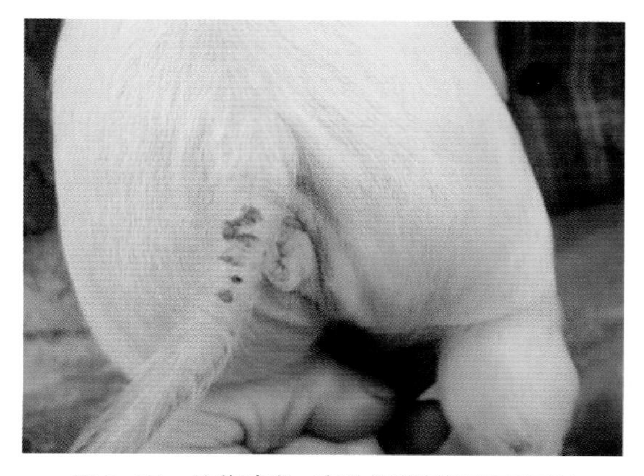

图 3-87 关节肿胀，有的仔猪尾根部有坏死

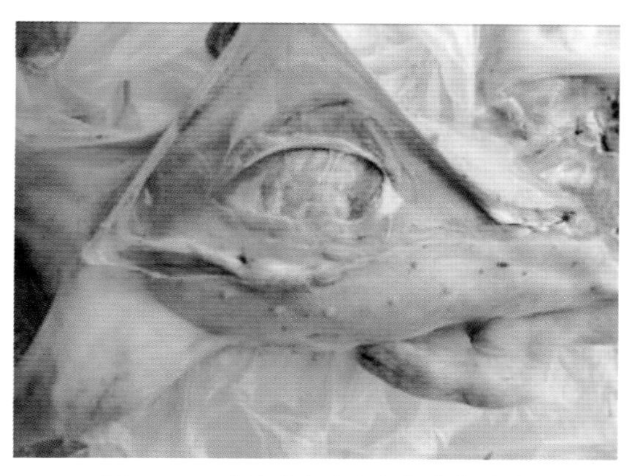

图 3-88 胸腹腔积液和纤维素浆膜炎

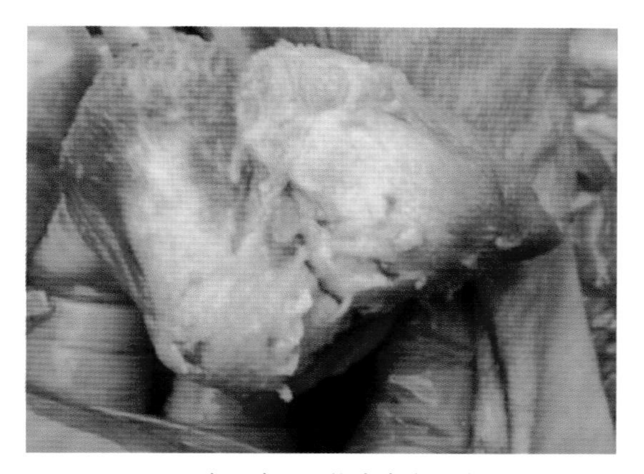

图 3-89 心肌表面纤维素炎症（绒毛心）

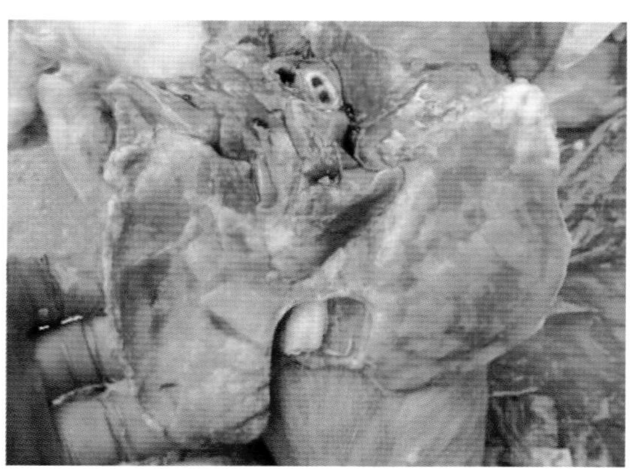

图 3-90 肺可见萎缩，表面附有纤维素炎症

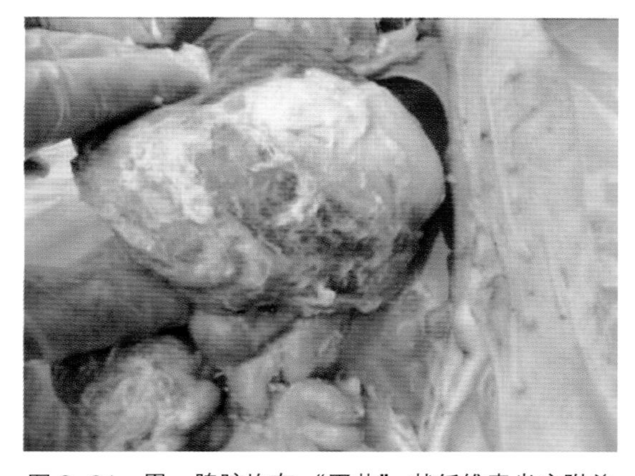

图 3-91 胃、脾脏均有“蛋花”状纤维素炎症附着

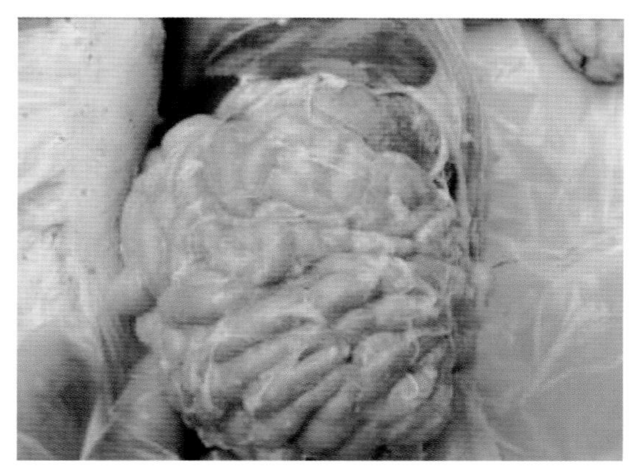

图 3-92 腹腔脏器粘连，并有“蛋花”状纤维素炎症附着

（四）防治

（1）预防：彻底清理猪舍卫生，用 2% 氢氧化钠水溶液喷洒猪圈地面和墙壁，消毒要彻底。

仔猪免疫一般安排在 7~30 日龄内进行，每次 1 毫升，最好一免后过 15 天再重复免疫一次。

发现有猪出现临床症状，应立即对整个猪群投服大剂量抗生素药物治疗和对未发病猪做好预防，对已经发病猪特别是形成纤维素渗出物病变时，治疗存在困难。大多数血清型的猪副嗜血杆菌对头孢菌素、庆大霉素、替米考星以及喹诺酮类等药物敏感。给发病猪用药应适当加大剂量。

（2）治疗：① 青霉素肌内注射，每次 5 万 IU/kg，每天 2 次，连用 5 天。② 庆大霉素注射液，肌内注射，每次 4mg/kg，每天肌注 2 次，连用 5 天。③ 大群猪口服阿莫西林粉，每日 2 次，连用 1 周。④ 在应用抗生素治疗的同时，口服纤维素溶解酶，可快速清除纤维素性渗出物、缓解症状、控制猪群死亡率。

四、猪接触性传染性胸膜肺炎

猪传染性胸膜肺炎是由胸膜肺炎放线杆菌引起的一种接触性传染病，各种年龄的猪对本病均易感，但由于初乳中母源抗体的存在，本病最常发生于育成猪和成年猪。传播途径主要是通过猪与猪的直接接触或通过短距离的飞沫传播。

急性期死亡率很高，与毒力及环境因素有关，还与其他疾病的存在有关，如猪蓝耳病、圆环病毒病、猪伪狂犬病等。到目前为止，还没有很有效的措施控制本病。抗生素对控制本病继续传播有较好效果，但对已经发病猪治疗效果并不明显。

（一）流行特点

一年四季均可发生，但以气温在 15℃以上多见，特别是气温在 32℃以上的暴风雨时，又加之猪舍闷热的情况下更易成批发病。各种年龄的猪均可感染发病，但以体重在 30kg 以上的育肥猪和肥猪以及怀孕母猪较多见。主要传播途径是空气、猪与猪之间的接触、污染排泄物或人员传播。猪群的转移或混养，拥挤和恶劣的气候条件（如气温突然改变、潮湿以及通风不畅）均会加速该病的传播和增加发病的危险。

（二）临床症状

该病分为最急性型，急性型，亚急性型及慢性型等。常常是个别猪突然发病，急性死亡，随后大批猪传播发病，临死前常有血色泡沫从口鼻流出（图 3-93）。

最急性型：同栏或不同栏的一头或数头猪突然发病，病猪体温升高至 41~42℃，心率增加，精神沉郁，废食，出现短期的腹泻和呕吐症状，早期病猪无明显的呼吸道症状。后期心衰，鼻、耳、眼及后躯皮肤发绀，晚期呼吸极度困难，常呆立或呈犬坐式，张口伸舌，咳喘，并有腹式呼吸（图 3-94）。频死前口鼻流出含有浅血色的泡沫液体。有的病例未见任何症状就突然死亡。大多 24~36h 死亡。病死率高达 80% ~100%。

急性型：不同栏或同栏的许多猪只同时感染，体温升高达 40.5~41℃，患畜出现呼吸困难，经常咳嗽及用嘴呼吸。皮肤发红，精神沉郁，心衰。由于饲养管理及应激等条件差异，患猪的病程可能不同，可转为亚急性或慢性。

亚急性型和慢性型：见于急性型后期。患猪体温正常或轻度发热，精神不振，食欲减退。不同程度的自发性或间歇性咳嗽，呼吸异常，生长迟缓。病程几天至 1 周不等，耐力测试，驱赶猪群时，患猪总是走在群后。当有应激条件出现时，症状加重，猪全身肌肉苍白，心跳加快而突然死亡。

（三）剖检变化

病变具有多面性，肺部常呈局灶性损伤，且界限明显。心脏和膈膜可见损伤。肉眼可见的病变主要在呼吸道，胸腔积液和纤维素性胸膜炎（图 3–95）。肺充血、出血。气管、支气管中充满泡沫状、血性黏液及黏膜渗出物。肺和胸膜粘连。

最急性型：病死猪剖检可见气管和支气管内充满泡沫状带血的分泌物。肺充血、出血和血管内有纤维素性血栓形成。肺泡与间质水肿。肺的前下部有炎症出现。

急性型：喉头充满血样液体，双侧性肺炎，常在心叶、尖叶和膈叶出现病灶，病灶区呈紫红色，切面肺质如肝脏，间质充满血色胶样液体，肺早期损伤颜色黑红感染最严重处肺硬化，轮廓清晰，随着时间推移，损伤部位缩小，直到转为慢性形成大小不同的结节（图 3–96）。

亚急性型：肺脏可能出现大的干酪样病灶或空洞，空洞内可见坏死碎屑。如继发细菌感染，则肺炎病灶转变为脓肿，致使肺脏与胸膜发生纤维素性粘连（图 3–97）。

慢性型：在肺隔叶表面或切面可见脓肿结节。结节周围包裹有较厚的结缔组织，并有纤维素附着（图 3–98）。胸壁、心包以及肺之间可见粘连。心包内可见到出血点。在发病早期可见肺脏坏死、出血。肺脏大面积水肿并有纤维素性渗出物。

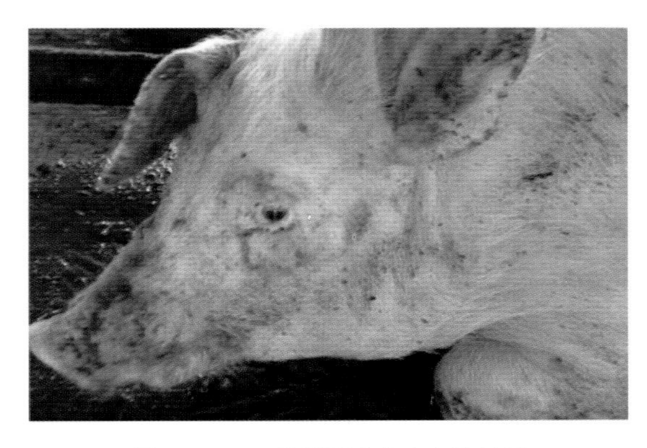

图 3–93　口鼻周围含有血色泡沫液

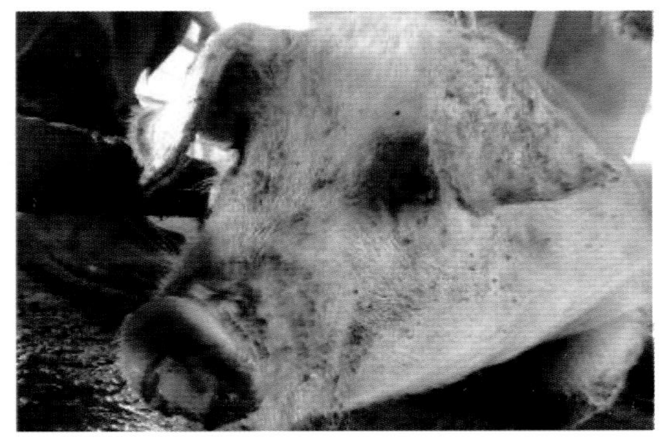

图 3–94　四肢收于腹下，以减轻对胸部的压力

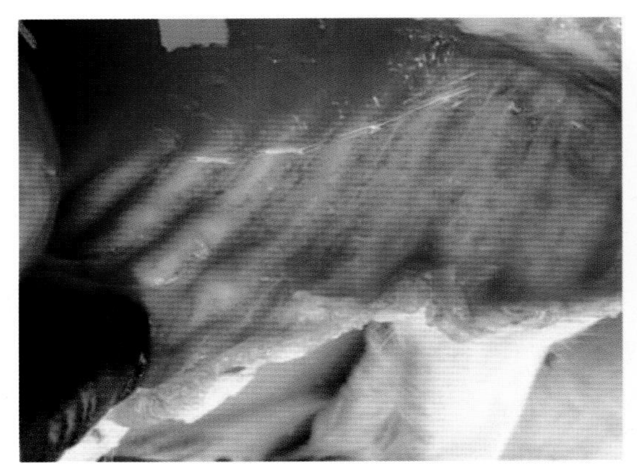

图 3-95　胸膜出血并有黄白色纤维素性物质附着

图 3-96　间质充满血色胶样液体

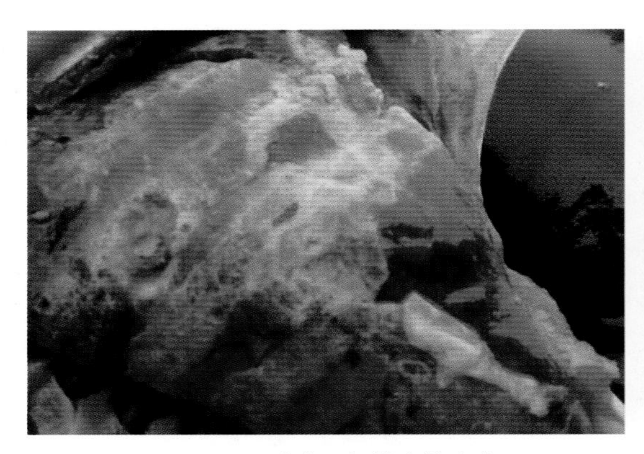

图 3-97　肺表面纤维素性炎症

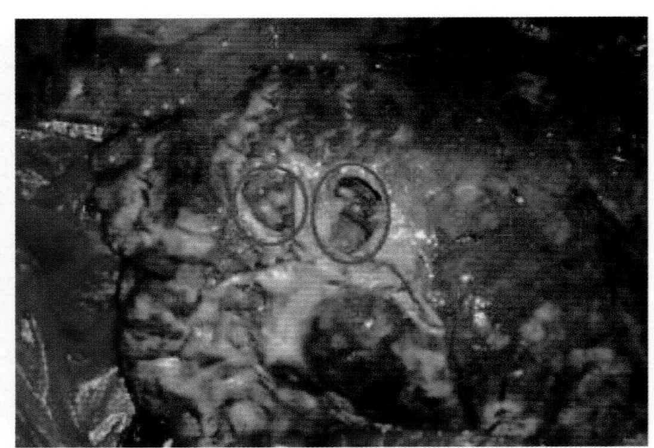

图 3-98　慢性型肺结节周围包裹有较厚的结缔组织

（四）防治

1. 预防

对胸膜肺炎的防控可以通过饲养管理、严格卫生消毒措施，注意通风换气，保持舍内空气清新。减少各种应激因素的影响，保持猪群足够均衡的营养水平。应加强猪场的生物安全措施。从无病猪场引进公猪或后备母猪，防止引进带菌猪；采用“全进全出”饲养方式，出猪后，栏舍要彻底清洁消毒，空栏 1 周才可以重新使用。消毒、疫苗免疫以及治疗等多方面联合进行。

发现病猪立即隔离，因该病主要是直接接触传播。分析该病传播情况可以看出，栏间有实墙隔离的猪舍比用钢管铁丝网等隔离的猪舍发病率要少得多。

虽然报道许多抗生素对胸膜肺炎放线菌有效，但也受到一些因素的制约，如耐药菌株的出现，没能尽早确诊，延误治疗的最佳时间。严重感染的病例即使经过很好的治疗和护理也很难恢复。就目前小型猪场而言，治愈率就更低。① 受诊断设备、技术的影响，无法快速确诊。② 引起呼吸道症状的疾病较多，有时可能无法鉴别。③ 激发或协同感染，使病情复杂化。

2. 治疗

① 拌料：每吨饲料添加土霉素 600g，连用 3~5 天，林可霉素 500~1000g，连用 5~7 天，或用泰乐菌素（每吨饲料 500~1000g）、磺胺间甲氧嘧啶钠（每吨饲料 1000g），连用 1 周，可防止新的病例出现。② 肌内注射：注射青霉素，3 万 ~5 万 IU/kg 体重，每日两次，连用 3~5 天。③ 硫酸阿米卡星注射液，肌内注射或静脉滴注。50 千克体重 1.5~2.5g，每日 2 次，连用 4 天。④ 氟苯尼考肌肉注射或胸腔注射，每日一次，连用 3 天以上。

五 、仔猪水肿病

猪水肿病是由溶血性大肠杆菌引起的断奶仔猪的一种急性、散发性、致死性肠毒血症。也称猪胃肠水肿或仔猪蛋白质中毒病。以眼睑或全身水肿、四肢运动障碍，叫声嘶哑，剖检胃黏膜下和结肠系膜水肿为特征。主要发生于断奶后的仔猪。发病率 10%~50%。病死率可达 90% 以上。发病多是营养良好和体格健壮的仔猪：一般局限于个别猪群。不广泛传播：多见于春季的 4~5 月和秋季的 9~10 月。病的发生与饲料营养、特别是喂给大量含豆类高蛋白饲料等有关。

（一）流行特点

本病主要发生于断奶至 4 月龄的仔猪。易发于生长速度快、体格健壮的仔猪。呈地方性流行，常限于某些猪场和某些窝的仔猪。本病一年四季均可发生，但多见于春秋季。如初生得过黄痢的仔猪，一般不发生本病。

（二）临床症状

发病年龄：断奶后至 70 日龄左右最易发生，多发于体况健壮、生长速度快的仔猪。

急性病例，突然出现神经症状：共济失调，转圈、或后退、抽搐，四肢麻痹，呼吸促迫，闭目张口呼吸，最后死亡，死后皮肤颜色大多正常，有的皮肤出现淤血现象，表现腹胀（图 3-99、图 3-100）。

一般病例体温正常，食欲减退或废绝。初期表现腹泻或便秘，1~2 天后病情突然加剧。病猪头颈部、眼睑、结膜等部位出现明显的水肿。共济失调并伴有不同程度的痴呆，很快死亡。

（三）剖检变化

胃壁和肠系膜呈胶胨样水肿是本病的特征。胃壁水肿常见于大弯部和贲门部。胃黏膜层和肌层之间有一层胶胨样水肿。大肠系膜水肿。喉头、气管、肺淤血水肿。胃、肠黏膜呈弥漫性出血。心包腔、胸腔和腹腔有大量积液。肾淤血水肿呈暗紫色。肠系膜淋巴结有水肿和充血、出血（图 3-101 至图 3-103）。

图 3–99　初期可表现呆立，眼睑水肿，很快四肢蹒跚

图 3–100　共济失调，呼吸促迫，闭目（眼睑水肿）张口呼吸

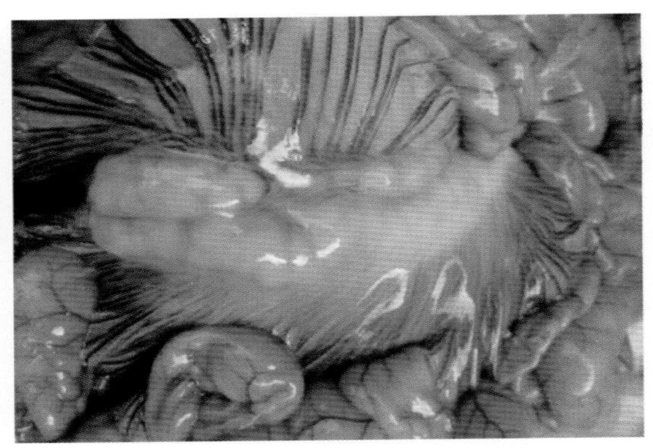
图 3–101　小肠系膜及系膜淋巴结水肿

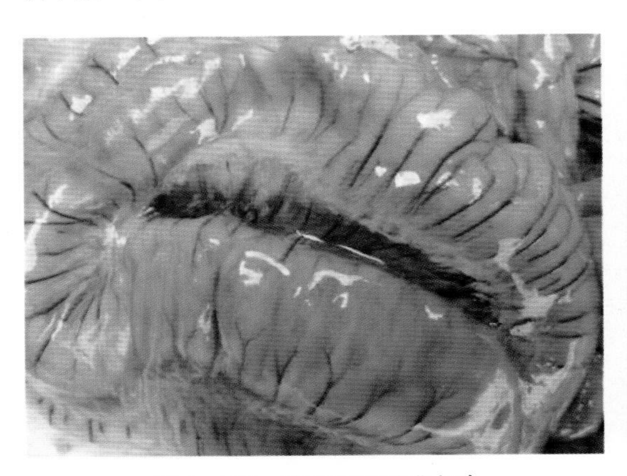
图 3–102　结肠及肠系膜水肿

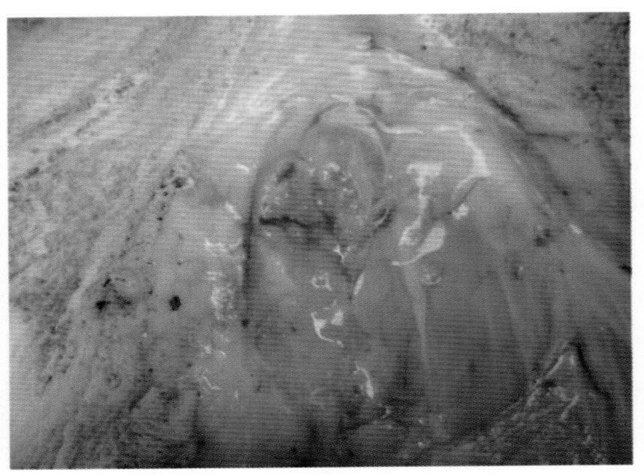
图 3–103　腹股沟淋巴结水肿

（四）防治

疫苗对阻止水肿病的发生作用有限，在饲料中加入药物预防的方法已被广泛使用，但该方法有较多缺点：① 食品安全，消费者不接受。② 生物安全，长期应用药物，细菌产生抗性。③ 损害免疫机能的建立，长期用药带来经济负担等。限制饲喂高营养饲料可显著降低该病的发生，但限饲影响猪生长，延长饲养周期也有弊端，目前尚无理想方法，幸运的是近些年发病率并不高。

（1）补硒：缺硒地区每头仔猪断奶前补硒。合理搭配日粮，防止饲料中蛋白含量过高，适当搭配某些青绿饲料。

（2）静脉注射50%葡萄糖（40ml）+20%磺胺嘧啶钠注射液（10ml），15千克体重用，一次静脉注射，一日一次，连用3天，同时，肌肉注射适量速尿注射液。

（3）10%葡萄糖酸钙注射液10ml，40%乌洛托品注射液，一次静脉注射，一日一次，连用3天。同时，可配合轻泻药物进行治疗效果更佳。

六、仔猪白痢

仔猪白痢是由大肠杆菌引起的30日龄以下仔猪发生的消化道传染病。临床上以排灰白色粥样稀便为主要特征，发病率高，而致死率低。气候变化、饲养管理不当、猪舍卫生条件差、仔猪体质差、猪肠道菌群失调、导致大肠杆菌过量繁殖是本病发生的诱因。

（一）流行特点

主要发生于7~30日龄的仔猪，病原体常存在于猪的肠道内，在正常情况下不会引起仔猪发病，当抵抗力下降时易发。例如，气候骤变 、奶汁过稀或过浓、猪舍卫生差等。一窝中有1头下痢，同窝仔猪可陆续发病，发病率可达100%,致死率达20%以上。不过，病死率的高低与饲养管理及治疗情况有直接关系。

（二）临床症状

尚未断奶的1月龄以内哺乳仔猪发病（图3-104），集中在10~30日龄。发病仔猪体温一般正常，精神采食尚可，只是排灰白色、味腥臭、浆糊状或水样稀便（图3-105）。病程1周左右，多数可不治自愈。

（三）病理变化

以胃肠卡他性炎症为特征。胃澎满，内含多量凝乳块，黏膜卡他性炎症（图3-106）。小肠扩张充气，肠壁变薄，肠黏膜卡他性炎症，含黄白酸臭液体。肠系膜淋巴结水肿（图3-107）。

图3-104　1周至断奶仔猪发病

图3-105　排灰白色、味腥臭、浆糊状或水样稀便

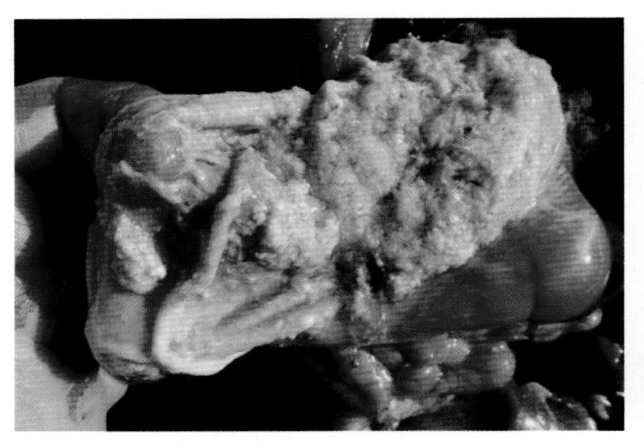

图 3-106　胃膨满，内含多量凝乳块，黏膜卡他性炎症

图 3-107　小肠暗红，结肠内白色浆状物

（四）防治

及时清除粪尿和污物，保持猪舍良好的卫生环境和舍内温度。给母猪提供营养全面的饲料，有条件时可喂些青绿多汁饲料。

对于初产母猪，要做好预防接种，建议使用大肠杆菌 6 价苗预防接种。

早期及时治疗。治疗白痢药物和方法较多，要因地、因时而选用。例如，白龙散、大蒜液、矽炭银、活性炭和促菌生。

西药：庆大霉素、氟苯尼考以及喹诺酮类药物均可使用，有条件时，建议做药敏试验。

应用抗生素治疗仍有腹泻的，可采用收敛、止泻、助消化药物。

七、仔猪黄痢

仔猪黄痢又称早发性大肠杆菌病，1~7 日龄的仔猪发生的一种急性、高度致死性的疾病。临床上以剧烈腹泻、排黄色水样稀便、迅速死亡为特征。寒冬和炎夏潮湿多雨季节发病严重。

（一）流行病学

呈窝发，发病率高，死亡率高。炎热夏季和寒冬潮湿多雨季节发病严重，春季、秋季温暖季节发病少。新建的猪场和头胎母猪所产仔猪发病最为严重。

（二）临床症状

仔猪出生时尚健康，突然拉稀。表现为窝发：第一头猪拉稀后，1~2 天内便传至全窝。粪便黄色或褐色水样或糊状，顺肛门流下（图 3-108）。有时粪便过于清稀，以致大体上看没有腹泻粪便，仔细查看病猪会阴部，方可看到。稀便含有未消化的凝乳块（图 3-109 至图 3-111）。病猪口渴、脱水、肌肉松弛、眼睛无光、反应迟钝、皮肤蓝灰色、皮质枯燥、代谢性酸中毒。严重时出现呕吐现象。最后昏迷死亡。有的病例在尚未出现腹泻时就死亡。

（三）病理变化

剖检常有肠炎和败血症，有的无明显病理变化。主要病变为十二指肠的急性卡他性炎症，表现为黏膜肿胀、充血或出血。肠内容物黄红色，混有乳汁凝块；空肠、回肠病变较轻，肠腔扩张，明显积气；肠壁和肠系膜常有水肿（图 3-112、图 3-113）。胃膨大，含有未消化的凝乳块。颌下、腹股沟、肠系膜淋巴结肿大、充血和出血，内含黄色带气泡的液体；心、肝、肾有小出血点。肝、肾常见小坏死灶。

图 3-108 粪便呈黄色水样或糊状

图 3-109 一旦下痢、很快衰竭

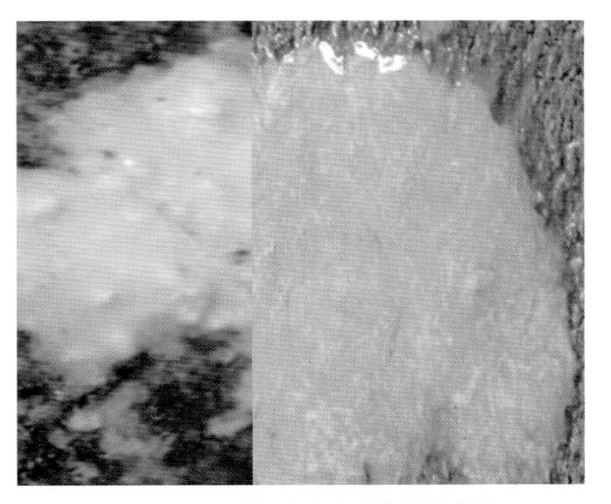

图 3-110 粪便含有未消化的凝乳块

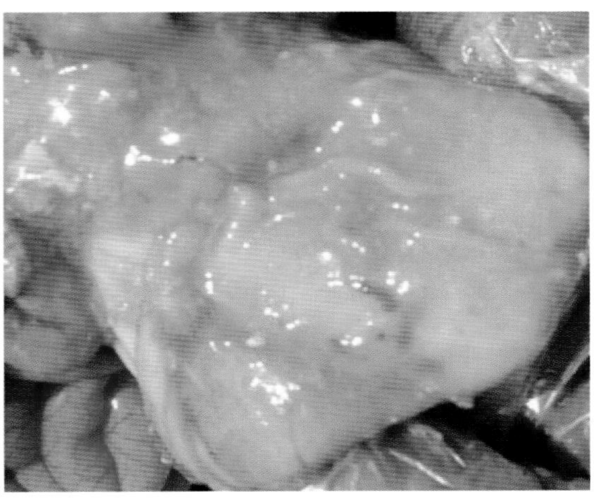

图 3-111 胃膨大，含有未消化的凝乳块

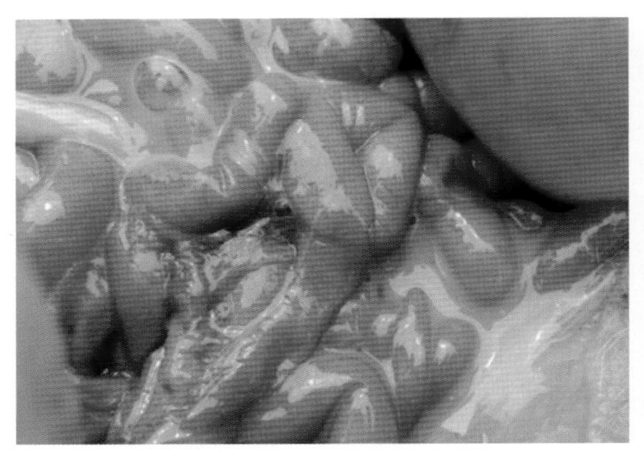

图 3-112　小肠肿胀、充血或出血。内含黄色液体

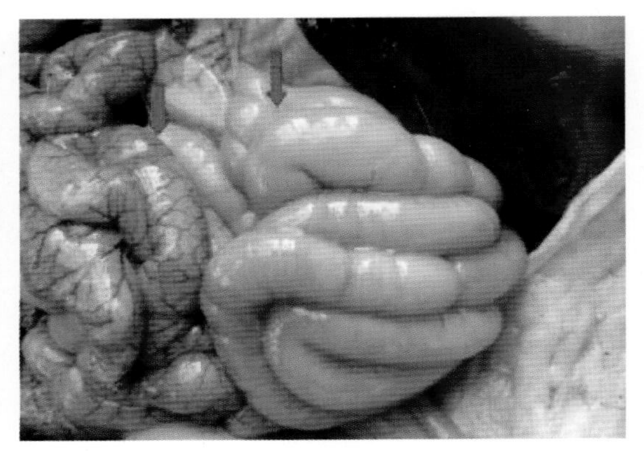

图 3-113　病变在小肠

（四）防治

产房要严格消毒，保持产房干燥，无贼风侵袭。母猪产前用 0.1% 高锰酸钾溶液洗涤母猪乳头，预防初生仔猪开乳时就感染大肠杆菌。出现症状时再治疗，往往效果不佳。在发现 1 头病猪后，立即对与病猪接触过的未发病仔猪进行药物预防，疗效较好。大肠杆菌易产生抗药菌株，宜交替用药，如果条件允许，最好先做药敏试验再选择用药。

（1）仔猪出生后口服痢菌净，预防效果较好。

（2）患猪肌肉注射氧氟沙星注射液 0.3~0.4 mg/kg。

（3）庆大霉素注射液，肌注或口服每头 1.5 万 IU，每天 1 次，连用 3 天。

八、猪传染性萎缩性鼻炎

猪传染性萎缩性鼻炎也称鼻甲骨萎缩病，人们对该病的认识已经有 200 年历史了。现在该病被分为两种：一种是非进行性萎缩性鼻炎，主要是由产毒素的支气管败血波氏杆菌引起，另一种是进行性萎缩性鼻炎，主要由多杀性巴氏杆菌引起。有时也可能是由支气管败血波氏杆菌和产毒素多杀巴氏杆菌共同作用引发。两种病原体都能引起鼻甲骨萎缩或外观面部变形，本节合并叙述。该病常发生于 2~5 月龄的猪。在猪与猪之间传播，多为散发或地方流行性。

（一）流行特征

易感动物主要是猪，1 月龄以内的仔猪感染后数周发生典型的鼻炎症状，断奶后感染只产生轻微病变，多为散发或地方流行性。母猪是引发哺乳仔猪发生感染的主要因素。本病可以在公猪、母猪之间传播。断奶混群时传播最快。飞沫及粪便污染是传播的主要原因。保育猪及以下猪龄的猪多发，大猪一般不发病，但其却是重要的传染源。

（二）临床症状

支气管败血波氏杆菌：体温正常，打喷嚏，鼻塞、鼻炎，有时伴有黏液、脓性鼻分泌物。鼻汁中含黏液脓性渗出物。猪群中出现持续的鼻甲骨萎缩。大猪只产生轻微症状或无症状。由于鼻泪管阻塞，常流泪，被尘土沾污后在眼角下形成黑色痕迹。鼻腔内有大量粘稠脓性甚至干酪性渗出物（图 3–114）。

多杀性巴氏杆菌：临床症状一般多在 4~12 周龄猪才见到。初期有打喷嚏及鼻塞的症状，由于经常打喷涕而造成的鼻出血，鼻出血多为单侧，程度不一（图 3–115、图 3–116）。在猪圈的墙壁上和猪体背部有血迹（图 3–117）。特征病变是鼻软骨的变形，上颌比下颌短，面部有被上推的感觉。当骨质变化严重时可出现鼻盘歪斜（图 3–118）。

（三）病理变化

病变多局限于鼻腔和邻近组织。病的早期可见鼻黏膜及额窦有充血和水肿，有多量黏液性、脓性甚至干酪性渗出物蓄积。病程进一步发展，鼻软骨和鼻甲骨软化和萎缩，最常见的是下鼻甲骨的下卷曲受损害，鼻甲骨上下卷曲及鼻中隔失去原有的形状，弯曲或萎缩。鼻甲骨严重萎缩时，使腔隙增大，上下鼻道的界限消失，鼻甲骨结构完全消失，常形成空洞。

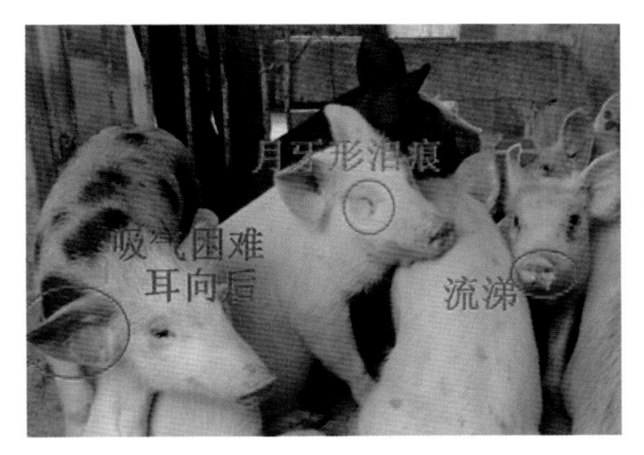

图 3–114　初期的临床表现

图 3–115　喷嚏、鼻痒，喜欢用鼻擦地

图 3–116　伸颈吸气可发出明显的鼻塞音

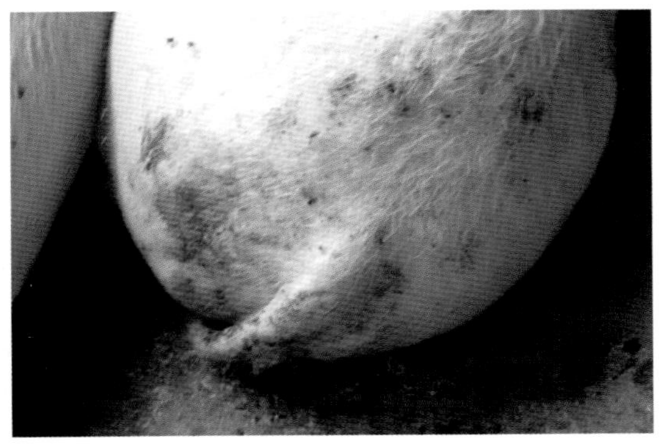

图 3–117　首先发现是其他猪体表片片血迹（患猪鼻擦所致）

图 3-118　打喷嚏及鼻出血“嘴歪眼斜”

（四）防治

在该病暴发时，各个年龄猪都要治疗，不要只治疗上市猪，随着流行症状减轻，要首先减少即将上市猪用药量。为了防止药物在食品中残留，商品猪上市前至少要停药 4~5 周或更长时间。药物治疗的同时，要加强饲养管理：包括圈舍卫生环境以及通风换气等。

（1）用抗生素药物早期预防给药，可以降低此病的发生，一般仔猪在 3 天、7 天和 14 天时给仔猪注射四环素，断奶仔猪在饲料中加抗生素，连喂几周可以预防此病。

（2）注射疫苗可以预防此病的发生。

（3）要做到全进全出，良好的卫生管理，也能消灭病原体。

（4）磺胺间甲氧嘧啶拌料或者肌注，同时用卡那霉素滴鼻。

九、仔猪渗出性表皮炎

仔猪渗出性表皮炎，又名油皮病，由葡萄球菌所引起。该病呈散发性，发病率低，不过，对个别猪群的影响可能很大，特别是新建立或重新扩充的猪群。在无免疫力猪群中引进带菌猪时，会导致各窝小猪都被感染，病死率可达 70%。

（一）流行特征

该病在各窝小猪中呈散发性发生，发病率低，也可引起所有各窝小猪的流行性发作（图 3-119）。该病在无免疫力猪群中引进带菌猪时，会导致各窝小猪都被感染，死亡率可达 70%。该菌能在猪舍装置和地面存活数周。

（二）临床症状

哺乳仔猪发病率高，主要在争吃乳的过程中，互相咬伤感染。表现为皮肤呈黏湿的血清及油脂状渗出物（图 3-120），全身皮肤湿润，渗出物和尘埃、皮屑及垢物形成龟背痂皮，耳根、眼周围、肘后较严重，且有难闻的臭味。病猪精神沉郁、厌食、消瘦、脱水及战栗，发病几天就死亡（图 3–121、图 3–122）。

（三）病理变化

较明显的肉眼变化，肾切面肾盂积尿并有尿酸盐沉积（图 3–123、图 3–124）。

图 3–119　哺乳仔猪多发，主要在争吃乳的过程中，互相咬伤感染

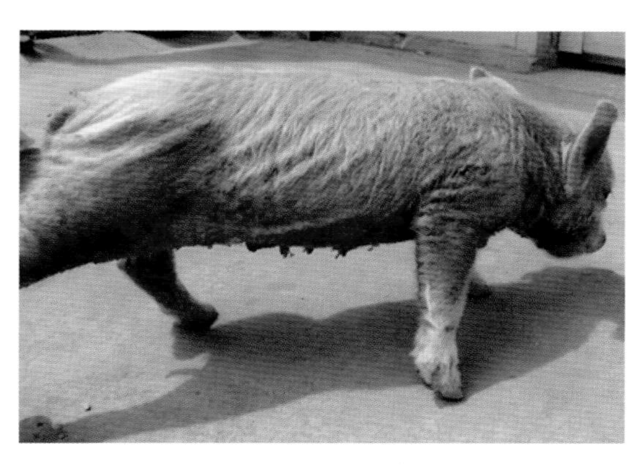

图 3–120　油皮

图 3–121　皮肤裂隙中的皮脂及血清渗出，形成痂皮，似疥癣病症

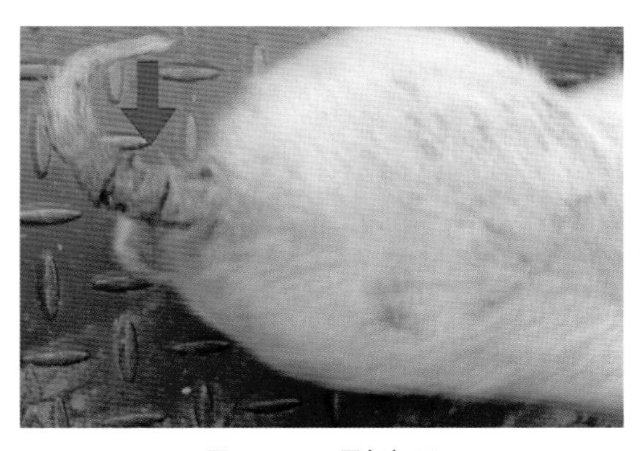

图 3–122　尾部坏死

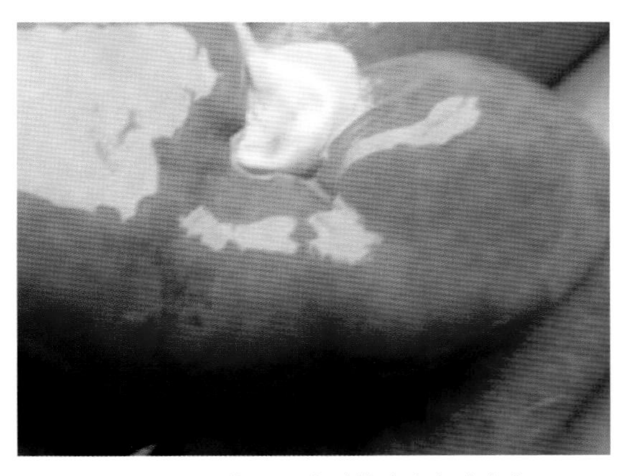

图 3–123　肾可见小脓灶（白色暗点）

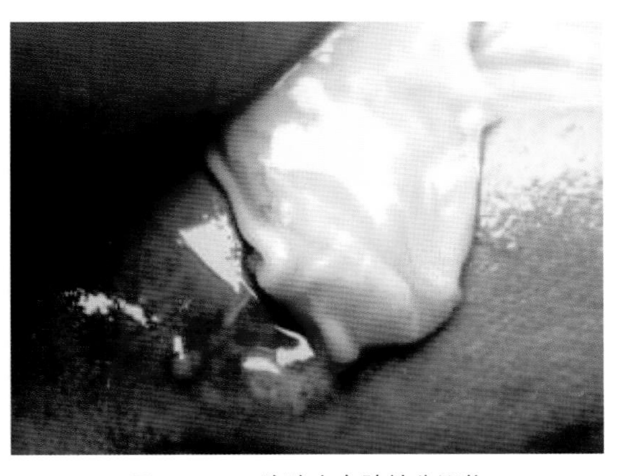

图 3–124　膀胱内有脓性分泌物

（四）防治

（1）做好带猪消毒：每天一次，对母猪、哺乳期仔猪，用高锰酸钾消毒。

（2）群体用药：哺乳仔猪以窝单位，发现一头，全窝或全栏给药一个疗程，口服即可，可选用林可霉素。

（3）个别用药：对个别发病猪，病灶部位有好利安消毒淮涂，注射青霉素、氨苄青霉、庆大霉素。

十、猪增生性肠炎

猪增生性肠炎是由细胞内劳森氏菌引起的一种接触性传染病，常发生于6~20周龄的生长育成猪，是近年来世界各国养猪地区逐渐重视的常见猪病。被感染的猪群死亡率虽然不高，仅有5%~10%，但由于患猪对饲料利用率下降（比正常猪下降17%~40%），生长迟缓，被迫淘汰率升高，猪舍占用时间延长，给养猪业带来严重的经济损失。

（一）流行病学

本病无严格的季节性。病猪及病原体携带猪是主要传染源，工人服装、靴子、器械、老鼠均可携带细菌而成为传播媒介；核心群的公母猪是潜在的传染源，并能引起急性传染病的暴发，6~20周龄的断奶后仔猪，慢性型多见，4~12月龄青年猪多发生急性出血型。各种应激反应，如转群、混群、昼夜温差过大、湿度过大、密度过高、频繁引种、频繁接种疫苗、突然更换抗生素造成菌群失调等；猪群内存在免疫抑制性疾病（如PCV-2、PRRSV）；饲喂发霉饲料等可诱发该病。

（二）临床症状

急性型多发于4~12月龄的成年猪，主要表现为血色水样下痢；病程稍长时，排沥青样黑色粪便或血样粪便（图3-125），并突然死亡；后期转为黄色稀粪，也有突然死亡，仅见皮肤苍白而无粪便异常的病例。

慢性较为常见，多发于6~12周龄的生长猪，10%~15%的猪只出现临床症状，主要表现为食欲不振或食欲废绝，精神沉郁或昏睡；间歇性下痢，粪便变软，变稀而呈糊样或水样，颜色较深，有时混有血液或坏死组织碎片；病猪消瘦，弓背弯腰，有的站立不稳，生长发育不良；病程长者可出现皮肤苍白，如果没有继发感染，有些病例在4~6周可康复。

亚临床感染时，猪体虽然有病原体存在，却无明显的临床症状，也可能发生轻微的下痢，但并未引起人们的注意，生长速度和饲料利用率明显下降。

（三）病理剖检

可见小肠后部、结肠前部和盲肠的肠壁增厚，直径增加，浆膜下和肠系膜常见水肿。肠黏膜呈现特征分枝状皱褶，黏膜表面湿润而无黏液，有时附有颗粒状炎性渗出物，黏膜肥厚（图 3-126 至图 3-129）。

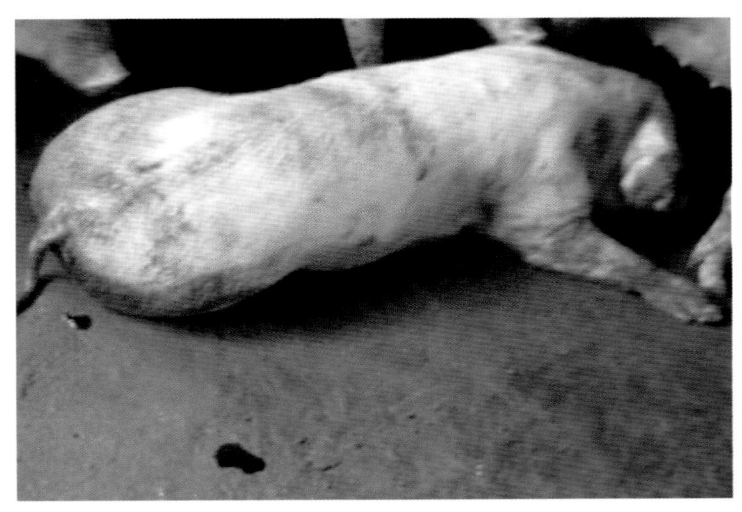

图 3-125　排煤焦油粪便

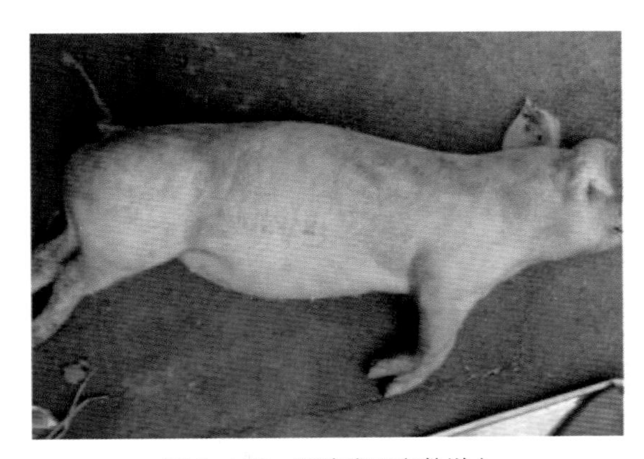

图 3-126　患猪腹围多数增大

图 3-127　横切面肠腔变窄

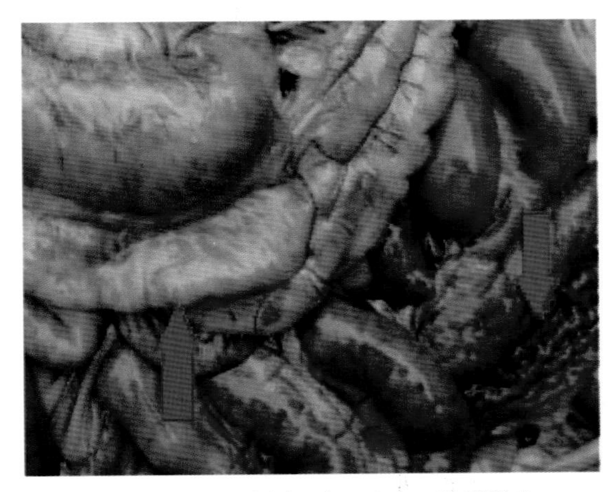

图 3-128　图右侧，小肠出血，黏膜增生

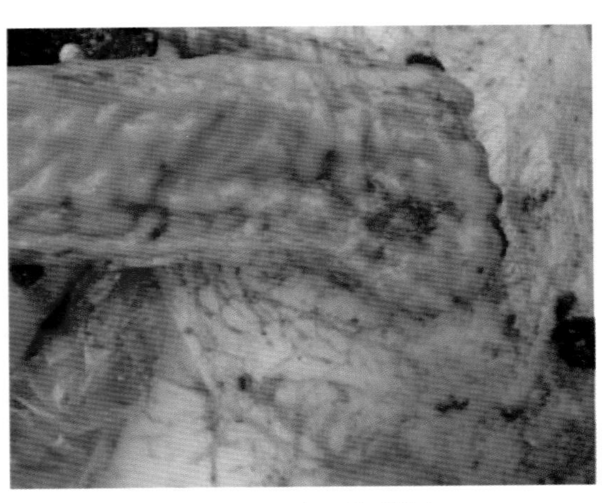

图 3-129　小肠黏膜增生

（四）防治

（1）恩诺沙星注射液，肌内注射，2 次 / 天，连续 4~5 天。

（2）泰乐菌素注射液，肌内注射，1 天 1 次，连用 4 天。

（3）治疗病猪的同时，对尚未发病的同舍猪群也在饲料中添加泰乐菌素和阿莫西林粉，连用 1 周。

十一、猪肺疫

猪肺疫是由多杀伤性巴氏杆菌所引起的一种急性传染病（猪巴氏杆菌病），本病为散发，偶曾地方性流行，常发于湿热多雨季节。大小猪只均可发病，小猪与中猪多发，猪健康带菌现象普遍，其发生与环境条件及饲养管理关系密切。当环境恶劣，饲养不良，猪抵抗力下降时可以诱发自体感染而发病。发病率和致死率都比较高。

（一）流行特点

各种年龄的猪都可感染发病。无明显的季节性，但以冷热交替、气候多变，高温季节多发，呈散发性或地方流行性。本菌是一种条件性病原菌，当猪处在不良的环境中，例如，寒冷、闷热、气候剧变、潮湿、拥挤、通风不良、营养缺乏、疲劳、长途运输等，使猪的抵抗力下降，病原体大量增殖，引起发病。另外，病猪经分泌物、排泄物等排菌，污染饮水、饲料、用具及环境，经消化道传染给健康猪，也是重要的传染途径。也可由咳嗽、喷嚏排出病原，通过飞沫经呼吸道传染。此外，吸血昆虫叮咬皮肤及黏膜伤口都可传染。

（二）临床症状

最急性型与急性型患猪表现为败血症与胸膜肺炎。以咽喉部及周围组织炎性水肿为特征，即“锁喉风”（图 3-130）。咽喉部发热、红肿、坚硬。患猪表现干性痛咳，咳出脓黏液，往往带有血丝，呼吸极度困难。呈犬坐姿势。鼻有时见带血样泡沫。可视黏膜和皮肤发绀。体温 40~42℃。病程 1~2 天。死亡率 100%；急性型：听诊有啰音和摩擦音，病程 5~8 天，因心率加快、不能站立而窒息死亡；慢性型：呈慢性肺炎和慢性胃炎症状。持续性咳嗽，呼吸困难、下痢。皮肤有红斑和红点，流黏性鼻液，食欲废绝，消瘦，贫血。

（三）病理变化

急性猪肺疫：

（1）最急性病例为败血症的变化，全身皮下、黏膜、浆膜有明显的出血点。切开皮肤后，可见咽喉部黏膜因炎性充血、水肿而增厚（图 3-131、图 3-132），黏膜高度肿胀，引起声门部狭窄。周围组织有明显的黄红色出血性胶胨样浸润。淋巴结急性肿大，切面红色，尤其颚凹、咽背及颈部淋巴结明显，甚至出现坏死。心外膜出血，胸腔及心包积液，并有纤维素。肺充血、水肿（图 3-133）。脾有点状出血，但不肿大。胃肠黏膜有卡他性或出血性炎症。

（2）肺小叶间质水肿、增宽，可见不同发展时期的肝变区，病变部质度坚实如肝，切面有暗红、灰红、灰白或灰黄等不同色彩，呈大理石样外观（图 3-134）。支气管内充满分泌物。胸腔和心包内积有多量淡红色混浊液体，内混有纤维素。胸膜和心包膜粗糙无光泽，上附有纤维素，甚至心包和胸膜或肺与胸膜发生粘连（图 3-135）。胸部淋巴结肿大或出血。

慢性型慢性经过，尸体消瘦，贫血，肺炎病变陈旧，肺有肝变区，肺组织内有坏死或干酪样物，外有结缔组织包围；化脓及纤维化胸膜及心包的纤维性粘连肺与胸膜粘连。支气管淋巴结、纵隔淋巴结和肠系膜淋巴结有干酪样变化。

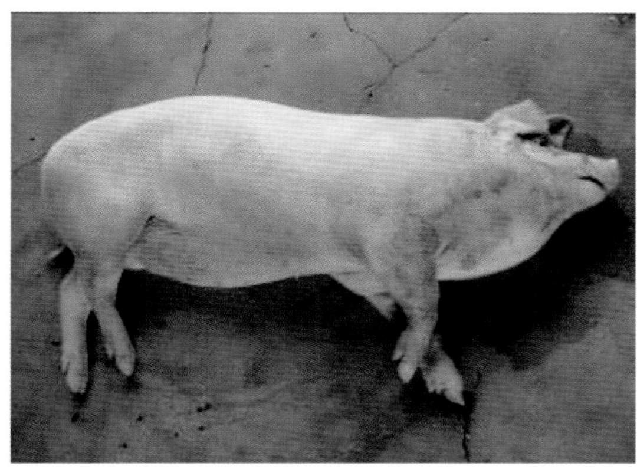

图 3-130 急性败血型，发病突然，1~2 天死亡。咽喉部肿胀（锁喉风）

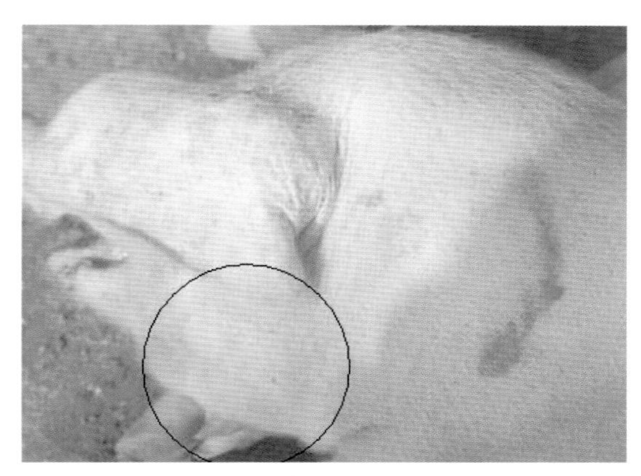

图 3-131 颈部肿胀，特征性的张口呼吸

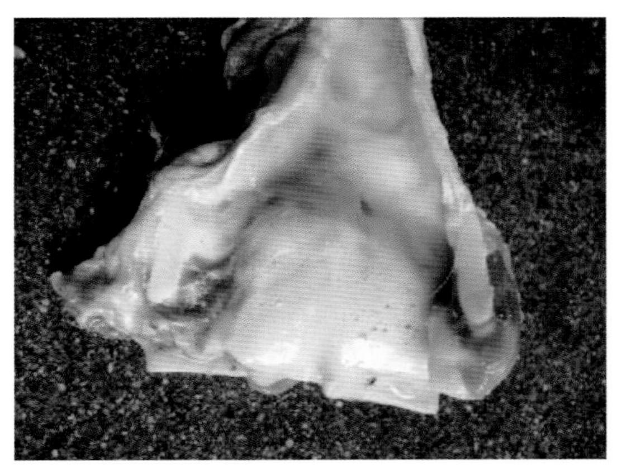

图 3-132 喉头积泡沫

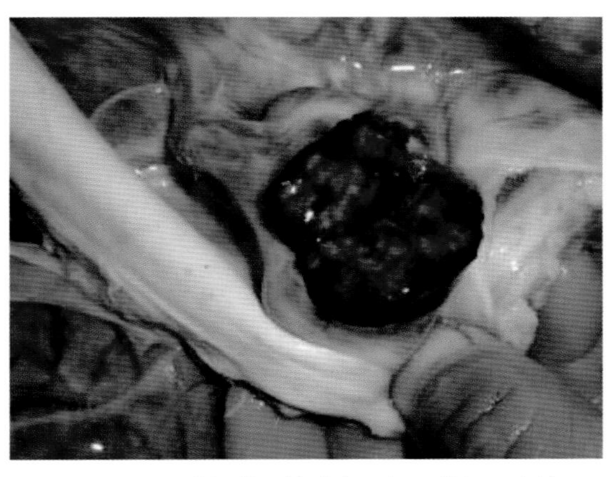

图 3-133 肺门淋巴结肿大，切面发红、多汁

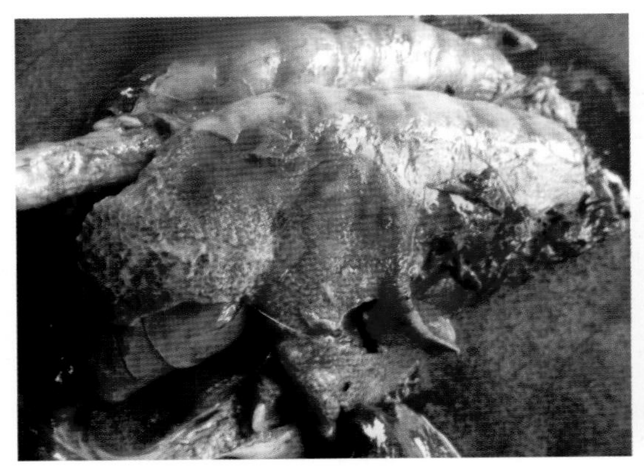

图 3-134　切面大理石状

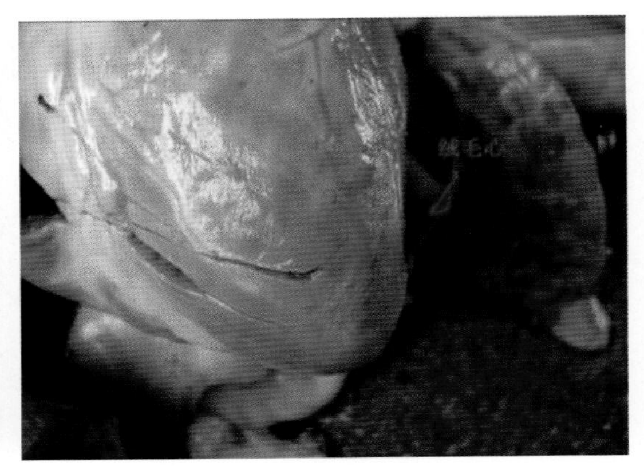

图 3-135　绒毛心

（四）防治

（1）加强饲养管理，避免拥挤和寒冷，畜舍和围栏定期消毒，定期预防接种（猪肺疫弱毒疫苗）。

（2）治疗：青霉素、链霉素混合肌注，2 次 / 天，连用 3 天。或用硫酸卡那霉素，按每千克体重 4 万单位，肌内注射，2 次 / 天，连用 3 天。

十二、仔猪副伤寒

仔猪副伤寒又称猪沙门菌病，是由沙门菌引起的仔猪的一种传染病。急性者为败血症，慢性者为坏死性肠炎，常发生于 6 月龄以下仔猪，特别是 2~4 月龄仔猪多见，一年四季均可发生，多雨潮湿、寒冷、季节交替时发生率高。传播途径较多，与病猪接触、猪的分泌物、排泄物都可传播。沙门氏菌污染的空气尘埃可短距离传播。因为沙门氏菌、宿主以及环境间的动力学关系，感染并不意味着引起发病。

（一）流行特点

本病主要发生于断奶后的仔猪，成年猪及哺乳仔猪很少发生。一年四季均可发生，但多发于多雨潮湿季节。病猪及带菌猪是重要传染源，其随排泄物排出的病原体污染了饲料、饮水及土壤等，健康猪吃了这些污染的食物而感染发病。另外健康猪多携带病原体，当饲养管理不当，密度过大、寒冷潮湿，气候突变，过早断奶，使猪抵抗力降低时，病原体即乘虚而入，大量繁殖，毒力增强而致病。

（二）临床症状

体温高达 41~42℃。精神不振，食欲废绝。后期有下痢，浅湿性咳嗽及轻微呼吸困难，耳根、胸前和腹下皮肤瘀血呈紫斑。病程多数为 2~4 日，病死率很高（图 3-136）。

较慢性病例：体温 40.5~41℃，食欲不振，恶寒怕冷，喜钻草窝，皮肤痂状湿疹。粪便灰白或灰绿，恶臭，呈水样下痢，相当顽固。皮肤有紫斑，耐过猪生长缓慢，形成僵猪

（图 3–137）。

（三）剖检病变

急性病例全身黏膜、浆膜均有不同程度出血斑点。脾脏肿大、蓝紫色、切面蓝红色是特征性病变（图 3–138）。淋巴结肿大，尤其是肠系膜淋巴结索状肿大（图 3–139）。肾肿大并出血。病变以大肠（盲肠回盲瓣附近）发生弥漫性纤维素性坏死性肠炎为特征，肠壁增厚变硬（图 3–140）。局灶性坏死，周围呈堤状轮层状结局不明显，肝脏肿大，古铜色，上有灰白色坏死灶（图 3–141）。下腹及腿内侧皮肤上可见痘状湿疹，有灰白色坏死小灶。有时肾皮质及心外膜可能出现瘀点性出血。

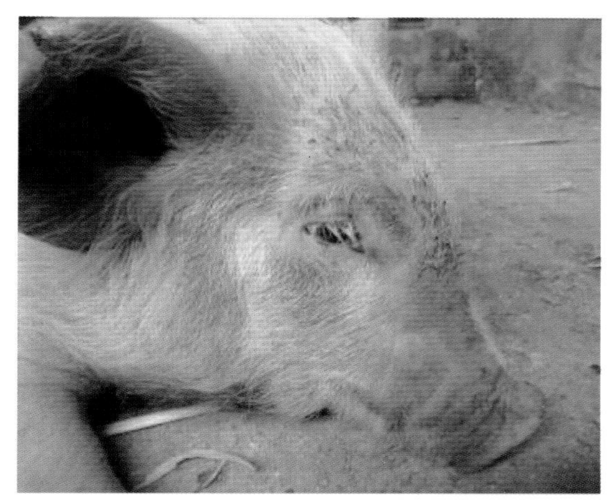

图 3–136　急性病例：耳根、胸前和腹下皮肤瘀血呈紫斑

图 3–137　慢性病例：粪便灰白或灰绿，恶臭，呈水样顽固下痢，形成僵猪

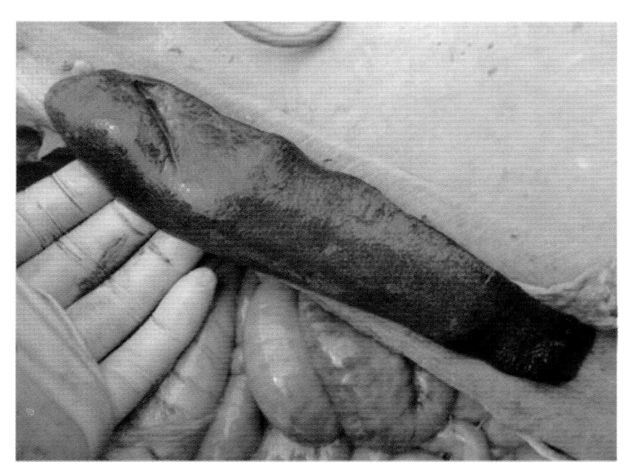

图 3–138　脾脏肿大、蓝紫色、切面蓝红色是特征性病变

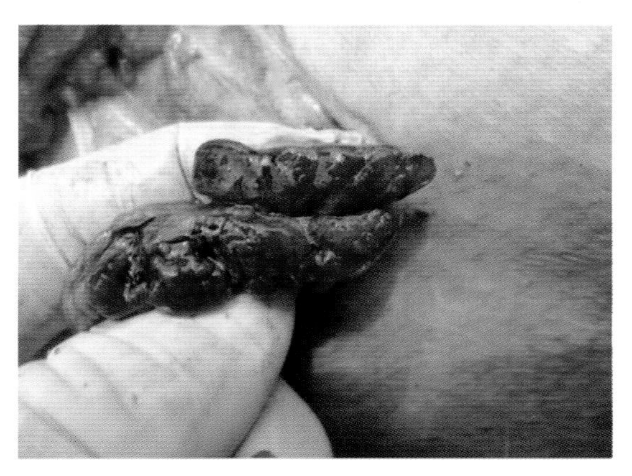

图 3–139　淋巴结肿大，弥漫性出血

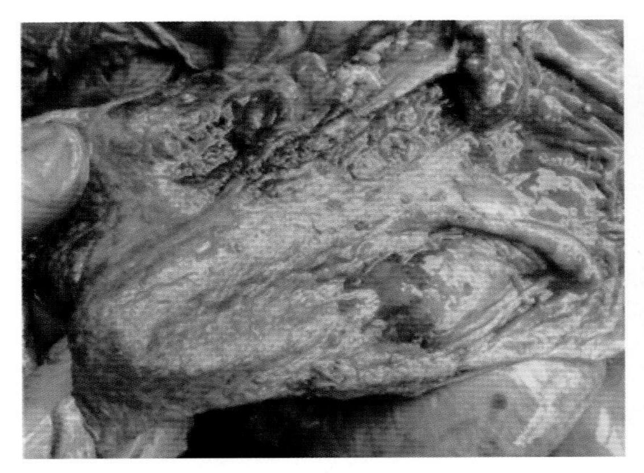

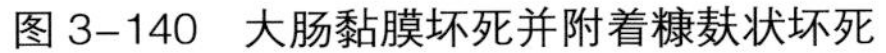
图 3-140　大肠黏膜坏死并附着糠麸状坏死

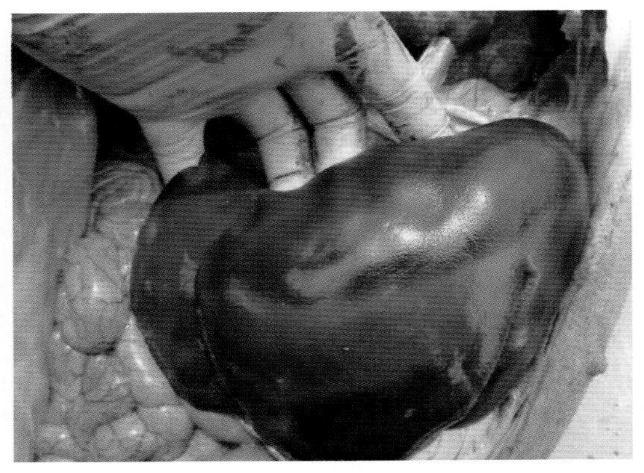

图 3-141　肝脏肿大，古铜色，上有灰白色坏死灶

（四）防治

（1）氯霉素为治疗本病首选药物，现在我国已经禁止使用。目前，多用氟苯尼考替代。不过病久猪用抗生素治疗，效果不佳。治疗应与改善饲养管理同时进行。常发本病的猪场可考虑给 1 月龄以上的哺乳仔猪和断奶仔猪注射猪副伤寒弱毒菌苗。

（2）阿米卡星注射液，每次 20 万 ~40 万 IU，肌内注射，每日 2~3 次。

（3）盐酸多西环素注射液肌内注射，每千克体重 5~10 毫克（以多西环素计）。每日 1 次，连用 2 ~3 天。

十三、李氏杆菌病

猪李氏杆菌病主要是由产单核细胞李氏杆菌引起的人、家畜和禽类的人畜共患传染病。猪以脑膜炎、败血症和单核细胞增多症、妊娠母猪发生流产为特征。本病已经在我国大部分省份发生，但多呈散发，近年来，发病率有所上升。

（一）流行病学

李氏杆菌在自然界分布很广，从土壤、排污下水、奶酪和青贮饲料里常可检出。一年四季均可发病。可以从 50 多种动物体内分离到本菌，例如，反刍动物、猪、马、犬等，而且多种野兽、野禽、啮齿动物，特别是鼠类都易感染，且常为本菌的贮藏宿主。患病和带菌动物是本病的传染源，其粪、尿、乳汁、精液以及眼、鼻孔和生殖道的分泌物都可分离到本菌。传染主要通过粪口途径发生。自然感染的传播途径包括消化道、呼吸道、眼结膜和损伤的皮肤。污染的土壤、饲料、水和垫料都可成为本菌的传播媒介。本病一般为散发，但发病后的致死率很高。幼龄和妊娠猪较易感。

（二）临诊症状

病初主要是意识障碍：盲目行走，不停的转圈运动，遇有障碍物暂停，除去障碍物，继续转圈（图 3-142）。有的病猪遇有障碍物攀爬，虽然攀爬墙壁造成腿蹄部摩擦出血，但病猪对疼痛并无感觉。后期阵发性痉挛，口吐白沫，两前肢或是四肢麻痹仔猪多发生败血症：体温升高，精神沉郁，食欲废绝，全身衰竭，咳嗽，呼吸困难，皮肤发绀，腹泻。怀孕母猪常流产。

（三）病理变化

死于神经症状的猪的脑膜和脑实质充血（图 3-143）。脑脊液浑浊、增多，脑干软化，有小脓灶（图 3-144）。肝可见小的坏死灶。死于败血症仔猪有败血症病变和肝脏坏死灶。

图 3-142　盲目行走，不停的转圈运动，遇有障碍物暂停，除去障碍物，继续转圈

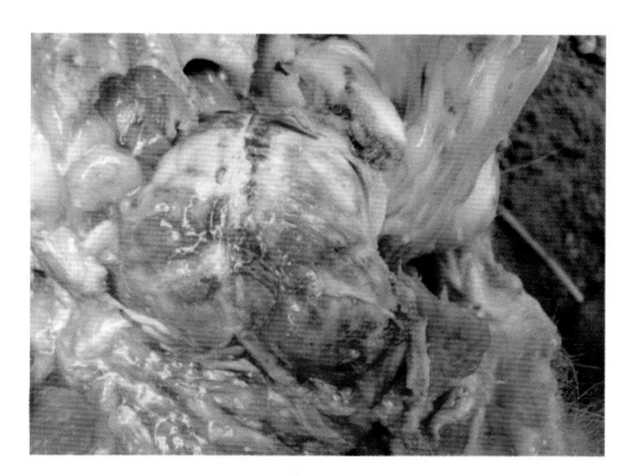

图 3-143　死于神经症状的猪脑膜充血

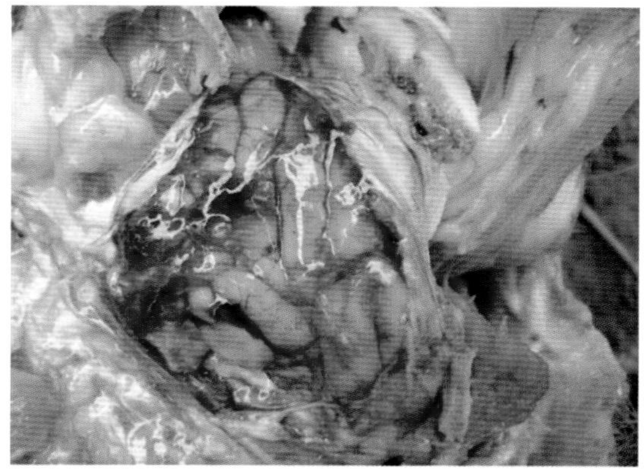

图 3-144　脑脊液浑浊、增多，脑干软化，有小脓灶

（四）防治

（1）无有效疫苗，平时做好驱除鼠类和龋齿类动物的工作；避免从疫区引进猪只。发病时要做好隔离、消毒。

（2）治疗：磺胺类药物有较好疗效。

十四、猪梭菌性肠炎

梭菌性肠炎是由 C 型魏氏梭菌引起的肠毒血症。主要侵害 1~3 日龄初生仔猪，1 周龄以上仔猪少见发病。猪群中各窝发病率差异很大，病死率 20%~70%。病原低抗力很强，并广泛存在于病猪群母猪肠道及外界环境中，故常呈地方性流行。

（一）流行特点

C 型产气荚膜梭菌及其芽胞广泛存在于人畜肠道、粪便、土壤等。新生仔猪通过污染的母猪乳头、地面或垫草等吃入本菌芽胞而感染。该病多发于 1~3 日龄仔猪，1 周龄以上的仔猪发病很少。同一猪群内各窝仔猪的发病率不同，最高可达 100%，病死率 20%~70%。该病一旦传入一个猪群，病原体就会长期存在，如果预防措施不力，该病可连年在产仔季节发生，造成严重危害。虽然理论上 3 日龄以内多发本病，但在近几年养猪实践中，C 型魏氏梭菌对保育猪的危害要远远超过对初生猪的危害，应引起业界重视。

（二）临床症状

大猪发病突然，常无先兆，突然倒地，呼吸困难，抽搐。病猪鼻镜干燥，皮肤、四肢末梢、耳尖发绀，死亡猪腹部膨胀（图 3–145、图 3–146），腹壁呈弥漫性充血，大多肛门外翻。保育猪发病，最急性型，常无先兆，突然死亡（图 3–147、图 3–148）。急性型：病程一般可维持 1~2 天，排黄色、灰色或黑色的稀粪，有时便呈水状，不易察觉，死亡后取出时才发现后驱湿漉漉的。有时见便中含有灰色坏死组织碎片。病猪迅速脱水、虚弱、消瘦，勉强运动，体温很快下降。很快衰竭死亡。初生猪排出浅红或红褐色稀粪，或混合坏死组织碎片和气泡；发病急剧，病程短促，死亡率极高。

（三）剖检特征

大猪主要病变集中在小肠，有时可延至回肠前部，肠黏膜及黏膜下层广泛出血，肠壁呈深红色、血管充盈呈红色树枝状，部分肠段臌气，与正常肠段界线明显，肠内容物呈暗红色液状，肠系膜淋巴结鲜红色，空肠绒毛坏死（图 3–149、图 3–150）。胃臌气，内有食物（图 3–151），幽门周围及其附近胃壁充血，胃黏膜脱落，肾有小出血点。

仔猪肠腔和腹腔有多量樱桃红色积液，主要病变在空肠。最急性型：空肠呈暗红色，肠腔内充满暗红色液体，有时包括结肠在内的后部肠腔也有含血的液体。肠黏膜及黏膜下层广泛出血，肠系膜淋巴结深红色。急性型：出血不十分明显，以肠坏死为主，可见肠壁变厚，弹性消失，色泽变黄。腹腔有多量小气泡，肠系膜淋巴结充血。肠腔内含有稍带血色的坏死组织碎片松散地附着于肠壁。亚急性型：病变肠段黏膜坏死状，可形成坏死性假膜，易于剥下。慢性型：肠管外观正常，但黏膜上有坏死性假膜牢固附着的坏死区。其他实质器官变性，并有出血点（图 3–152 至图 3–154）。

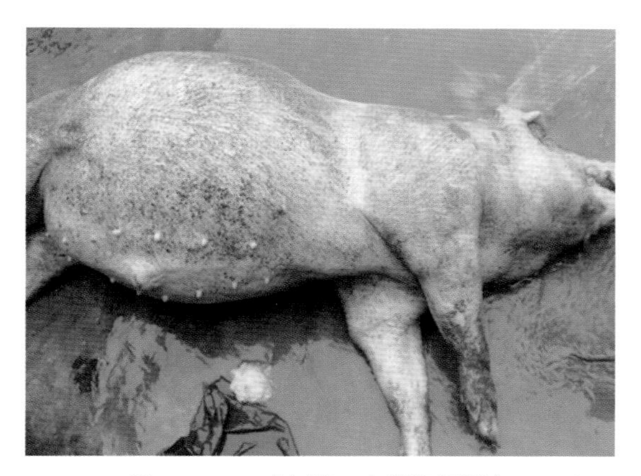

图 3-145　成年猪：突然腹围膨大

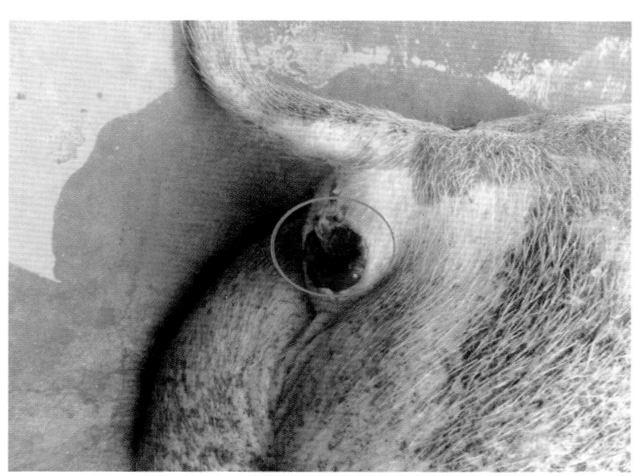

图 3-146　成年猪：突然腹围膨大、肛门外翻

图 3-147　保育猪：腹泻，很快进入衰竭状态

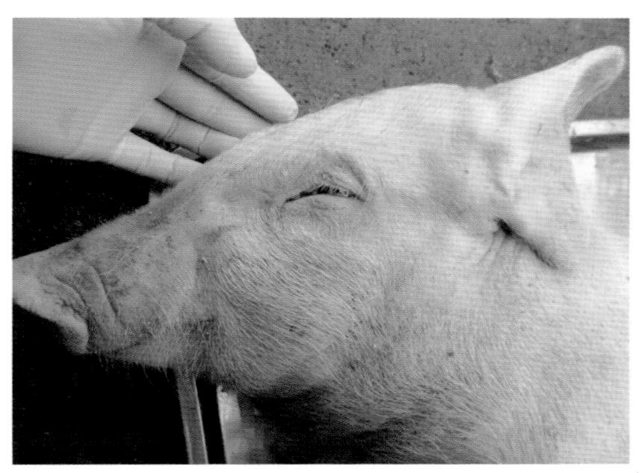

图 3-148　保育猪：最典型表现是一旦腹泻很快眼窝塌陷（脱水极快）

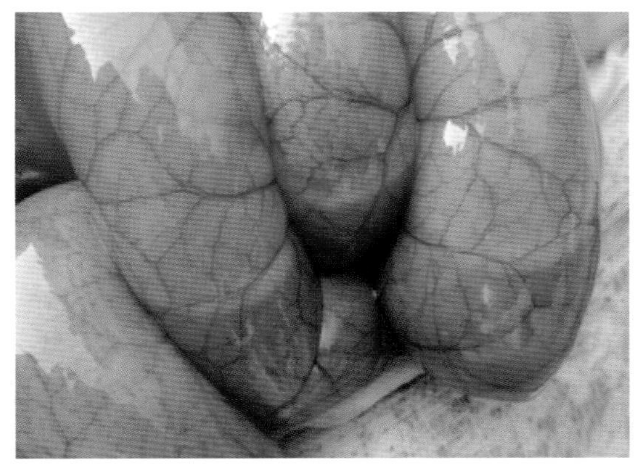

图 3-149　保育猪：小肠血管充盈呈树枝状，红色臌气、含血液

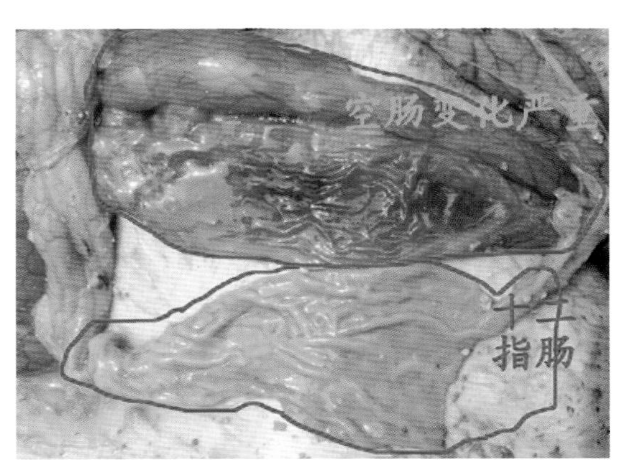

图 3-150　病变在空肠

图 3-151　保育猪：胃臌满、积食

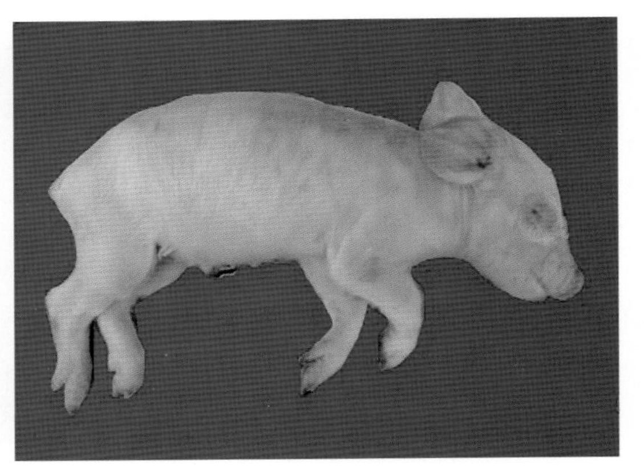

图 3-152　3 日内乳猪：常无先兆或出现血便即突然死亡

图 3-153　3 日内乳猪：病变在空肠，有时也可延至回肠

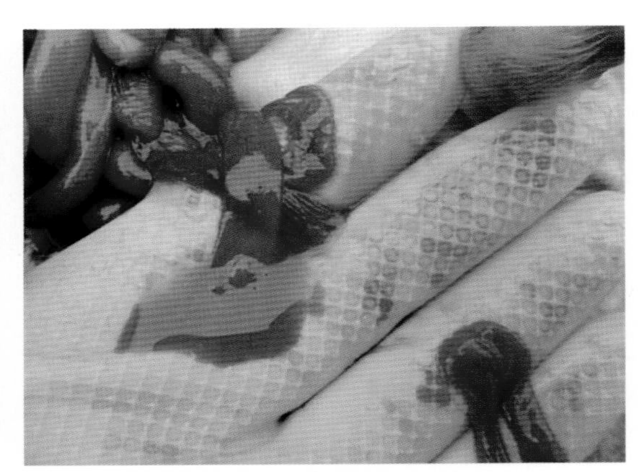

图 3-154　3 日内乳猪：小肠内含有血液

（四）防治

给怀孕母猪注射 C 型魏氏梭菌氢氧化铝和仔猪红痢干粉菌苗。配合搞好环境卫生，特别是产房消毒卫生，可以减少该病的发生。发病后常来不及治疗，常发病猪场可给新生仔猪投服抗菌素预防。

该病一旦发生很快死亡，一般没有时间治疗，发现有一头猪发病，其他仔猪投服青霉素、链霉素、林可霉素或甲硝唑一个疗程。作为紧急预防措施有较好效果。

十五、猪破伤风

猪破伤风是由破伤风梭菌的无氧感染引起的急性传染病。其临诊特征是全身肌肉或某些肌群呈持续性的痉挛性收缩和对外界刺激的反射兴奋性增高。各年龄猪均易感，但多数病例是幼龄猪，一般为阉割伤口感染或脐部感染的一种并发症。

（一）流行特点

猪破伤风病主要见于阉割后感染破伤风梭菌发病，一般见于阉割后 1 周左右的猪，多年观察表明，同时阉割的猪群只有小公猪发病，阉割后的小母猪从未见发病。以上现象不知原因，个人认为，可能是小母猪术口向下，阉割后猪站立，腹水从术口流出时冲洗了术口；另外，小母猪阉割多用小挑，术部在腹股沟处，不易着地污染，而小公猪阉割后，一旦卧地或坐姿都易造成术口直接接触地面，污染术口。

（二）临床症状

全身肌肉强直性痉挛，肌肉僵硬。瞬膜突出，开口困难。牙关紧闭、流涎、应激性增高。外界的声音或触摸可使病猪痉挛加剧。患猪通常侧卧和耳朵竖立，头部微仰以及四肢僵直后伸（图 3-155、图 3-156）。最后全身肌肉痉挛、角弓反张、呼吸困难而死亡（图 3-157）。

图 3-155　初期走路蹒跚，拐弯即摔倒，尾部颤抖

图 3-156　一旦摔倒，再起无望

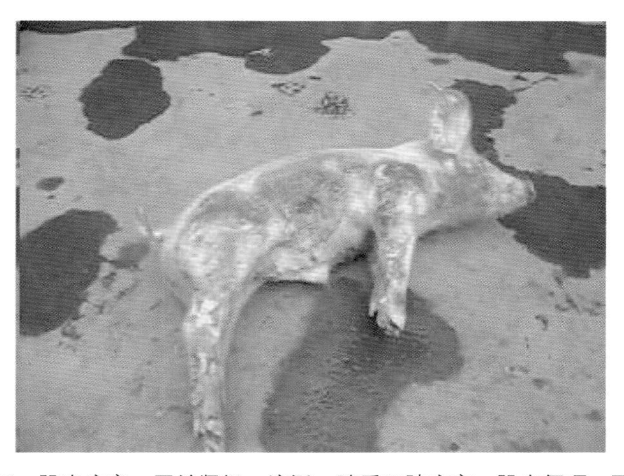

图 3-157　肌肉痉挛、牙关紧闭、流涎，随后四肢痉挛、肌肉僵硬。耳朵竖立

（三）防治方法

1. 预防措施

患猪的治疗效果欠佳。预防应注意分娩及阉割时的卫生及消毒。防止外伤感染，一旦有外伤及时消毒处理，并接种破伤风类毒素。

2. 治疗与护理

（1）有价值的病畜可用破伤风抗毒素，一次大剂量给药效果好。对症疗法可用补液、补碱、镇静、健胃等。

（2）病畜需在光线暗、安静处护理治疗。

创伤处理：应清创和扩创，并用双氧水或0.1%PP消毒，用青霉素、链霉素封闭创周，避免继续产毒素。

第三节　猪支原体病与螺旋体病

一、猪气喘病（支原体肺炎）

猪气喘病是由猪肺炎支原体引起的慢性、接触性传染病，在猪群中可造成地方性流行。不同年龄猪均易感。一年四季都可发生，在寒冷、多雨、潮湿或气候骤变时较为多见。发病率高，致死率低。本病的潜伏期较长，许多的猪群无明显症状已经受到感染，致使本病常存在于猪群中。一旦传入猪群，如不采取严密措施。很难彻底扑灭。

（一）流行特征

不同年龄猪均易感，以断奶后仔猪易发。地方品种猪和长白猪易发病，大白猪、杜洛克猪和杂交猪对本病有较强抵抗力。一年四季都可发生，在寒冷、多雨、潮湿、密集饲养或气候骤变时较为多见。不良的饲养管理和卫生条件会降低猪只的抵抗能力，易发生本病。发病率高，无继发感染时致死率低。散养户不重视，因为一般不死猪，养猪场因为患猪生长速度慢，出栏时间延长，降低了经济效益。

传染途径主要通过呼吸道，乳猪的感染多数是接触受感母猪所致，被感染的乳猪在断乳时再转播其他猪只。

（二）临床症状

病猪呼吸困难，有明显腹式呼吸（图 3-158），有时有痉挛性阵咳。若无继发感染，病猪体温正常。病程 1~2 周，急性型病死率可达 10%~30%。慢性型常见于老疫区的架子猪、育肥猪和后备母猪。病猪主要症状为咳嗽，以清晨、喂食前后和剧烈运动时最为明显，重者发生连续的痉挛性咳嗽（图 3-159、图 3-160）。症状随营养、卫生和环境等外界条件的变化时轻时重。病程 2~3 个月，甚至长达半年以上。病猪最易发生继发感染，这是造成猪群死亡的主要诱因。

（三）病理变化

急性病例肺气肿、膨大、被膜紧张、边缘钝圆，肺表面湿润且富有光泽。以小叶性肺炎和肺门淋巴结及纵隔淋巴结显著肿胀等特征。心叶、尖叶、中间叶病变明显，切面呈鲜肉样外观，即肉样变。随着病情的发展，肺前下部两侧对称，外观呈界限分明的虾肉样实变。气管断端有含血的泡沫状液体。肺门和纵隔淋巴结髓样肿大（图 3-161 至图 3-163）。

图 3-158　呼吸增快，呈腹式呼吸，犬坐姿势

图 3-159　咳嗽时表现伸颈、背拱起、头下垂。甚至伴随放屁和从肛门内喷出粪便

图 3-160　该患猪把头放在另一头猪身上，臀部靠在另一头猪身上，可能要舒服些

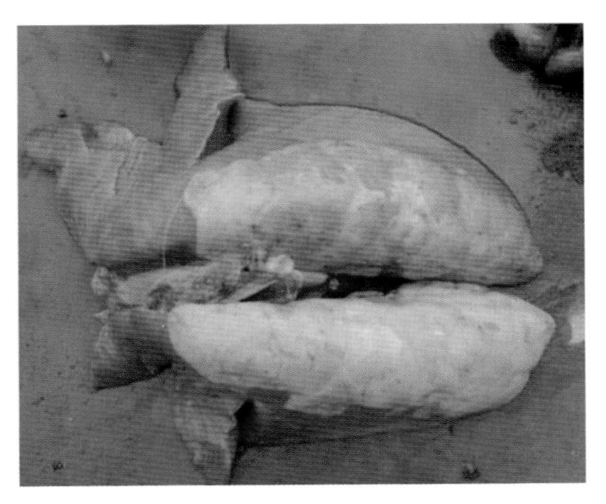

图 3-161　典型的对称样病变

图 3–162　肺水肿

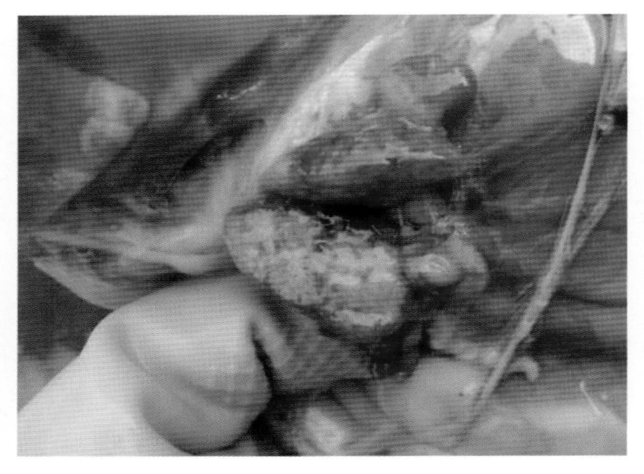

图 3–163　肺门淋巴结出血水肿

（四）防治

多种抗生素的治疗都是有效的，但抗生素能够控制疾病的发展，不能去除呼吸道或痊愈的器官中的病原体。治疗中还要注意，支原体无细胞壁，那些通过干扰细胞壁合成发挥作用的抗生素是很难奏效的，例如，青霉素、头孢菌素以及阿莫西林等。目前，普遍应用的主要有替米考星、泰乐菌素、林可霉素以及恩诺沙星等。用药防治该病，在猪出现应激时应用，例如，断奶期、转群混养期和冬季来临时门窗关闭等，这样可能用药的时间要短且量也少。发病后治疗，主要是停药后病原体会再次出现。另外，其他病原的侵入，致使治疗更具挑战性，可能要应用多种抗生素来应对其他疾病。

（1）采取综合性防制措施，坚持自繁自养的原则，必须引进种猪时，在隔离区饲养 3 个月以上，并经检疫证明无阳性，方可混群饲养；给种猪和新生仔猪接种猪喘气病弱毒疫苗或灭活疫苗，以提高猪群免疫力（虽然效果不佳，但也是无奈选择）。

（2）加强饲养管理，保持猪群合理、均衡的营养水平，加强消毒，保持栏舍清洁、干燥通风、降低饲养密度，减少各种应激因素，对控制本病有着重要的作用。

（3）每吨饲料中添加 200g 金霉素或 250g 林可霉素，连续使用 3 周有可预防猪喘气病，也可用泰妙菌素拌料给药，连用 5~7 天。

（4）恩诺沙星注射液，按每千克体重 0.1mL（规格：10mL ：0 .25g）肌注，每天 2 次，连续 2 天，然后，1 天 1 次，再用 3 天。

（5）肌肉注射林可霉素，按每千克体重 4 万 IU 肌注，每天 2 次，连续 5 天为一疗程，必要时进行 2~3 个疗程。用替米考星、泰乐菌素也可收到良好效果。

（6）如果想要净化猪气喘病，应在严格消毒的条件下，剖腹取胎，并在严格隔离条件下，人工哺乳，培育和建立无特定病原猪群，以新培育的健康母猪取代原来的母猪；采取综合性措施，净化猪场，逐步使疫场变成无喘气病的健康猪场。

二、猪附红细胞体病（猪嗜血支原体）

附红细胞体病由附红细胞体（嗜血支原体）寄生于猪等多种动物红细胞表面或血浆及

骨髓中，引起的临床以发热、贫血、黄疸为特征的一类人畜共患病。多种动物可感染，常感染猪、牛、羊、免及鼠。猪附红细胞体病可发生于各日龄猪，但以架子猪多见。被感染的猪不能产生很强的免疫力，再次感染会随时发生。常呈零星散发，只有新发病区能形成地方性流行。

（一）流行特点

猪附红细胞体病可发生于各个日龄的猪，但以仔猪发病率、死亡率高，生长猪和母猪的感染也比较严重。该病是由多种因素诱发，一般情况下仅通过感染不会使在正常管理条件下饲养的健康猪发生急性症状，导致本病暴发的主要因素是应激。通常情况下只发生于那些抵抗力下降的猪，分娩、过度拥挤、长途运输、恶劣的天气、饲养管理不良、阉割、更换圈舍或饲料及其他疾病感染时，猪群亦可能暴发此病。经产母猪多数在配种和分娩后发生。

附红细胞体对宿主的选择并不严格，人、牛、猪、羊等多种动物均可感染，且感染率比较高。调查表明，各种阶段猪的感染率达 80%~90%；人的感染阳性率可达 86%；而鸡的阳性率更高，可达 90%。虽然多种动物感染率都很高，但除了猪之外，其他动物发病率并不高。

患病猪及隐性感染猪是重要的传染源。传播途径目前还不十分清楚。猪通过摄食血液或带血的物质，如，舔食断尾的伤口、互相斗殴等可以直接传播。间接传播可通过活的媒介。如，疥螨、虱子、刺蝇、蚊子、蜱等吸血昆虫传播。注射针头的传播也是不可忽视的因素，因为在注射治疗或免疫接种时，同窝的猪往往用一只针头注射，有可能造成人为传播。可经精液、也可经胎盘垂直传播。

（二）临床症状

急性病例：前期皮肤赤红，稽留热，不过，也有前期体温正常，2~3 天后开始发热；中后期贫血、黄疸，尿如浓茶（血尿）。少部分怀孕母猪流产和死胎，且主要见于初产母猪，一般经产母猪经过治疗基本都能正常生产，只是胎儿较弱。仔猪出现中热贫血和黄疸很快死亡。

慢性病例：该型病例最多见，架子猪初期一般体温正常或偏高，呼吸困难少见，呼吸正常或稍快。群发病初期忽然饮水增加、尿频、圈舍湿度加大。采食总量可能并未减少，只是一次不能在短时间（几分钟）内吃完，但是，下一次喂料时可能吃完或有少量剩料，随着时间的推移，剩料越来越多。被毛粗乱，皮肤暗红色，鬃部毛孔可能最早出现渗血点，后遍及全身，渗血点大小、颜色不同。有的猪呈针尖大小的红渗血点，但有的猪呈碎麸皮状汗渍，黑色或棕色猪，渗血点不明显，但可见鬃部毛孔有湿润感，其上有尘埃沾附，耳内侧也可见渗血点，部分猪耳静脉塌陷。这些渗血点用指甲可刮掉（特别是湿润后，更容易刮掉）。结膜炎、有血样脓性眼屎，睫毛根部棕色（图 3-164），眼圈周围、肛门发青紫色，部分猪后肢麻痹或肌肉震颤，行走时后躯摇晃、或两后肢交叉，起卧困难。后期个别猪贫血、黄疸和尿如浓茶。耳发绀，病程较长。病猪可见腹泻或干粟便并附有黄色黏液。

断奶仔猪发病除有不同程度的以上症状外，体表暗红或苍白，抓捕时，感觉皮肤疏松，肌肉无弹性。提起两后肢可见仔猪乳头基部呈蓝紫色，特别是后边的几对乳头更明显。耳外侧，特别是腹部皮下几乎都有不同程度的、较规则的深蓝墨水样淤血点（图3-165），一般没有呼吸困难症状，病程较短。

哺乳仔猪体温升高或正常（慢性），一般全窝仔猪都发病，腹泻，排黄色或白色粥状或水样稀便，与黄白痢很难区别。很多病例就是按黄白痢治疗无效导致大批死亡。而有的发病初期，粪便稀薄并有大量凝乳块，被毛逆立，发抖。病猪精神沉郁，个别猪只偶尔有咳嗽、呼吸困难，流鼻液，鼻液呈清亮或粘稠样，鼻盘发绀、眼结膜苍白，严重的可见到黄染，肛门、眼周围呈蓝紫色。病猪濒死期体温下降，排黄红色尿液，患猪在耳尖部及腹下出现紫红色斑块。虽然，个别发病初期的仔猪，观察不到毛孔渗血，但用拇指和食指捏压发病白色仔猪皮肤，很快毛孔有锈点状血液渗出（图3-166）。应仔细观察。

母猪发病，较典型的症状是体温时高时低，有时可降至36℃，一天后可能自然升至正常。但在临床实践中发现，发病母猪背部厥冷（手感背部冰凉），是母猪比较典型的一个临床症状。有的猪乳头、阴门水肿、发绀。单纯附红细胞体病的经产怀孕母猪死胎、流产较少。断奶后的母猪长时间不发情或发情后屡配不孕。食欲下降到很低，个别时可能出现食欲废绝，病程较长。

不管是急性，还是慢性病例，都有血液稀薄，凝固不良和伤口难以愈合的情况，一般从阉割后的伤口恢复情况便可以看出。

（三）病理变化

患猪剖检可见贫血，皮肤及黏膜苍白。血液稀薄、色淡、凝固不良。有的全身性黄疸、皮下组织水肿。心包积液，心外膜有出血斑点，心肌松弛似皮囊状，无弹性。肝脏肿大变性呈黄棕色，表面有黄色条纹（图3-167）。胆囊膨胀，内部充满浓稠明胶样胆汁。脾脏肿大变软，呈暗黑色。肾脏肿大，有微细出血点或黄色斑点，淋巴结水肿（图3-168）。体表淋巴结黄染或发黑（慢性），肠系膜淋巴结黄染。

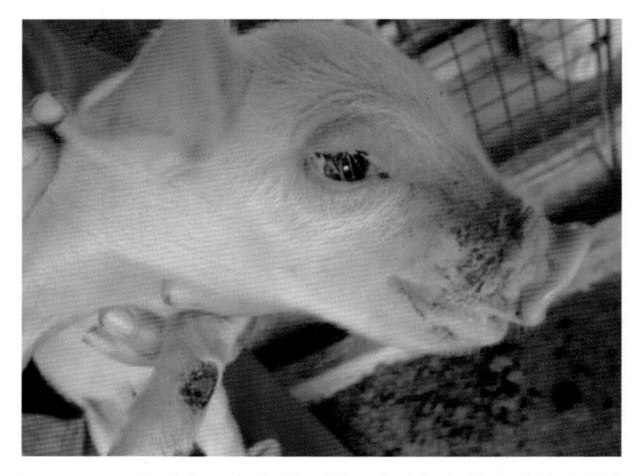

图3-164　结膜炎、有血样眼屎，睫毛根部棕色（紫眼圈）

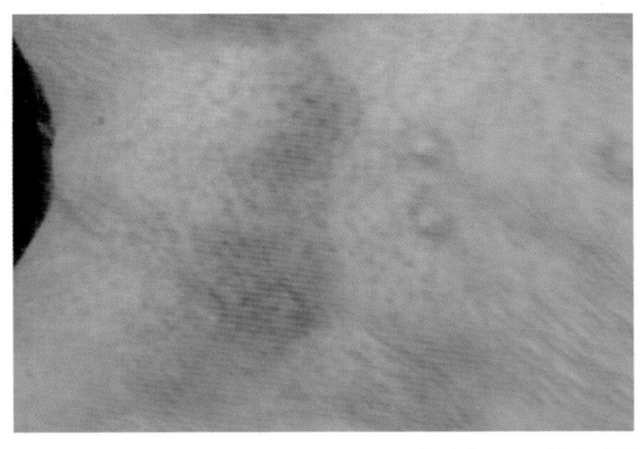

图 3-165　皮下淤血点（主要发生在腹部、大腿内侧）

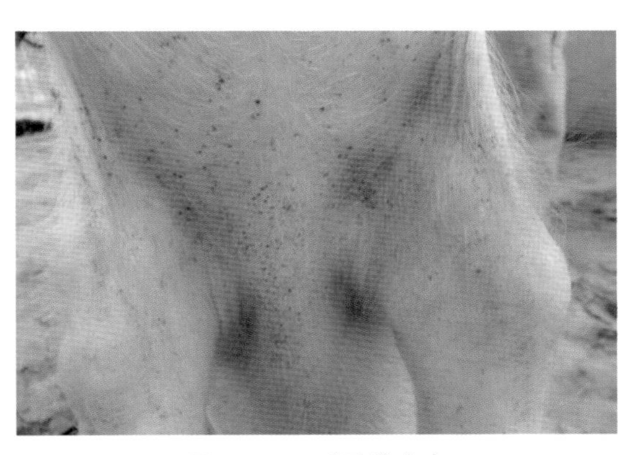

图 3-166　毛孔渗血点

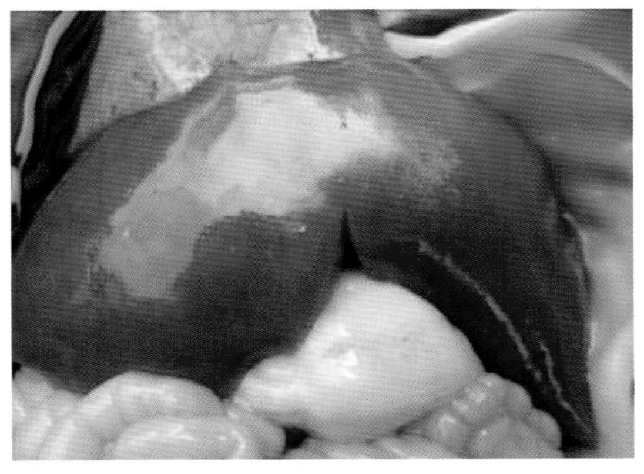

图 3-167　肝脏黄染

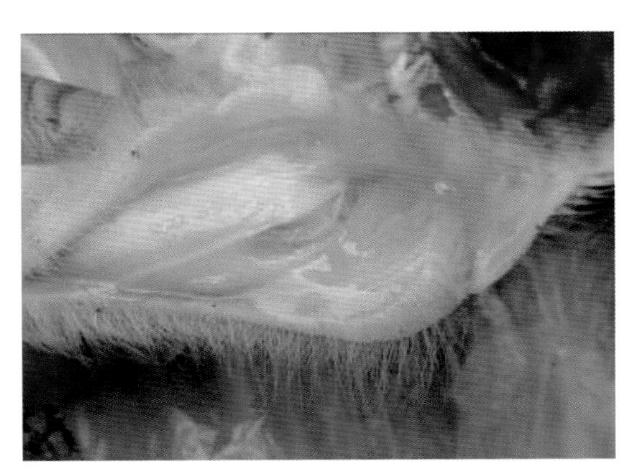

图 3-168　四肢皮下水肿

（四）防治

（1）加强饲养管理，保持猪舍、饲养用具卫生，粪便及时清扫，减少不良应激。夏秋季节要经常喷洒杀虫药物，防止昆虫叮咬。

在实施诸如预防注射、断尾、打耳号、阉割等饲养管理程序时，均应更换器械或严格消毒。购入猪只要进行血液检查，防止引入病猪或隐性感染猪。

（2）用药方案：

方案一：群体给药：阿散酸：180mg/kg 连用 1 周，90mg/kg 连用 4 周。

四环素类：多西环素、金霉素、土霉素（800~1 000mg/kg）、四环素，5~7 天一个疗程。

方案二：个体给药（注射）：① 长效土霉素注射液、黄芪多糖注射液分别肌肉注射；② 多西环素注射液、黄芪多糖注射液分别肌肉注射。

另外，治疗的同时，补充铁剂可提高疗效、减少死亡。

三、猪鼻支原体病

猪鼻支原体病是由猪鼻支原体引起的以多发性浆膜炎、关节炎和耳炎为特征的传染病。

（一）流行特点

多发性浆膜炎一般多发生在 3~10 周龄小猪，更小的猪也偶尔发生。猪鼻支原体常由感染的母猪传染给哺乳仔猪，10% 左右的母猪的鼻腔和鼻窦分泌物中可检出该菌，大约能从 40% 的断奶猪的鼻腔分泌物中可分离出该病的病原体，也经常存在于屠宰猪的病肺中。一旦猪群中有一头感染猪鼻支原体，就会在猪群中迅速传播。猪鼻支原体普遍存在于病猪的鼻腔、气管和支气管分泌物中，传染途径主要是飞沫和直接接触。研究发现，腹腔接种 6 周龄以下的猪比 8 周龄以上的猪病变严重得多。严重感染情况下成年猪也可发病。

（二）临床症状

本病感染后第 3 天或第 4 天时出现被毛粗乱，约第 4 天出现体温升高，但很少超过 40.6℃，其病程有些不规律，5~6 天后可能平息下来，但几天内又复发。病猪食欲减少，该病还有一个特殊动作是首次骚扰时出现过度伸展动作，这是试图减轻多发性浆膜炎造成的刺激。关节肿大，触诊有热感、痛感及波动感（图 3–169）。患猪负重感明显，出现行走困难、姿势异常和跛行。发病可能波及任何关节，但跗关节、膝关节、腕关节和肩关节最常发生，偶尔寰枕关节也受侵害。若发生在寰枕关节，则病猪将头转向一侧，另一些病猪则头向后仰，这个动作可能和一侧性中耳感染的姿态改变相仿。

发病时，身体蜷曲，呼吸困难，运动极度紧张及胸部斜卧等。急性症状的持续时间和严重程度取决于病变的严重程度。一般发病 10~14 天后，急性症状开始减轻，此后的主要临床症状为跛行及关节肿胀。疾病的亚急性期间，关节病变最为严重。发病后 2~3 个月跛行和肿胀可能减轻，但有些猪 6 个月后仍然跛行。

（三）剖检病变

急性期的病变为浆液纤维蛋白性及脓性纤维蛋白性心包炎、胸膜炎、腹膜炎。亚急性病变为浆膜云雾状化，纤维素性粘连并增厚、肿胀关节内有乳白色脓液，多数胸腔和心包少量积液，肺脏呈现间质性肺炎病变，少数猪胸腔大量积液，肺脏与胸廓粘连，有绒毛心。滑膜充血、肿胀，滑液中有血液和血清。虽然可见到软骨腐蚀现象及关节翳形成，但病变趋向于缓和（图 3–170 至图 3–173）。

图 3-169　关节肿大，触诊可感受到热感、痛感及波动感

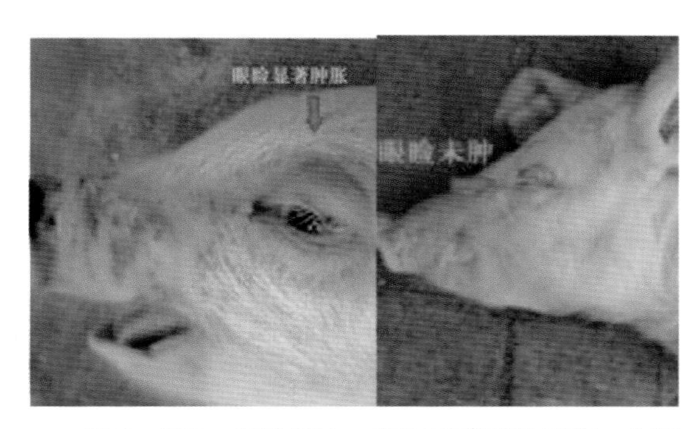

图 3-170　眼睑对比：左图副猪嗜血杆菌，右图鼻支原体

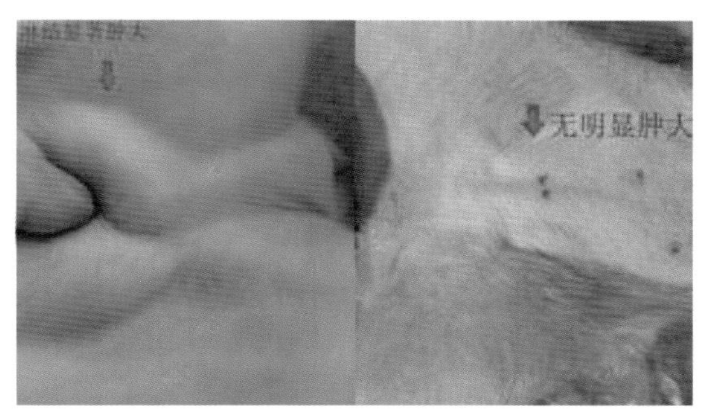

图 3-171　腹股沟淋巴结对比：左图副猪嗜血杆菌，右图鼻支原体

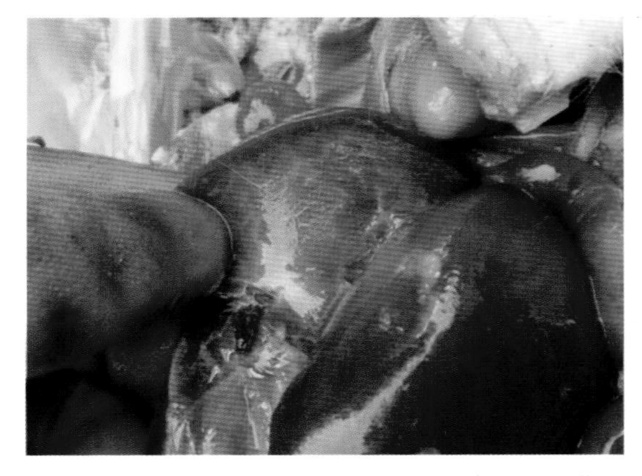

图 3-172　腹膜炎：肝脏浆膜云雾状白色和黄色纤维素伪膜

图 3-173　腹膜炎：腹腔脏器覆盖黄色纤维素伪膜

（四）防治

1. 预防

搞好饲养管理是预防本病的关键。尽量减少呼吸道、肠道疾病或应激因素的影响。猪

群中发现有一头发病，全群投泰乐菌素或林可霉素预防有预防效果。但抗生素治疗已经发病猪效果并不明显。可能因炎症反应阻止了抗生素的渗透，从而影响治疗效果。

2. 治疗

林可霉素混饲：每 1 000kg 饲料用 44~77g。肌肉注射，每千克体重用 10~20mg；泰乐菌素混饲：每 1 000kg 饲料用 100g。肌肉注射，每千克体重用 2~10mg。

四、猪钩端螺旋体病

钩端螺旋体病是一种复杂的人畜共患传染病和自然疫源性传染病。各种年龄的猪均可感染，但仔猪发病较多，特别是哺乳仔猪和断奶仔猪发病最严重，中、大猪一般病情较轻。

（一）流行特点

各种年龄的猪均可感染，但仔猪发病较多，特别是哺乳仔猪和断奶仔猪发病最严重，中猪、大猪一般病情较轻，母猪不发病。传染源主要是发病猪和带菌猪。钩端螺旋体可随带菌猪和发病猪的尿、乳和唾液等排出体外，污染环境。猪的排菌量大，排菌期长，而且与人接触的机会最多，对人也会造成很大的威胁。人感染后，也可带菌和排菌。人和动物之间存在复杂的交叉传播。鼠类和蛙类也是很重要的传染源，它们都是该菌的自然贮存宿主。鼠类能终生带菌，通过尿液排菌，造成环境的长期污染。蛙类主要是排尿，污染水源。

本病通过直接接触或间接接触传播方式，主要途径为皮肤，其次是消化道、呼吸道以及生殖道黏膜。吸血昆虫叮咬、人工授精以及交配等均可传播本病。该病的发生没有季节性，但在夏季、秋季多雨季节为流行高峰期。本病常呈散发或地方性流行。

（二）临床症状

病猪体温升高，尿如茶色或血尿。眼结膜以及皮肤前期多少潮红后期黄染。哺乳期仔猪急性病例，可见全身有出血斑点（图 3-174），头颈部水肿“粗脖子”或“大头瘟”病（图 3-175）。哺乳仔猪病死率高。较大猪发病主要表现黄疸血尿。

怀孕母猪发病可造成流产、死胎、木乃伊胎或弱仔，流产多见于怀孕后期。

临床上出现发热、轻度厌食。有的哺乳母猪无乳或发生乳腺炎。

（三）病理变化

剖检皮下组织、浆膜、黏膜有不同程度的黄染（图 3-176）；心内膜、肠系膜、肠、膀胱黏膜出血；胸腔和心包积液；肝肿大，棕黄色（图 3-177）；急性肾肿大、淤血；慢性黄染和坏死灶。哺乳仔猪头、颈、背及胃壁水肿，切面明胶样（图 3-178）。肾脏散在着小的灰色坏死灶，坏死灶周围有出血环。结肠系膜透明胶样水肿（图 3-179）。

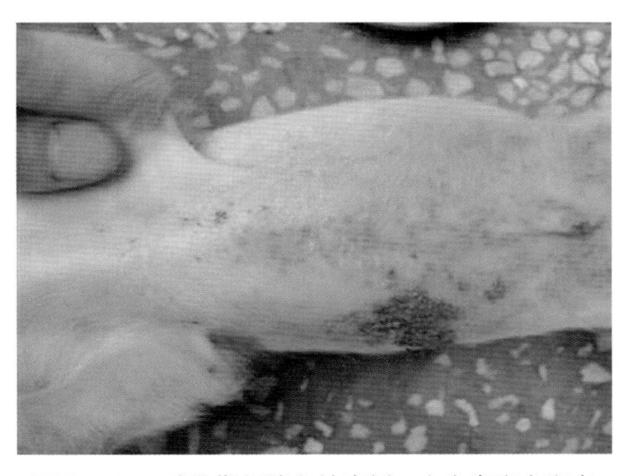

图 3-174　哺乳期仔猪急性病例：全身有出血斑点

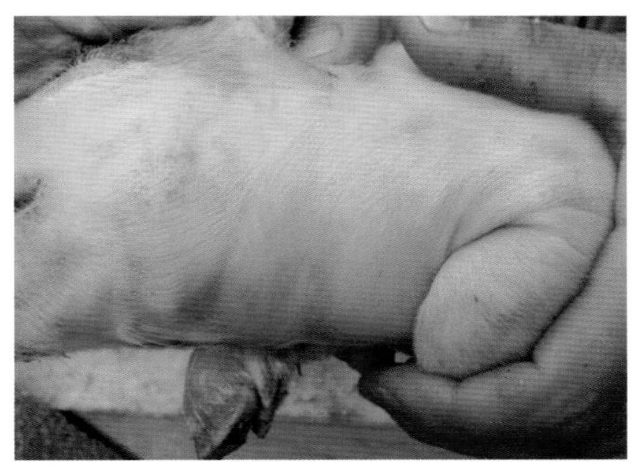

图 3-175　头颈部水肿，“粗脖子”或“大头瘟”病

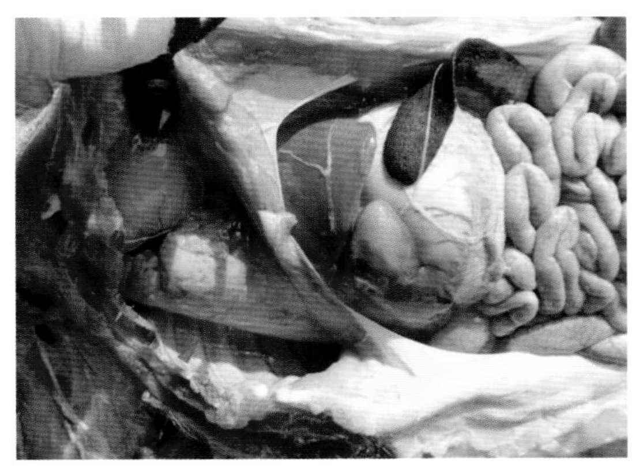

图 3-176　胸腔和心包积液；皮下组织、浆膜、黏膜有不同程度的黄染

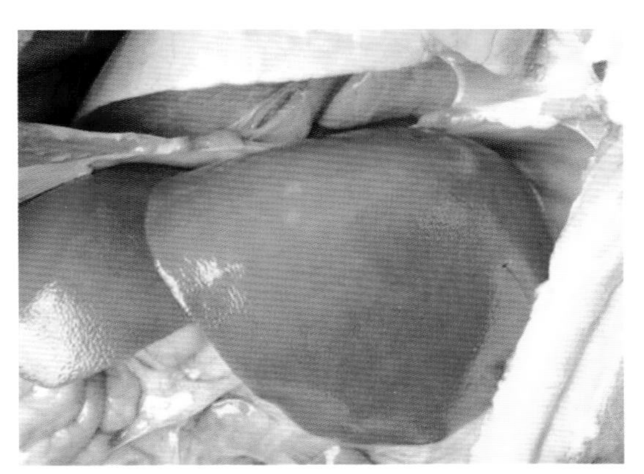

图 3-177　肝肿大，棕黄色

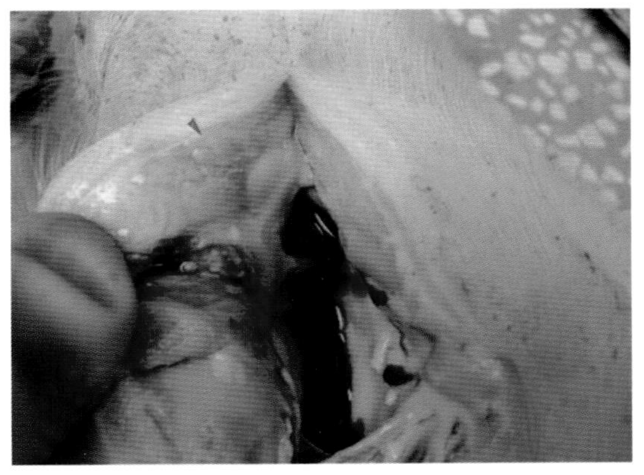

图 3-178　急性病例哺乳仔猪头部、颈部水肿，切面呈透明胶样

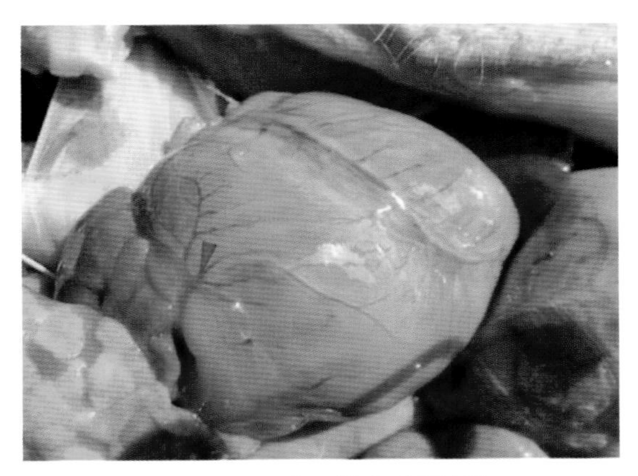

图 3-179　心冠脂肪透明胶样

（四）防治

（1）采取综合性防制措施，开展群众性灭鼠、卫生、消毒等工作。发现可疑病猪和病猪，要及时隔离淘汰或治疗，并要消毒和清理污染物，防止传染和散播。

（2）猪群中发现病猪后，除对病猪用药治疗外，要全群投药预防，每吨饲料加四环素600~800 g的，连用两周。如需要，间隔一周，再喂两周。

（3）青霉素、链霉素混合注射，青霉素4万单位/kg，链霉素50ml/kg，2次/天，连用5天。如果需要，可同时配合注射维生素C，强心、补液等对症疗法。

五、猪痢疾（猪密螺旋体）

猪痢疾是由猪痢疾密螺旋体引起的一种严重的肠道传染病，在自然情况下，只有猪发病，各种年龄、品种的猪都可感染，但主要侵害的是2~4月龄的仔猪；小猪的发病率和死亡率都比大猪高（也有资料显示该病主要侵害生长育肥猪）。病猪及带菌猪是主要的传染源，本病的发生无明显季节性；由于带菌猪的存在，经常通过猪群调动和买卖猪只将该病扩散传播。带菌猪在正常的饲养管理条件下常可以不发病，当有降低猪体抵抗力的不利因素、营养不足、缺乏维生素和应激因素存在时，便可促进引起发病。

（一）流行特点

本病最常发生于体重15~70kg的猪只，奶猪和成年猪较少发生。大多是由于引进猪只后，经过2~3周开始发病。主要由于直接或间接吃入病猪或带菌猪的粪便而感染。疾病呈缓慢持续性流行，最初一部分猪发病，然后同群猪发病。品种间的易感性无甚差别。断奶猪自然感染的发病率接近90%，死亡率取决于药物治疗效果。

大群病猪经过治疗症状消失后，隔3~4周后可复发。临床康复猪常成为带菌猪，成为下次流行的传染源。由于不易检查和不易杜绝带菌猪，因而疾病一旦传入，即使应用药物治疗也很难彻底消灭。本病无明显季节性，但在夏末和秋天多发。饲料变换、运输、阉割、拥挤和寒冷等可促使疾病发生。

从发生猪痢疾的农场捕捉到的田鼠中，可分离得病原体。病原体在稀释病猪粪中，于5℃可存活61天，25℃可存活7天。大多数猪痢疾的流行是由于引进带菌猪，但不引进猪的猪群也有发病。

（二）临床症状

2~4月龄的架子猪易感，哺乳仔猪一般不发病或较少发病。一旦有猪发病，渐进性传播，可能每天都有新感染的病例。最急性病例可能看不到腹泻症状，发病当天即死亡。亚急性发病后，病猪排黄色或灰色的稀软粪便。部分病猪厌食。直肠温度可升至40~40.5℃。随着病情的发展，粪便中出现含有带血液黏状便。进而可见含血液、黏液和白色黏液纤维素性渗出物碎片的粪便。病猪表现腹痛，拱背或偶尔踢腹。长期腹泻导致脱水，伴随渴欲增加。感染猪逐渐消瘦、虚弱。慢性型病猪的粪便常呈暗黑色，俗称黑粪，有时是混有血液的黏液样粪便（图 3-180）。

（三）病理变化

病理变化主要集中在大肠（结肠、盲肠和直肠），常在回肠与盲肠结合部出现一条明显的分界线。急性期的典型变化是大肠壁和肠系膜充血和水肿。肠系膜淋巴结肿大。有时可见少量清亮的腹腔积液，但脱水明显的病死猪，腹腔可能干枯。结肠黏膜下腺体常比正常的突起更为明显。在浆膜上出现白色的、稍凸起的病灶。黏膜明显肿胀，已无典型的皱褶。黏膜常常被黏液和带有血斑的纤维蛋白覆盖。结肠内容物质软或水样，并含有渗出物，切开盲肠，内含多量红褐色液体（图 3-181 至图 3-184）。

图 3-180　病猪腹痛，拱背或偶尔踢腹。明显消瘦、被毛粗乱，并粘有粪便

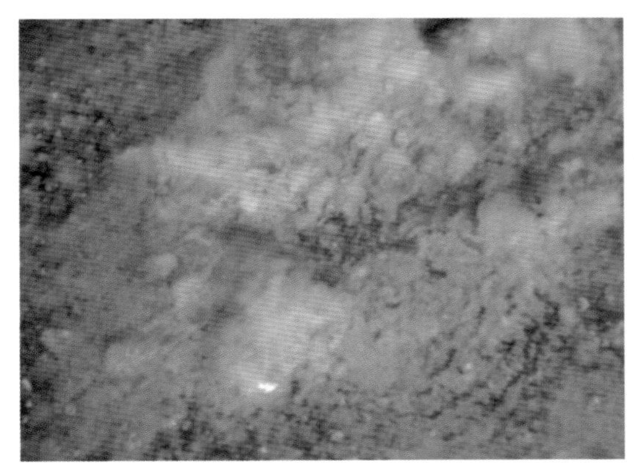

图 3-181　排出粪便呈油脂状、胶胨状的黄色、白色，附有纤维素黏液

图 3-182　带有黏液和渗出物碎片的粪便

图 3-183　结肠黏膜肿胀，典型皱褶消失并附有纤维素

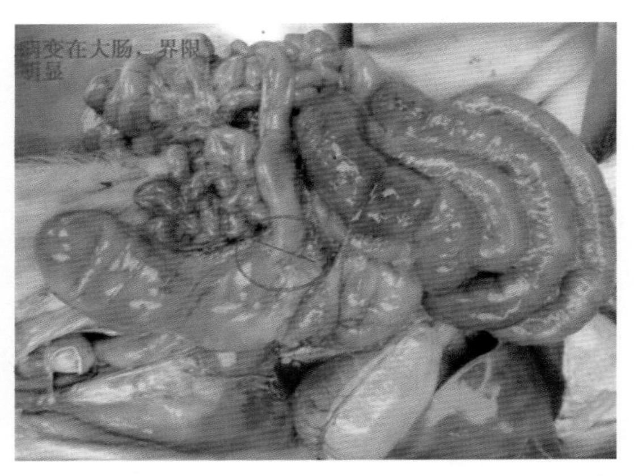

图 3-184　特征性病变在大肠（结肠、盲肠和直肠），回肠与盲肠结合部有一条明显的分界线

（四）防治

严格隔离检疫引进猪，猪场严格消毒、加强清洁卫生是防止本病的重要措施。一旦发病将药物添加于饲料或饮水中预防，可收到良好的预防效果。常用于治疗或预防猪痢疾的抗生素：硫酸粘杆菌素、痢菌净、泰乐菌素、新霉素和林可霉素。

（1）1 000kg 饲料中加入 20~50g 或 1 000kg 饮水中加入 200~250g 硫酸粘杆菌素。

（2）1 000kg 饲料加入痢菌宁 100g，连用 5 天。

（3）林可霉素注射液皮下或肌肉注射：每千克体重 5~10mg。

第四节　猪真菌病

一、皮肤癣菌病（毛癣菌病）

皮肤真菌病是由多种皮肤致病真菌引起的人兽共患皮肤病的总称，又称为皮霉病、表皮真菌病、小孢子菌病等。猪俗称为钱癣、脱毛癣、秃毛癣等。临床上以脱毛、脱屑、炎性渗出、痂块与痒感为特征。皮肤真菌病发病率较高，传染性很强，而且难以治愈，应重视本病的预防，以减少其造成的经济损失。

（一）病原体

引起猪的皮肤真菌病几乎全部都是由真菌门和半知菌纲、念珠菌目、念珠菌科的各种小孢子菌和毛癣菌所引起的，特别是须毛癣和细小孢子菌。由于多数皮肤真菌能产生孢子，在不利环境下，孢子内的胞浆可以浓缩，胞壁增厚，变成厚壁孢子，因此，对外界环影响的抵抗力很强。把病料或真菌用白纸包好，置于室温或 4℃的条件下，经 422 天后再次接种培养，仍可分离出真菌。

（二）流行特点

皮肤真菌可感染所有家畜和野生哺乳动物与人类，猪的感染源和感染锁链中要注意猫、狗、牛以及垫料、饲料等对猪的传染作用（图 3-185 至图 3-187）。病猪与带菌动物是主要传染源，被病菌污染的猪舍、栏圈、器具、空气、尘埃以及管理人员都可以成为传播媒介。通过病猪与健猪直接接触与空气传播。环境潮湿、阴冷多雨、闷热、拥挤、营养不良与卫生条件差可促使本病的发生与传播。病的发生无明显的季节性，但以夏季至冬季多发。呈地方性流行，主要危害保育舍的仔猪，特别是断乳前后的仔猪最易感染，哺乳仔猪发病少，成年猪一般不感染。发病率高达 50%~60%，病死率很低。病的发生与猪的品种和性别无关（图 3-188）。

（三）临床特征

病猪头部、颈部、躯干、腹部和四肢上部等处可见指甲盖或铜钱大小的圆形或不规则形，灰白色鳞屑斑（图 3-189、图 3-190）。发病初期，病猪食欲、精神、体温无异常，表现中度的瘙痒，不见脱毛。病灶中度潮红，嵌有小水疱。当病灶的面积扩展到体表面积 50% 后，病猪精神沉郁，食欲减退，体温略高，发痒磨墙，怕冷嗜睡，被毛松乱，严重者瘦弱而死亡。

图 3-185　冬季垫发霉垫料

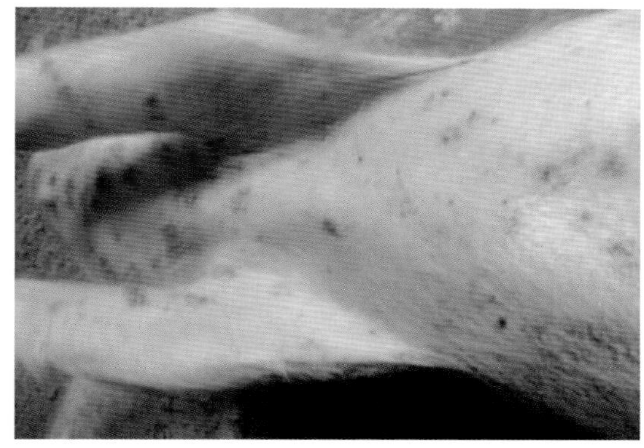

图 3-186　垫料一周后皮炎出现

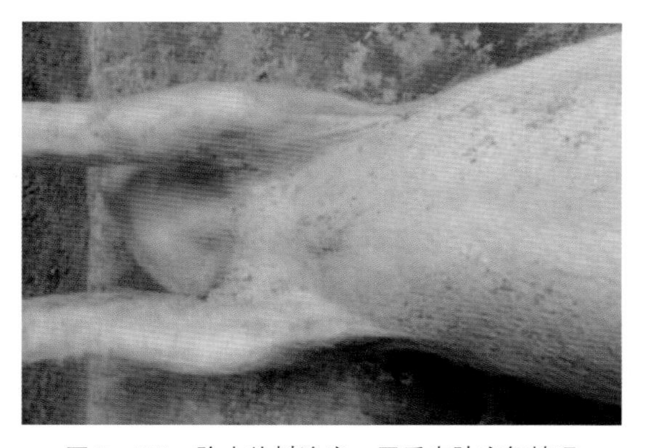

图 3-187　除去垫料治疗一周后皮肤康复情况

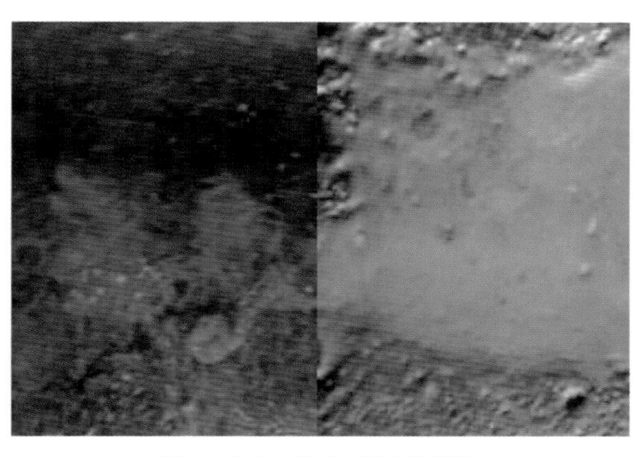

图 3-188　颜色不同的腹泻

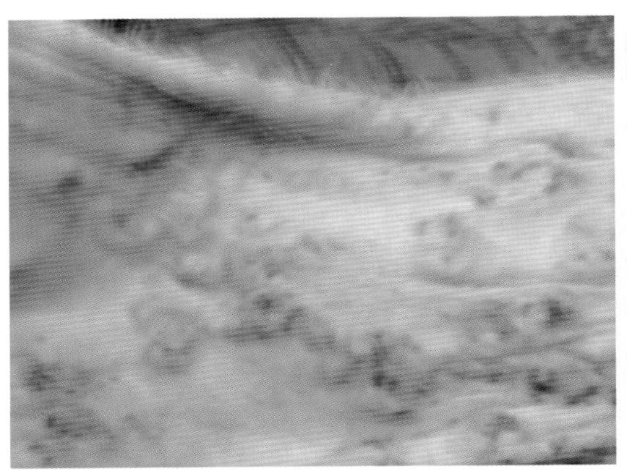

图 3-189　烟蒂烧灼状外观

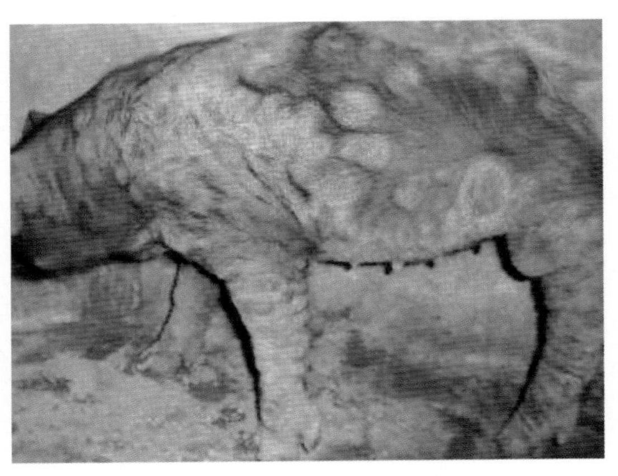

图 3-190　钱状皮癣（钱癣）

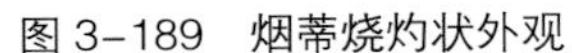

（四）诊断

根据流行特点和临床特征可作出初步诊断，确诊应进行显微镜检查。在手术刀的背后抹上甘油少许，刮取病灶边沿的癣屑、痂和粘有渗出液的被毛，置放于载玻片上，滴加 1~2 滴 10% 氢氧化钾溶液，盖上盖玻片静置 15~20 分钟，待病料软化透明后，置显微镜下检查，可见菌丝上芽生成圆形卵圆球形的孢子。

分离培养，采取深部感染的病料，分别接种于沙堡葡萄糖琼脂与血液琼脂上，于 37℃培养，真菌一般生长较慢，培养需要数日甚至数周。为了减少细菌污染，可在培养基中加入青霉素 100 万 IU 和链霉素 200mg。培养生长后，可作抹片染色或乳酸石碳酸棉兰液片，进行真菌形态结构的观察。

（五）防治

（1）加强饲养管理，防止各种应激的发生，注意饲养密度要适中；保持猪舍清洁卫生与用具、垫料、饲料及环境的干燥；清除污物与粪尿，定期进行消毒。

（2）保持猪皮肤清洁，防止皮肤发生外伤，一旦发生外伤应涂擦碘酊或青霉素软膏；消灭各种吸血昆虫，防止其叮咬皮肤，可有效的预防本病的发生。

（3）防止饲料发霉变质，轻度发霉的玉米等要及时用水清洗，晒干，粉碎后加克霉唑再饲喂。最好饲喂全价饲料，保持营养平衡。

（4）饲料中投服维生素 A，每头猪每次内服 3 万 ~5 万单位。

（5）外用药物：病猪隔离治疗，先对患部剪毛，用温肥皂水洗净痂皮，再用 2% 的硫化石灰液进行冲洗，然后涂擦 10% 水杨酸软膏或 15% 磺胺水杨酸软膏或水杨酸酯剂或 5%~10% 硫酸铜溶液，每天 1 次，直至痊愈。

（6）内服药物：

① 灰黄霉素：每头猪 1 日内服量为每千克体重 20~30mg，连续使用 7 天以上。② 制霉菌素：每头猪 1 次内服量为 50 万 ~100 万单位；吸收差，主要治疗胃肠道感染。③ 克霉唑：每头猪 1 日内服量为 1.5~3g；一般用药后 4 周后逐渐痊愈。

二、猪念珠菌病

念珠菌属各菌种可引起多种临床综合征，统称为念珠菌病，通常按感染部位分类。一般说来，最常见的两种综合征为黏膜皮肤念珠菌病（例如，口咽念珠菌病或鹅口疮，食管炎和阴道炎）和侵袭性或深部器官念珠菌病（例如，念珠菌血症，慢性扩散性或肝脾念珠菌病，心内膜炎和内眼炎）。在大多数患病动物中，念珠菌病为机会感染性疾病。

（一）流行病学

念珠菌广泛存在于空气、水、土壤、饲料以及人和动物的皮肤和黏膜上，正常时一般不引起疾病。但在饲养管理不良、缺乏维生素、大剂量长期应用抗生素或免疫抑制剂的情况下，导致机体抵抗力下降时，便可能引起内源性感染。从猪舍、饲料和饮水中可检出白色念珠菌，在正常猪的皮肤、口腔、胃肠道中也有少量存在。口腔已感染的猪，可从粪便和口腔唾液排菌。还从鸟类、啮齿类和其它动物的粪便中分离到白色念珠菌，它们可能引起宿主发病，并成为猪的传染源。环境中的白色念珠菌在潮湿的条件下，可在适当的基质（如，溢出的食物和垃圾）上增殖。

（二）临床症状

猪上消化道念珠菌病主要发生于仔培猪和哺乳仔猪。患猪采食障碍、食欲不振和消瘦。可见整个口腔黏膜覆盖一层不易擦掉的微白色伪膜（类似人的鹅口疮），感染猪多因继发细菌感染而死亡。 猪下消化道念珠菌病主要发生于仔培后期的小猪。临诊上主要表现为腹泻和体重减轻。该病多由于其他细菌性疾病继发感染而迅速死亡。

（三）病理变化

患念珠菌病的仔猪常常体况差，并有慢性腹泻。在口腔和整个胃肠道都有病灶。在舌背、咽部（较少），有时在软腭或硬腭出现直径为 2~5mm 的圆形白斑。这些白斑可相互融合，形成大片假膜，可阻塞食管。病灶进一步向食道扩展，并在胃黏膜上出现。在胃贲门区出现小出血灶，而在食道区形成白色假膜，胃底部几乎没有可见病灶，但严重感染猪很像慢性肠炎，肠绒毛膜萎缩和黏膜增厚。假膜去掉后，见黏膜表面充血，很少有溃疡。在较大的猪中，可以从胃溃疡病灶中分离到白色念珠菌，但这些猪在眼观上与未感染猪没有什么不同。皮肤感染后，起初出现红斑，丘疹鳞屑性损害，渐呈疣状或结节状，上覆黄褐色或黑褐色蛎壳样痂皮，周围有暗红色晕，有的损害高度增生，呈圆锥形或楔形，形似皮角，去掉角质块，其下是肉芽肿组织，愈后结痂，表皮增厚以及被毛脱落（图 3-191 至图 3-194）。

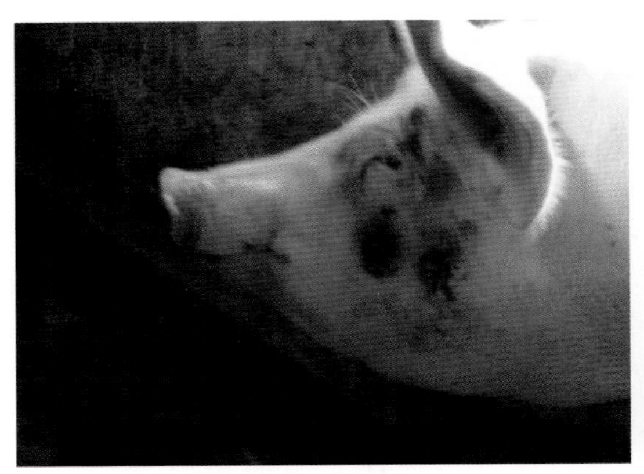
图 3-191　丘疹上覆黄褐色或黑褐色蛎壳样痂皮

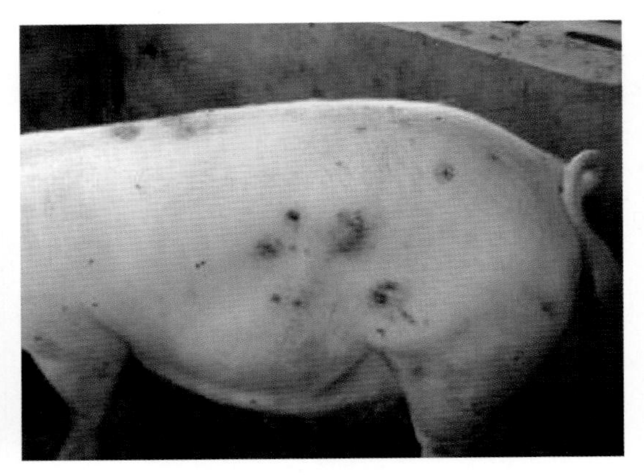
图 3-192　愈后结痂，表皮增厚，被毛脱落

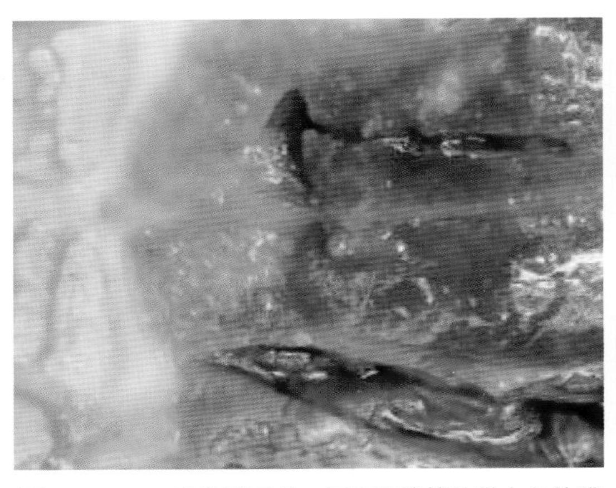
图 3-193　口腔黏膜覆盖一层不易擦掉的微白色伪膜

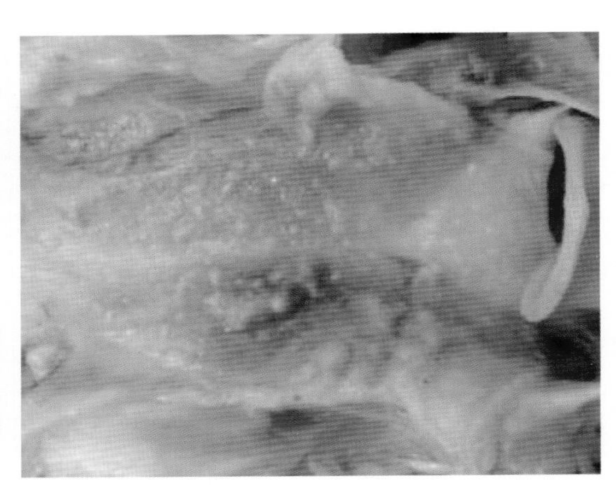
图 3-194　口腔黏膜覆盖一层干酪样假膜和溃疡

（四）防治

白色念珠菌和其他酵母菌在体外对许多抗菌药物都敏感，可用制霉菌素和两性霉素 B 进行治疗。两性霉素 B 对仔猪有效：每天 2 次，每次每千克体重 0.5mg。患有皮肤念珠菌病的猪可使用适宜的皮肤消毒剂进行擦洗。预防此病应该加强饲养管理，改善卫生条件，舍内要干燥通风，防止潮湿拥挤。在仔猪更换饲料时，要逐渐改变，饲料中应含丰富的维生素。当仔猪早期断奶或较长时间口服抗生素时，也应注意补给足够的维生素。避免长期使用广谱抗菌药物。

第五节 猪寄生虫

一、猪蛔虫病

猪蛔虫病是由猪蛔虫寄生于猪小肠引起的一种线虫病，是猪消化道内最大的寄生虫，常给养猪业带来严重的经济损失。本病呈世界性流行，集约化养猪场和散养猪均广泛发生。我国猪群的感染率为 17%~80%，平均感染强度为 20~30 条。感染本病的仔猪生长发育不良，增重率可下降 30%。严重患病的仔猪生长发育停滞，形成“僵猪”，甚至造成死亡。因此，猪蛔虫病是造成养猪业损失最大的寄生虫病之一。

（一）流行特点

猪蛔虫病的流行很广，一般在饲养管理不良，特别是猪舍卫生较差的猪场易发生本病；设有土质运动场的猪场，发病最为严重。各年龄段的猪均有易感性，但 3~5 月龄的仔猪最易感染，常严重影响仔猪的生长发育，甚至发生死亡。其主要原因是：第 1，蛔虫生活史简单；第 2，蛔虫繁殖力强，产卵数量多，每一条雌虫每天平均可产卵 10 万 ~20 万个；第 3，虫卵对各种外界环境的抵抗力强，虫卵具有 4 层卵膜，可保护胚胎不受外界各种化学物质的侵蚀，保持内部湿度和阻止紫外线的照射，加之虫卵的发育在卵壳内进行，使幼虫受到卵壳的保护。因此，虫卵在外界环境中长期存活，大大增加了感染性幼虫在自然界的积累。据报道，猪蛔虫能在疏松湿润的耕地或园土中生存长达 3~5 年。虫卵还具有黏性，容易借助粪甲虫、鞋靴等传播。亦可黏附于母猪的乳房，仔猪哺乳时会感染。

（二）临床症状

病猪食欲差、精神不振、异嗜、消瘦、贫血、被毛粗乱及拉稀等。幼虫移行至肺时，表现咳嗽，呼吸增快及体温升高。幼虫移行肺部时，患猪表现为咳嗽，发热，畏寒，乏力。严重病例可出现哮喘样发作，咽部异物感，吼喘，犬坐呼吸，以及荨麻疹。进入胆管的成虫引起胆道阻塞，使病猪出现黄疸。成虫寄生在小肠时机械性地刺激肠黏膜，引起腹痛。病猪伏卧在地，不愿走动。多食、厌食或异食癖等。成虫能分泌毒素，作用于中枢神经和血管，引起一系列神经症状。另外，成虫夺取猪大量的营养，使仔猪发育不良，生长受阻，被毛粗乱，贫血、形成“僵猪”，严重者导致死亡（图 3-195、图 3-196）。

（三）病理变化

病变一般限于肝、肺及小肠，幼虫移行至肝脏时，引起肝组织出血、变性和坏死，形成云雾状的蛔虫斑“乳斑肝”。肺有萎陷、出血、水肿、气肿区域。肺部在感染移行期可见出血或炎症。小肠内有多数蛔虫，黏膜红肿发炎。大量寄生时可引起肠阻塞甚至破裂。有时蛔虫钻入胆道引起阻塞性黄胆（图 3–197 至图 3–199）。

图 3–195　经产母猪感染后，临床一般不表现症状，便中带虫

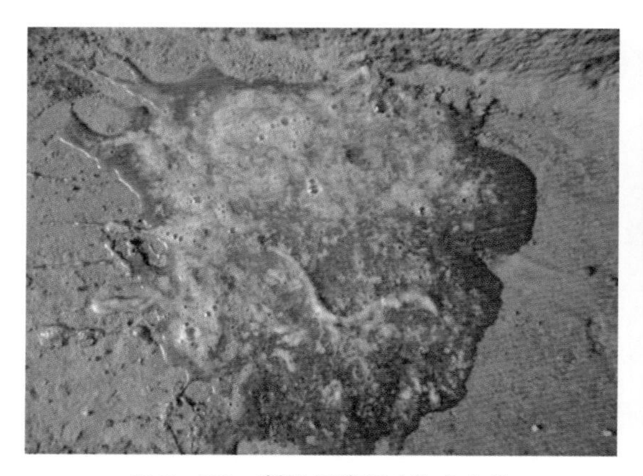

图 3–196　断奶仔猪呕吐物含虫体

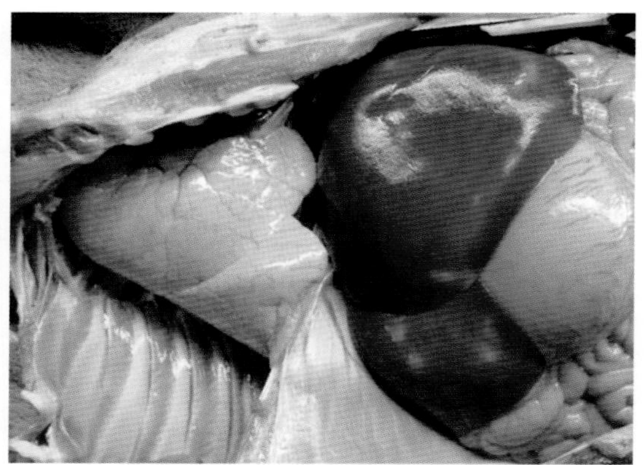

图 3–197　幼虫移行至肝脏时，引起肝组织出血、变性和坏死，形成云雾状的蛔虫斑“乳斑肝”

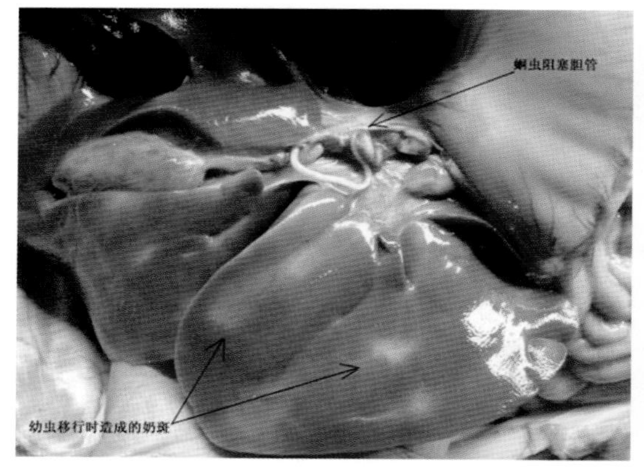

图 3–198　误入胆管的成虫引起胆道阻塞，使病猪出现黄疸病症

图 3–199　蛔虫数量多时常凝集成团，堵塞肠道，导致肠破裂

（四）防治

1. 蛔虫卵能长久生存在不良及恶劣环境中

在土壤中可生存4~6年，在粪坑中最少能生存半年到一年，在污水中能存活5~8个月，在荫蔽的蔬菜上可存活数月之久，并可在土壤、蔬菜上越冬。控制蛔虫的感染相当困难。长期受到蛔虫侵扰的猪舍，保持良好的环境卫生，彻底清洗猪栏，防止饲料饮水被粪便污染。一般情况下每2月给猪驱虫一次，成年每年定期2次。

2. 治疗或是预防性驱虫，可采用下列疗法

（1）左咪唑：每千克体重10mg，混在饲料中喂服。

（2）丙硫咪唑：每千克体重10~20mg，混在饲料中喂服。

（3）阿维菌素：每千克体重0.3mg，皮下注射或口服。

（4）伊维菌素：每千克体重0.3mg，皮下注射或口服。

二、猪疥螨病

猪疥癣是由疥螨科的疥癣虫潜伏于皮肤内所引起的慢性外寄主虫病，其重要的临床症状是搔痒，引起皮肤发生红点、脓疱、结痂、龟裂等。

（一）流行特点

本病多发生于阴湿寒冷的冬季，尤其是在饲养密度大、猪群拥挤和卫生条件不良的猪场发病特别严重。各种年龄、性别、品种的猪只均可发生。鉴别诊断：本病易与渗出性皮炎混淆，最明显的鉴别是疥癣表现剧痒。

（二）临床症状

秋末冬初～冬末春初最易发病。初期皮肤出现小的红斑丘疹。四肢内侧较为严重。导致皮肤发炎发痒，常见落屑、患部摩擦而出血，脱毛。皮肤呈污灰白色，干枯，增厚，粗糙有皱纹或龟裂，失去弹性，有痂皮。剧痒，常在墙壁、护栏等处摩擦止痒。如不及时治疗，病猪生长停滞，休息不充分，精神萎靡，日渐消瘦，皮肤破坏严重时，可引起内毒

图3-200　初期皮肤出现小的红斑丘疹。在护栏、墙壁等处擦痒，患部因摩擦出血，被毛脱落

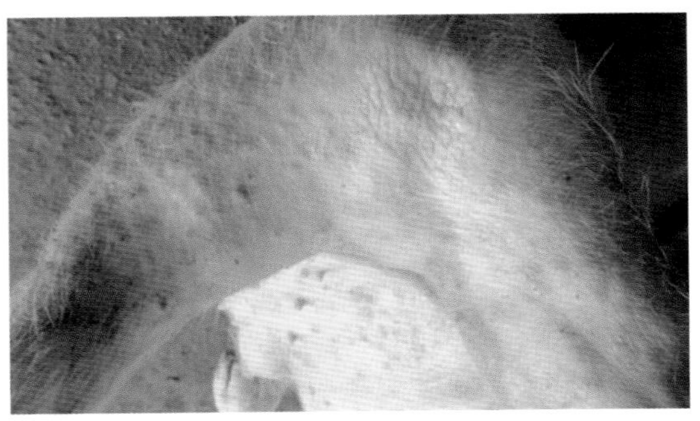

图3-201　初期皮肤出现小的红斑丘疹。大腿内侧较为严重

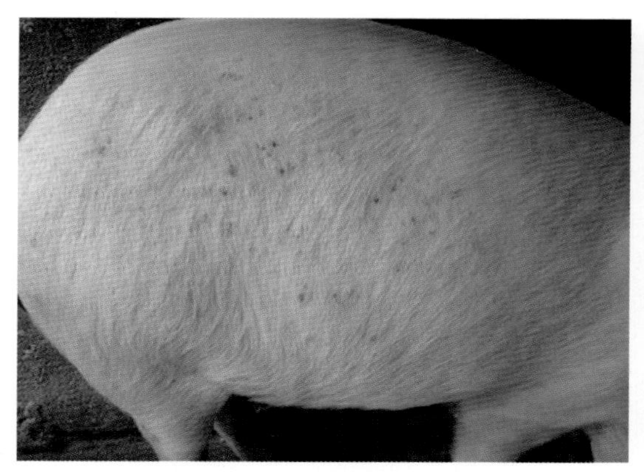

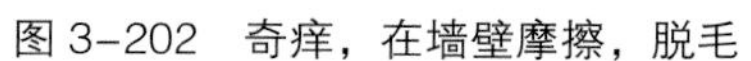
图 3-202　奇痒，在墙壁摩擦，脱毛

图 3-203　奇痒，发病猪常用蹄部挠痒

素中毒死亡。角化过度性螨病病变主要见于成年猪（图 3-200 至图 3-203）。

（三）防治

1. 预防

① 从产房抓起，对产房消毒的同时，也要用杀虫药物对产房进行处理。② 保持猪舍清洁干燥，勤换垫草，圈内地面和墙壁用 1%敌百虫溶液喷洒。③ 待产母猪用药治疗后再移入分娩舍。④ 对断奶仔猪必须进行预防性用药。⑤ 新引进猪只时，必须经过用药治疗后进场。⑥ 种猪群（种公猪、种母猪）一年两次防治。

2. 治疗

阿维菌素、伊维菌素拌料，间隔 7 天一次，连续用药 3 次。用精制敌百虫配成 0.5%的水溶液，洗擦患部或喷洒猪体，5 天后再治疗一次。同时再用敌百虫溶液对圈舍（墙壁、地面用具等）喷雾，前 2 天每天 1 次，以后隔天一次。连用 4 次。

三、猪鞭虫病

猪鞭虫亦称为毛首线虫，常寄生于 2~6 月龄小猪的大肠黏膜。大量寄生时，常引起患猪带血下痢。本病有时与猪痢疾并发，使病情加重。本虫分布广泛，长期以来一直是影响养猪业的一个普遍问题。

（一）流行病学

本病主要发生于幼畜，1.5 个月龄的仔猪即可检出虫卵，4 月龄猪的粪便中虫卵数和感染率均很高；而且 14 月龄以上的猪很少感染。由于厚厚的卵壳保护，虫卵的抵抗力极强，可在土壤中存活 5 年。本病一年四季均可感染，夏季发病率最高。该病在农村散养户猪群中较常见。虽然感染率高，但没有人去重视他。造成不该有的损失。

（二）临床症状

猪容易受到猪鞭虫的感染，轻者不表现临床症状，感染严重时，表现食欲减退、腹泻、粪便带有黏液和血液，常黏附与肛门周围或整个后躯。病猪消瘦、贫血和脱水，最后衰竭死亡（图 3-204 至图 3-206）。

（三）剖检变化

鞭虫感染可引起肠细胞破坏，黏膜层溃疡，毛细管出血大肠黏膜坏死、水肿和出血，产生大量黏液盲肠和结肠溃疡，并形成肉芽肿样结节剖检时大肠黏膜出血及大量虫体（图 3-207）。

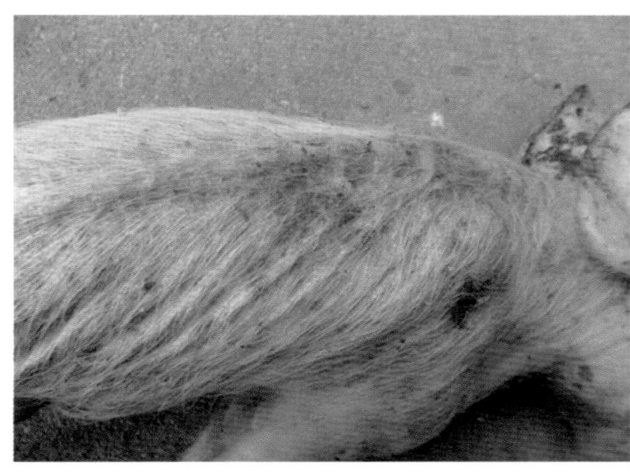

图 3-204　严重感染病例：病猪消瘦、贫血、皮肤皱缩、严重脱水

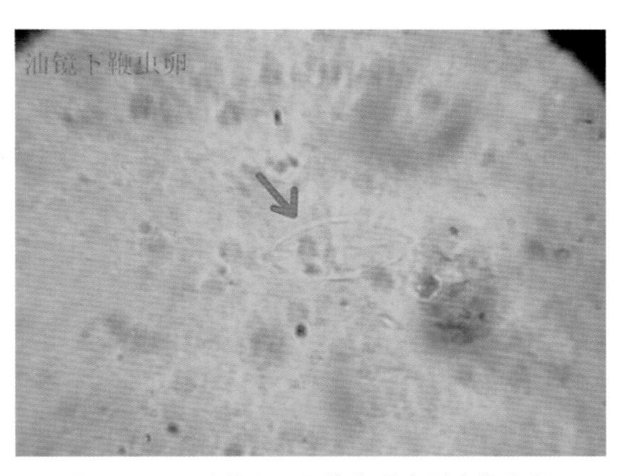

图 3-205　油镜下，不染色观察到底鞭虫卵

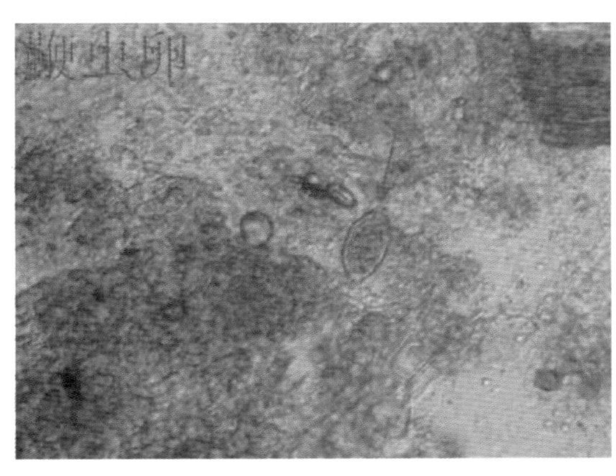

图 3-206　低倍镜下，不染色观察到底鞭虫卵

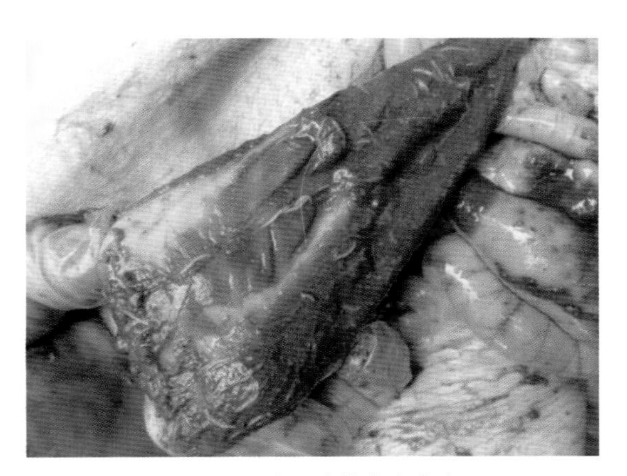

图 3-207　大量虫体寄生在盲肠

（四）防治

丙硫苯咪唑、敌百虫、左旋咪唑对本病有良好的疗效。可参照蛔虫病的防治方法。

四、猪结节虫病

猪结节虫病又称猪食道口线虫病，该病的寄生虫属食道口线虫，寄生於盲肠和大肠，该虫往往与大肠线虫同时寄生。12 周龄以上的猪只最易感染。主要病变为盲肠形成结节。

（一）流行特点

本病虽然感染较为普遍，但虫体的致病力较轻微，严重感染时可引起结肠炎，是目前我国规模猪场流行的主要线虫病之一。

感染性幼虫可以越冬，虫卵和幼虫对干燥和高温的耐受性较差，潮湿的环境有利于虫卵和幼虫的发育和存活。在室温 22~24℃的湿润状态下，可生存达 10 个月，在 -20~-19℃可生存 1 个月。虫卵在 60℃高温下迅速死亡，干燥也可使虫卵和幼虫致死。猪在采食或饮水时吞进感染性幼虫而发生感染。集约饲养的猪和散养的猪都有发生，成年猪被寄生的较多。放牧猪在清晨、雨后和多雾时易遭感染。潮湿和不勤换垫草的猪舍中，感染也较多。

（二）临床症状

只有严重感染时，大肠才产生大量结节，发生结节性肠炎。轻微下痢或腹泻、腹痛，严重时粪便中带有脱落的黏膜，患猪被毛粗乱，消瘦和贫血，发育障碍。继发细菌感染时，则发生化脓性结节性大肠炎。引起仔猪死亡（图 3-208、图 3-209）。

（三）病理变化

幼虫对大肠（盲肠、结肠、直肠）所致的危害性最大，造成肠壁（浆膜、黏膜均见）上形成粟粒状的结节。初次感染时，很少发生结节，感染 3~4 次后，结节大量发生，这是黏膜免疫的结果。结节破裂后形成溃疡，造成顽固性的肠炎。如结节在浆膜面破裂穿孔，可引起腹膜炎。患猪表现腹部疼痛，不食，拉稀，日见消瘦和贫血。也有幼虫进入肝脏，形成包囊。幼虫死亡，可见坏死组织。

形成结节的机制是幼虫周围发生局部性炎症，继之由成纤维细胞在病变周围形成包囊。结节高出于肠黏膜表面，造成肠黏膜溃疡，局部淋巴结肿大，而具坏死性炎性反应性质，大量感染时，大肠壁普遍增厚，并覆有褐色假膜。结肠中部水肿，结节感染细菌时，可能继发弥漫性大肠炎（图 3-210、图 3-211）。

图 3-208 继发细菌感染时，引起仔猪死亡

图 3-209 病猪消瘦、脱水、眼窝塌陷以及皮肤苍白

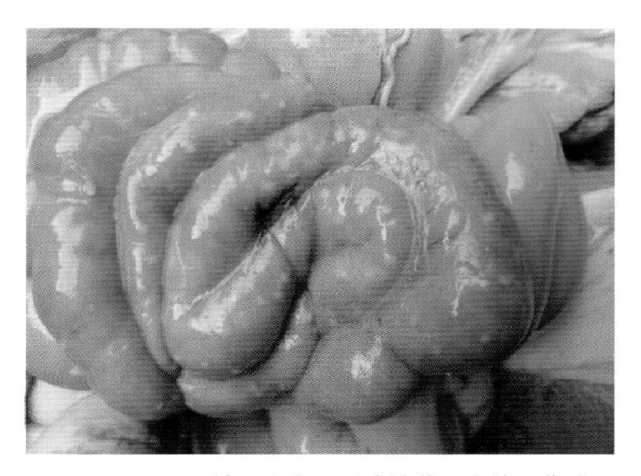

图 3-210 结肠和盲肠形成结节，在结肠浆膜上出现白色的、稍凸起的病灶（粟粒状的结节）

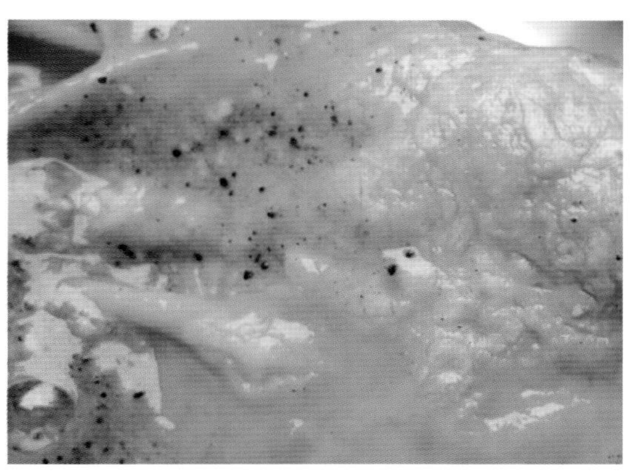

图 3-211 患病仔猪异食癖，肠道残留的异食渣子

（四）防治

1. 预防

给怀孕母猪驱虫，以减少对环境的污染，是防止仔猪感染的有效措施。搞好猪舍和运动场的清洁卫生，保持干燥，及时清理粪便，保持饲料和饮水的清洁。

2. 治疗

多数药物对成虫有效，对组织内幼虫有效的药物较少，仔猪产后 1 个月内驱虫，母猪分娩前 1 周用药，可有效地防止仔猪感染。

（1）左旋咪唑，10mg/kg 体重，口服。

（2）丙硫咪唑，15~20mg/kg 体重，口服。

（3）伊维菌素，0.3mg/kg 体重，皮下注射。

（4）敌百虫，0.1g/kg 体重拌料，有良好的驱虫效果。

五、猪蜱虫病

蜱也叫壁虱，俗称草扒子、狗鳖、草别子、牛虱、草蜱虫、狗豆子、牛鳖子等。蛰伏在浅山丘陵的草丛、植物上，或寄宿于牲畜等动物皮毛间。不吸血时，小的才干瘪或绿豆般大小，也有极细如米粒大；吸饱血液后，有饱满的黄豆大小，大的可达指甲盖大。蜱叮咬的无形体病属于传染病，人对此病普遍易感，与危重患者有密切接触、直接接触病人血液等体液的医务人员或其陪护者，如不注意防护，也可能感染。该虫也是传播猪附红细胞体病的罪魁祸首。

（一）流行特点

蜱在宿主的寄生部位常有一定的选择性，一般在皮肤较薄，不易被搔动的部位。例如，全沟硬蜱寄生在动物或人的颈部、耳后、腋窝、大腿内侧、阴部和腹股沟等处。微小牛蜱多寄生于牛的颈部肉垂和乳房，次为肩胛部。波斯锐缘蜱多寄生在家禽翅下和腿腋部。气温、湿度、土壤、光周期、植被、宿主等都可影响蜱类的季节消长及活动。在温暖地区多数种类的蜱在春季、夏季、秋季活动，如全沟硬蜱成虫活动期在 4~8 月，高峰在 5 月至 6 月初，幼虫和若虫的活动季节较长，从早春 4 月持续至 9~10 月间，一般有两个高峰，主峰常在 6~7 月，次峰约在 8~9 月间。在炎热地区，有些种类的蜱在秋季、冬季、春季活动，例如，残缘璃眼蜱。软蜱因多在宿主洞巢内，故终年都可活动。

（二）直接危害临床表现

虽然春季常见蜱虫在猪体表寄生，但对猪危害情况一直没有深入研究（图 3-212、图 3-213）。以下是蜱虫对人的危害情况和防治情况，可作为参考。

1. 病因

由硬蜱或软蜱的口器刺入皮肤后引起。

2. 皮疹特点

水肿性丘疹或小结节，红肿、水疱或淤斑，中央有虫咬的痕迹。有时可发现蜱。

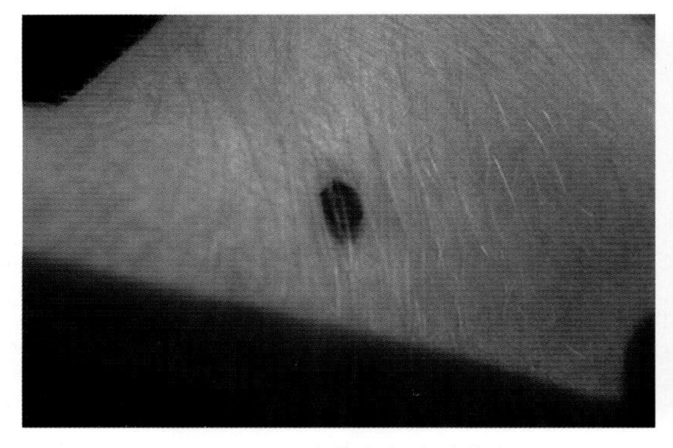

图 3-212　蜱虫寄生在猪体表

图 3-213　从猪皮肤摘除的蜱虫

3. 自觉症状

瘙痒或疼痛。

4. 蜱麻痹

系蜱唾液中的神经毒素所致，易发生在小儿，表现为急性上行性麻痹，可因呼吸衰竭致死。

5. 蜱咬热

在蜱吸血后数日出现发热、畏寒、头痛、腹痛、恶心、呕吐等症状。

（三）间接危害

蜱在携带多种病原微生物，可传播森林脑炎、新疆出血热、蜱媒回归热、莱姆病、Q热、斑疹伤寒、细菌性疾病、无形体病和红肉过敏症等疾病。

（四）预防及治疗

1. 预防

个人防护进入有蜱地区（草丛遛狗、钓鱼和野游等）要穿防护服，扎紧裤脚、袖口和领口。外露部位要涂擦驱避剂（避蚊胺、避蚊酮、前胡挥发油），或将衣服用驱避剂浸泡。离开时应相互检查，切勿将蜱虫带回家中。外出及衣服上及裸露的皮肤上喷涂避蚊胺、驱蚊液等驱避剂。如不慎被蜱虫咬伤，千万不要用镊子等工具将其除去，也不能用手指将其捏碎。应该用乙醚、煤油、松节油、旱烟油涂在蜱虫头部，或在蜱虫旁点蚊香，把蜱虫“麻醉”，让它自行松口；或用液体石蜡、甘油厚涂蜱虫头部，使其窒息松口。

2. 治疗

① 对伤口进行消毒处理，如果口器断入皮肤内应行手术取出。蜱将头钻入皮肤内时，头有倒勾越拉越紧，自行取出容易将头留在皮肤内继续感染，再去医院取头极为麻烦。最好不要自行取出，应及时去医院取出。② 伤口周围有 0.5% 普鲁卡因局封。③ 出现全身中毒症状时可给予抗组胺药和皮质激素。发现蜱咬热及蜱麻痹时除支持疗法外，作相应的对症处理，及时抢救。④ 被虫子咬不能立刻打死虫子，应该把它吹走，否则毒素更大。

3. 药物灭蜱

消灭畜体上的蜱虫，主要是用化学药物灭蜱虫。发现蜱虫时应该将其拔掉，然后集中灭杀。拔的时候，还要蜱虫体与皮肤垂直，然后往上拔，以避免蜱假头断在皮肤内，引起炎症。不过，这种方法只能在畜少、人力充足的前提下。

常用化学药物有拟除虫菊酯类杀虫剂、有机磷类杀虫剂、脒基类杀虫剂等。可以根据季节和应用对象，选用喷涂、药浴等方式。近年来，已经开始采用遗传防治、生物防治灭蜱虫。前者是采取辐射或化学不育剂使雄性蜱虫失去生殖能力，使蜱虫种群能力不断衰减；后者是利用蜱虫的天敌来灭蜱。现在已经发现膜翅目跳小蜂科的一些寄生蜂，可以在一些若蜱体内产卵，成虫后才从若蜱体内逸出，寄生后不久若蜱就死了。还有猎蝽科的昆虫，也可导致蜱死亡。

六、猪弓形体病

猪弓形体病，又称为弓浆虫病或弓形虫病，是由弓形虫寄生引起的人畜共患的一种寄生虫病。弓形虫可通过口、眼、鼻、呼吸道、肠道、皮肤等途径侵入猪体。本病以高热、呼吸及神经系统症状和孕畜流产、死胎、胎儿畸形为主要特征。临床可见急性、亚急性和慢性3种病型，严重的可引起死亡。易被误诊为猪瘟、链球菌病、感冒。在农村散养和规模化养猪场时有发生。严重危害养猪业的健康发展。猪暴发弓形体病时，可使整个猪场发病。死亡率高达60%以上。

（一）流行特点

呈地方流行性或散发性，在新疫区则可表现爆发性。多发生于夏秋季节，温暖潮湿的地区。各种年龄猪都易感，但以3~5月龄发病较多，保育猪最易感，症状亦较典型。发病率和致死率较高。本病可以通过母猪胎盘感染，引起怀孕母猪发生早产或产出发育不全的仔猪或死胎。

（二）临床症状

病猪体温升高42℃左右，稽留不退，热型似猪瘟，粪便干燥；食欲减退或废绝。耳、唇、腹部及四肢下部皮肤前期充血发红，特别是耳外侧皮肤充血，薄皮猪可见耳外侧皮肤充血发亮。后期发绀或有淤血斑。呼吸困难，咳嗽，严重时呈犬坐姿势，特征性的呼吸型是浅表性呼吸困难，虽然呼吸困难，但该病张口喘息的情况少见。鼻镜虽然干燥但有鼻漏，前期浆液性（清水鼻涕），进而呈黏液性（黏稠鼻涕）。仔猪多数下痢，排黄色稀便，体温稽留，全身症状明显。不管是仔猪或是成猪，都有后肢无力，行走摇晃，喜卧的症状。驱赶时可能看不出后肢无力，但大多数猪站立几秒左右臀部就突然倾斜，不过很难摔倒（图3-214至图3-216）。

成年猪常呈现亚临床感染，怀孕母猪可发生流产或死产。

（三）剖检变化

胸腹腔积液，肺水肿，有出血斑点和白色坏死灶，小叶间质增宽，小叶间质内充满半透明胶胨样渗出物。气管和支气管内有大量黏液性泡沫，有的并发肺炎。全身淋巴结肿大，切面可见点状坏死灶。肝略肿胀，呈灰红色，散在有坏死斑点。脾略肿胀呈棕红色有凸起的黄白色坏死小灶。肾皮质有出血点和灰白色坏死灶。膀胱有少数出血点。肠系膜淋巴结呈囊状肿胀。有的病例小肠可见干酪样灰白色坏死灶（图3-217至图3-220）。

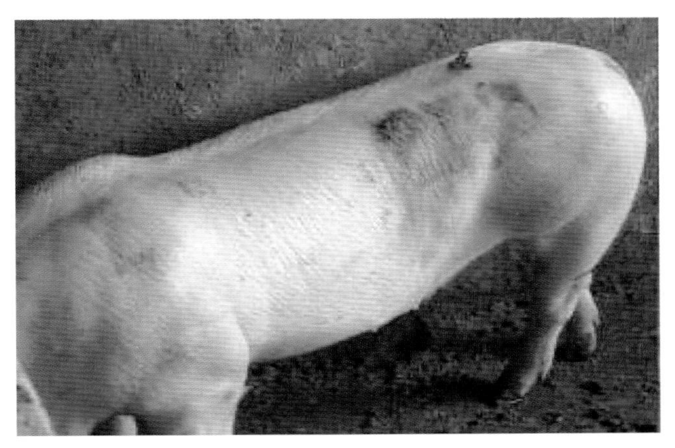

图 3-214　浅表性呼吸困难、后肢麻痹、共济失调

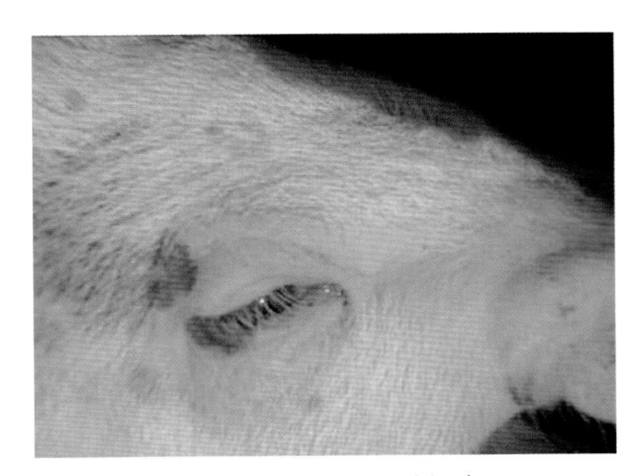

图 3-215　流泪、眼睑轻肿

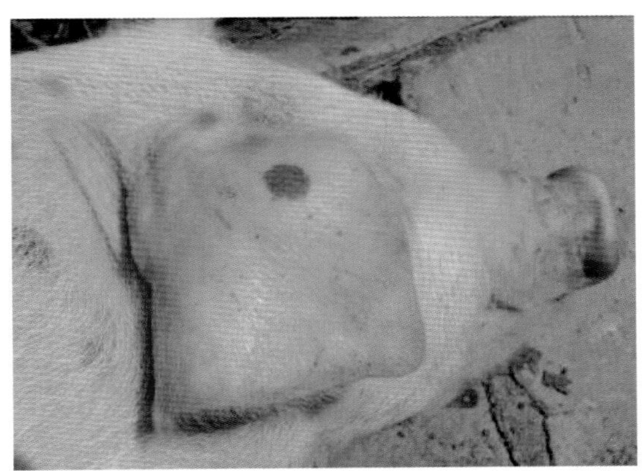

图 3-216　耳外侧光亮

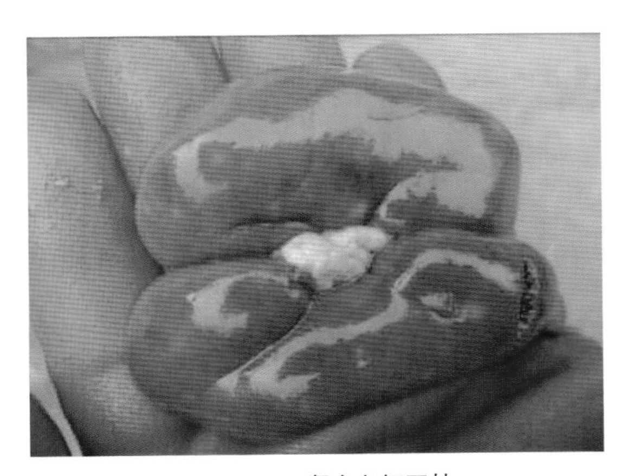

图 3-217　肾白色坏死灶

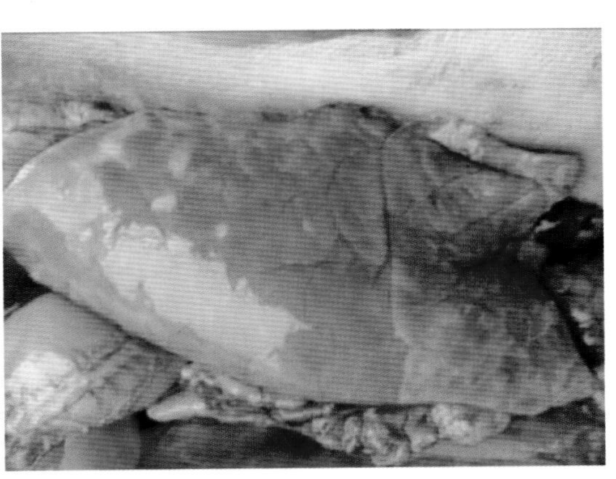

图 3-218　肺水肿有白色坏死灶

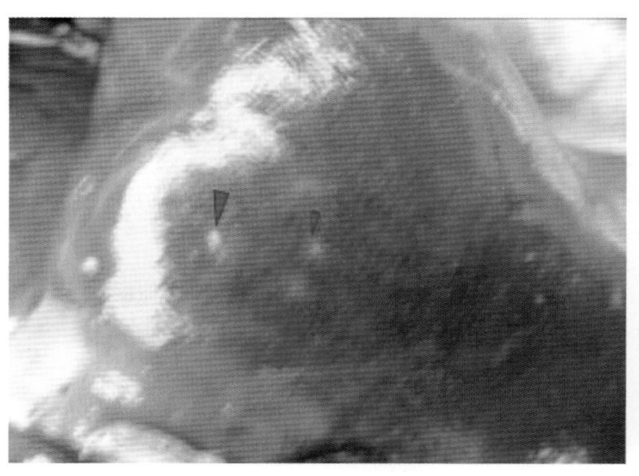

图 3-219　肝脏见星芒状坏死灶

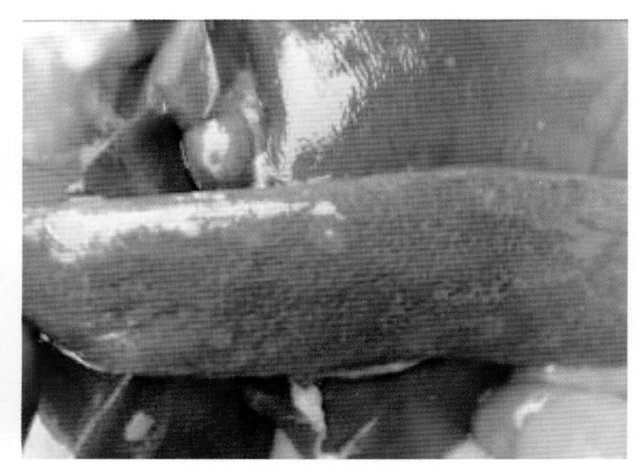

图 3-220　脾脏表面出现梗死灶

（四）防治

1. 预防

猫是本病唯一的终末宿主，猪舍及其周围应禁止猫的出入，猪场饲养管理人员应避免与猫接触。目前尚未研制出有效的疫苗，其他一般性的防疫措施都适用于本病。在猪场和疫点用 7 天药物预防，可防止弓形虫感染。

2. 治疗

① 重症的病猪，用磺胺 -6- 甲氧嘧啶，按每千克体重 0.07g，磺胺嘧啶接每千克体重 0.07g，10% 葡萄糖 100~500mL，混合后可静脉注射。病初一次可愈，一般 2~3 次。② 轻症的猪，磺胺 -6- 甲氧嘧淀，按每千克体重 0.07g，一次肌肉注射，首次加倍，每日 2 次，连用 3~5 天即可康复。

七、猪球虫病

猪球虫病是由猪等孢球虫和某些艾美耳属球虫寄生于哺乳期及新近断奶仔猪的小肠上皮细胞所引起的以腹泻为主要临床症状的原虫病。在自然的情况下，球虫病通常感染 7~14 日龄仔猪。成年猪只是带虫者。

（一）临床实践

该病无特征性症状，易于黄痢等病混淆。未经实验室诊断，临床确诊较困难。养殖户在治疗时，有些病例，用一种抗生素治不好，连续更换几种抗生素。总以为是细菌产生耐药性。建议大家发现 10 日龄左右猪黄痢时，用 1~2 种抗生素无效时，立即改用磺胺类药物。也就是所谓的“药物诊断”。

（二）流行特点

主要侵害幼猪，常在 8~15 日龄腹泻，最早为 6 日龄，最迟至 3 周龄。俗称“10 日龄下痢”。

产房污染是仔猪感染的主要来源。仔猪在初生的几天内，便可通过地板、乳头接触卵囊而被感染。夏季、秋季的发生率明显高于冬季和春季，并常与致病性大肠杆菌和兰氏圆线虫混合感染。一旦发生仔猪球虫病就会持续存在于该猪群中。仔猪能对球虫感染产生免疫力，对再感染有很强的抵抗力，不但无临床症状，且很少甚至无卵囊排出（图 3-221 至图 3-224）。

（三）病理变化

剖检病理变化主要在空肠和回肠，局灶性溃疡，纤维素性坏死。大肠无病变。严重感染的仔猪在中后段空肠呈卡它性或局灶伪膜性炎症，黏膜表面有斑点状出血和纤维素性坏死斑块，肠系膜淋巴结水肿性增大。

图 3-221　主要侵害乳猪，即 8~15 日龄出现腹泻。有“10 日泄”之称，发病乳猪精神尚可

图 3-222　常黏附于会阴部，污染后躯，有强烈的酸奶味

图 3-223　有时可能有轻微黄疸现象

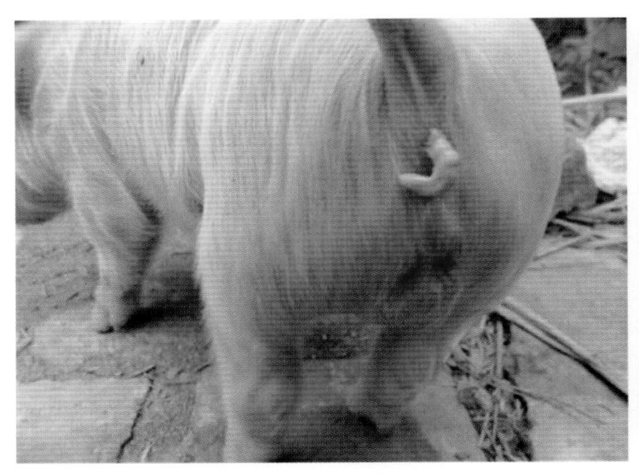

图 3-224 泻便主要为糊状，排便时似“挤黄油”状

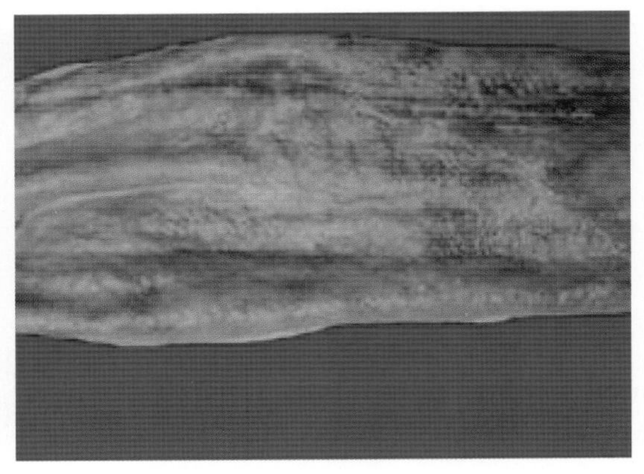

图 3-225 黄色纤维素坏死性假膜松弛地附着在充血的黏膜上

（四）防治

（1）产房采用高床分娩栏，可大大减少球虫病的感染率。保持仔猪舍清洁干燥。

（2）磺胺类药物可用于治疗或预防球虫病。

第四章　猪常见内科病

第一节　消化系统主要疾病

一、猪咽炎

猪咽炎多发生于寒冷季节，是指咽黏膜、黏膜下组织、软腭、扁桃体、肌肉及咽后淋巴结、咽淋巴滤泡及其深层组织的炎症。临诊体征为咽下困难或无法吞咽。

（一）病因

原发性病因是机械性、温热性和化学性刺激：① 粗硬的饲料或异物、霉败的饲草和饲料对咽部组织的刺激；② 过热过冷的饲料、化学物质刺激；③ 受寒、感冒时，猪体的抵抗力降低，从而感染链球菌、葡萄球菌、大肠杆菌、沙门氏杆菌；④ 感染口炎、食管炎、猪瘟、口蹄疫等疫病时可继发咽炎。

（二）临床症状

病猪表现采食缓慢，咽部触诊敏感。咽下困难或无法吞咽。吞咽时，头颈伸展，流涎，出现呕吐。体温升高，精神沉郁，鼻孔混有食物的酸性鼻液。猪常伴发喉炎，表现呼吸困难，咳嗽，张口呼吸，呈犬坐姿势。咽腔视诊，可发现咽部、软腭、扁桃体充血及肿胀，甚至糜烂、坏死，有脓性或膜状覆盖物（图 4–1、图 4–2）。

图 4–1　吞咽时头颈伸展，流涎，出现呕吐

图 4–2　咽部、软腭、扁桃体充血、肿胀

（三）防治

1. 治疗

主要是控制原发病。咽喉部先冷敷后温敷，首先用3%的硼酸或0.1%的高锰酸钾溶液冲洗，出现溃疡时可局部涂抹1%的碘甘油。必要时，可用2%~3%的食盐水或碳酸氢钠溶液进行喷雾吸入，重剧性咽炎可用10%水杨酸钠静脉注射，用0.25%的普鲁卡因溶液20mL、青霉素80万~160万IU，咽喉封闭。对于采食和吞咽困难的病猪，可静脉注射葡萄糖和电解质等。

2. 预防

加强饲养管理，避免用粗硬饲料、过冷过热饲料、冰霜冻结及腐败变质的饲料等喂猪，注意环境卫生。冬季注意保暖，防止受寒感冒。

二、猪消化不良

消化不良，又称胃肠卡他，是发生于胃肠黏膜表层的炎症，以胃肠消化不良为特征。仔猪发病较多。

（一）病因

（1）饲养管理不当：例如，喂饮失时，动物过饱过饥，遭遇寒冷，垫草潮湿。

（2）饲料品质不良：饲料粗硬，发霉和混有泥沙，营养不全，难以消化。

（3）误用刺激性药物：如水合氯醛不加黏浆剂，稀盐酸、乳酸不冲淡。

（4）继发于其他疾病：如猪瘟、猪丹毒、猪传染性胃肠炎、某些毒物中毒、胃肠道寄生虫等。

（二）临床症状

精神不振，食欲减退，咀嚼缓慢，口腔黏膜潮红，舌苔增厚，唾液黏稠、量少，口腔发臭。眼结膜充血、黄染。有时有腹痛症状，粪便干硬，有时拉稀。尿少色黄，饮水增加。呕吐物为泡沫样黏液，有时混有胆汁和少量血液。常努责排稀粪，粪中常夹杂黏液或血丝（图4-3、图4-4）。

图4-3　努责排稀粪

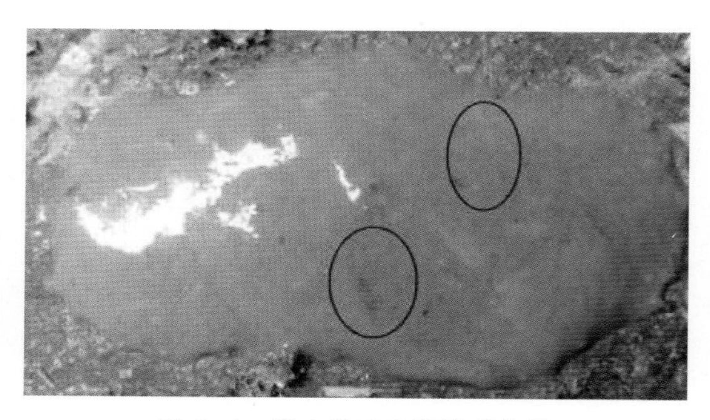

图4-4　粪中常夹杂黏液或血丝

（三）病理变化

胃肠黏膜充血、出血、肿胀。胃内容物稀软酸臭，肠壁淋巴组织肿胀，内容物稀少。

（四）防治

1. 治疗

应注意除去病因，加强护理，清理胃肠，制止腐败发酵和调整胃肠机能。

清理胃肠：可用硫酸钠或硫酸镁 20~50g 和水制成 5%溶液灌服，也可投服石蜡油 50mL。

细菌性原因引起的肠卡他：可考虑口服庆大霉素、氟哌酸、黄连素或磺胺脒等。

调整胃肠机能：可酌情给予稀盐酸 2~10ml 或其他助消化药物混于饮水中饮服。

2. 预防

平时注意饲料、饮水清洁，青饲料、粗饲料、精饲料适当搭配，每天喂给适量的食盐。不喂发霉变质饲料，控制一定室温，幼猪不喂含粗纤维过多的饲料。

三、猪胃肠炎

胃肠炎是胃黏膜、肠黏膜及黏膜下深层组织重剧炎性疾病的总称。表现为严重的胃肠机能障碍，伴发不同程度的自体中毒。

（一）病因

发病主要是由于喂给腐败变质、发霉、不清洁或冰冻饲料，或误食有毒植物以及酸、碱，砷和汞等化学药物，或暴饮暴食等刺激了胃肠所致，此外，猪瘟、猪传染性胃肠炎、猪副伤寒和肠结核等也能继发胃肠炎。

（二）临床症状

精神沉郁，食欲废绝，鼻盘干燥。可视黏膜在发病初呈暗红带黄色，以后则变为青紫。口腔干燥，气味恶臭。舌面皱缩，被覆多量黄腻或白色舌苔。体温通常升高至 40℃以上，脉搏加快，呼吸频数。常发生呕吐，呕吐物中带有血液或胆汁。持续剧烈的腹泻，肛门失禁。粪便稀软，粥状、糊状以至水样。粪便有恶臭或腥臭味，混杂数量不等的黏液、血液或坏死组织片（图 4-5、图 4-6）。

图 4–5　呕吐，呕吐物中带有血液或胆汁

图 4–6　持续剧烈的腹泻，喜饮脏水

（三）防治

1. 抑菌消炎

痢特灵每日 0.005~0.01g/kg 体重，分 2~3 次服用。

黄连素每日 0.005~0.01g/kg 体重，分 2~3 次服用。

用 12.5% 氯霉素液 5 毫升或氨苄青霉素 0.5~1g，加于 5% 葡萄糖液 250~500mL 中，静脉注射，每日 1~2 次。

2. 缓泻止泻

缓泻：用于排粪迟滞，肠内有大量内容物积滞的情况。

缓泻药物：早期，硫酸钠，人工盐，鱼石脂适量混合内服；后期，灌植物油。

止泻：用于肠内容物基本排尽，仍下痢不止的情况。

止泻用药：鞣酸蛋白、次硝酸铋各 5~6，日服 2 次。也可用木炭末或矽炭银片。

3. 强心补液解毒

5% 的葡萄糖生理盐水 300~500mL，静脉注射。

四、猪肠便秘

便秘是由于肠分泌机能紊乱，粪便在肠腔内蓄积，使肠腔完全阻塞的疾病。本病发生于各种年龄的猪，但以小猪较多发，部位多在结肠。

（一）病因

饲养管理不当：如长期饲喂含粗纤维多的饲料或精料过多、青饲料不足或缺乏饮水或饲料不洁，其中，混有多量泥沙与其他异物等。在某些传染病或其他热性病及慢性胃肠病经过时，常继发本病。

（二）临床症状

排出少量干硬附有黏液的粪球，经常作排粪姿势，不断用力努责，但除排出少量黏液外，并无粪便排出。直肠黏膜水肿，肛门突出。食欲减退或废绝，有时饮欲增加。腹围逐渐增大呼吸增快，表现腹痛、起卧不安。腹部听诊肠音减弱或消失，触诊显示不安（图4-7、图4-8）。

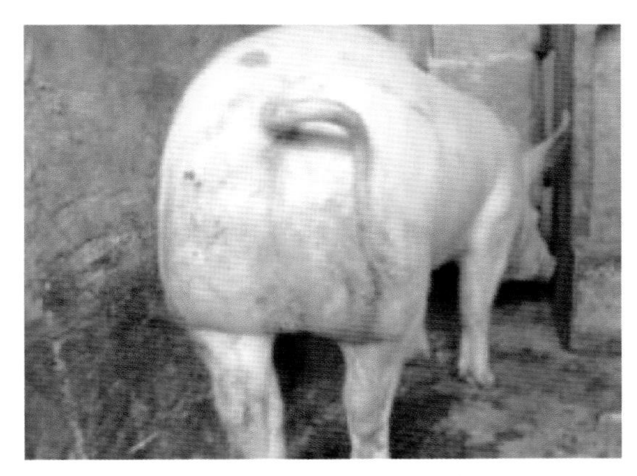

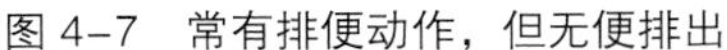
图 4-7　常有排便动作，但无便排出

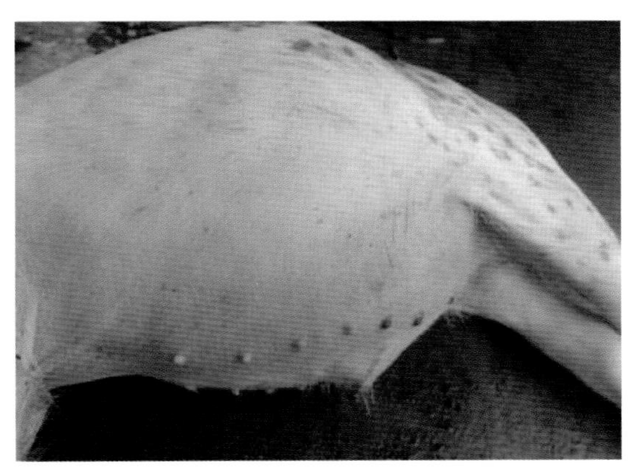

图 4-8　患猪腹胀

（三）防治

1. 治疗

病猪尚有食欲时，应停饲或仅给少量青绿多汁饲料，给予大量微温水饮用。内服泻剂配合深部溜肠是治疗本病的关键性措施：

疏通肠道：可用硫酸钠 30~80g 或石蜡油或植物油 50~150mL，或用大黄末 50~100g 等加入适量水内服。深部灌肠可用温水，2%小苏打水或肥皂水，宜反复进行，并配合腹部按摩。在投服泻药后数小时皮下注射新斯的明 2~5mg 或 2%毛果芸香碱 0.5~1mL，可提高疗效，但因有收缩肠管作用，会致肠管破裂，应谨慎使用。

腹痛不安时：可肌肉注射 20%安乃近注射液 3~5mL，或 2.5%盐酸氯丙嗪 2~4mL。

心脏衰弱时：可用强心剂如 10%安钠咖 2~10mL。

在肠道疏通后，为促进病猪痊愈，可喂给多汁饲料。机体衰弱时，应及时补糖输液。

2. 预防

要科学地搭配饲料，适量增喂食盐，保证充足饮水和加强运动。

五、胃溃疡

胃溃疡主要是指胃食管区的溃疡，目前，尚未有一种被确定为该病的病原。本病可能与铜中毒、饲料贮存调制不当、粉碎过细、饲料中不饱和脂肪酸过多、维生素 E 和硒缺乏等因素密切相关。本病发病率差异大，由 5%~100%不等。

胃溃疡是一种很多病因引起的疾病，与猪胃食道溃疡有关的危害因素如下。

（1）管理方面：运输、拥挤或混养。

（2）营养方面：谷物类型饲料颗粒大小，缺乏纤维。维生素 E 与微量元素 Se 缺乏。酸败脂肪等。

（3）其他方面：继发的疾病，例如，蛔虫、螺旋杆菌等感染。

（一）流行特征

该病在国内广泛流行。可侵害各种日龄的猪，以3~6月龄的猪多发，处于分娩期的经产母猪也易发。胃溃疡是母猪死亡的一个常见原因。

（二）临床症状

发病年龄：架子猪和成年猪以及经产母猪。溃疡发生很快，正常的胃食管24小时内就可发生病变成为完全溃疡病灶。很健康的猪突然死亡，尸体急剧苍白，胃内广泛出血，贫血，精神萎顿，虚弱，呼吸频率增快。食欲下降或废绝便血，便干，可能会发现黑粪。有些表现出腹痛症状，例如，磨牙，弓腰，偶见呕吐。直肠温度常低于正常（图4-9、图4-10）。

（三）病理变化

胃食管区上皮表面出现皱纹、粗糙，很容易被揭起，胃食管区局部糜烂，胃食管区有出血性溃疡。有时可见胃食管区被纤维组织完全取代，突出于胃表面，这是慢性溃疡的特有病变。

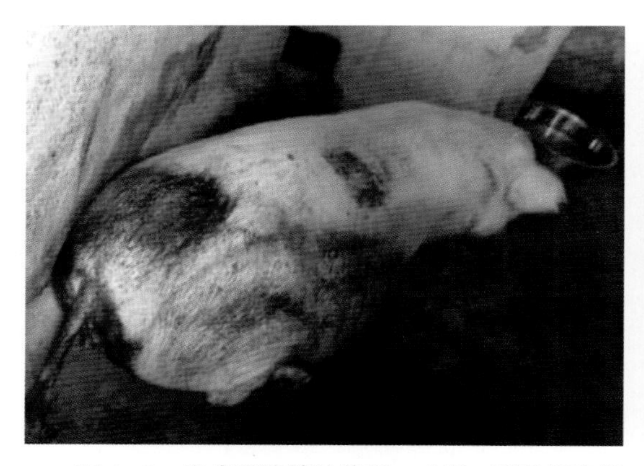

图4-9　患病母猪精神萎顿，虚弱，呼吸频率增快，便血

图4-10　褐色粪便

（四）防治

治疗：

（1）饲喂富有营养、易于消化的饲料，减少刺激。

（2）镇静止痛：用安溴注射液10mL，静脉注射。

（3）应用止血药物，如，止血敏等。

第二节　呼吸系统主要疾病

一、感冒

猪感冒是一种由寒冷刺激所引起的以上呼吸道黏膜炎症为主症的急性全身性疾病。临床以体温升高、咳嗽、羞明流泪和流鼻涕为特征，无传染性。一年四季可发，但多发于早春和晚秋气候多变之时，仔猪多发。

（一）临床实践

猪普通感冒亦称伤风，是临床的常见病。然而，由于该病危害较小加之养猪从业人员对烈性传染病的重视。该病在猪病临床上常被忽视或误诊。特别是有些从业人员，一发现猪有异常行为，就想到抗菌消炎，不分青红皂白，大剂量抗生素用下去，这是相当危险的举动，一旦有细菌感染，再用抗生素时疗效甚微，此举应引起业界的重视。

（二）临床症状及诱因

精神沉郁，低头奋耳，眼半闭喜睡，食欲减退，鼻干燥，结膜潮红，羞明流泪，有白色眼眦，口色微红，舌苔发白，耳尖，四肢发凉，皮温不均，畏寒怕冷，弓背战栗，喜钻草堆，呼吸加快，咳嗽较轻，打喷嚏，流涕，开始为清水样鼻涕，2~3 天后变稠，全身症状较轻，不发热或仅有低热，一般 3~5 天痊愈。无传染性。

天气突变或忽冷忽热，风吹雨淋或舍内湿冷。饲养密度过大、饲料单一，以及长途运输等致使上呼吸道的防御机能降低，均可诱发该病（图 4-11 至图 4-16）。

图 4-11　食欲减退，眼半闭，喜睡，羞明流泪

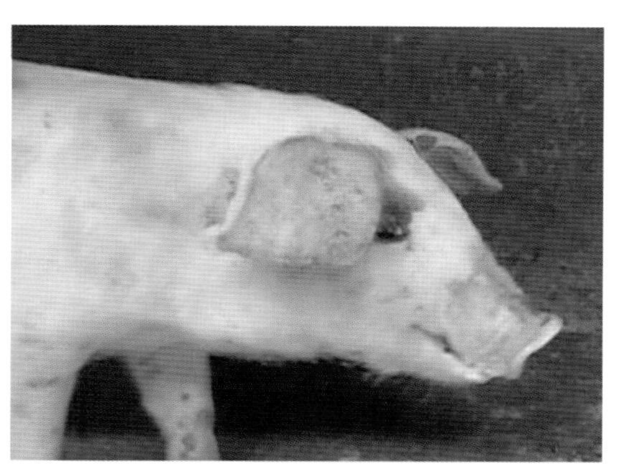
图 4-12　鼻塞，张口吸气

图 4–13　初期浆液性鼻汁

图 4–14　中期黏液性鼻汁

图 4–15　羞明流泪，发病 3 天后鼻汁变得黏稠

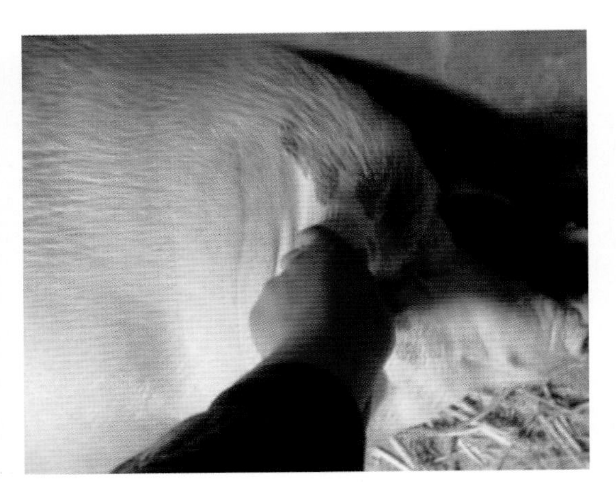

图 4–16　皮温不整，双耳一凉一热

（三）防治

加强管理，在早春、晚秋气候易变季节注意猪的防寒、阴雨、潮湿。要保持猪舍干燥、卫生、保暖、避免贼风侵袭。发现病猪，及早治疗。

（1）解热镇痛，口服阿司匹林或氨基比林，肌肉注射 30% 安乃近注射液 10ml，或复方氨基比林注射液 10mL，或柴胡注射液 10mL。每日 2~3 次（100kg 用药量下同）。以上药物减量 30% 大椎穴注射效果更佳（人感冒有在大椎处刮痧或拔火罐疗法）。为防止继发感染，用抗生素或磺胺药物。

（2）用板蓝根、大青叶颗粒溶于水中，连饮 5 天。个别咳嗽严重的用氯化铵 0.3~1g 或咳必清 0.2g 口服止咳。

（3）针灸和放血疗法：耳尖、尾本、尾尖、苏气、百会、山根等穴位。或在耳尖、尾尖、拱嘴、四蹄用小宽针放血。

二、猪大叶性肺炎

猪大叶性肺炎，又称格鲁希性肺炎或纤维素性肺炎，是猪常见病。大多数病例是由病原微生物引起，以肺泡内纤维蛋白渗出为主要特征（纤维素性炎症）。临诊表现为发病急骤，恶寒，高热稽留、流铁锈色鼻液、大片肺浊音区。

引起猪大叶性肺炎的病因有：

①肺炎链球菌、链球菌、绿脓杆菌、巴氏杆菌等可引起猪的大叶性肺炎。

②当动物受寒、感冒，吸入有害气体，长途运输时，机体抵抗力下降，呼吸道黏膜的病原微生物繁殖即可致病。

③猪瘟、猪肺疫等也可继发大叶性肺炎。

（一）临床经验

病变多发生于肺的尖叶、心叶、隔叶等下部，以肋面居多，亦可只发生于隔叶中后肋面。常为两侧性，多不对称。外观特点：感染组织一般高出邻近正常组织。由于发炎的小叶病程不一致，加上水肿增宽的间质夹杂其中，故呈大理石样的外观，切面亦然；临床上还常见到单一的红色肝变期或灰色肝变期的病变，并不呈现大理石样的外观。

（二）临床症状

精神沉郁，食欲废绝，结膜充血、黄染；呼吸困难、鼻翼扇动。频率增加，呈腹式呼吸；体温升高达41~42℃，呈稽留热型，脉搏增加。典型病例病程明显分为4个阶段，即充血期、红色肝变期、灰色肝变期和溶解期，在不同阶段症状不尽相同。充血期胸部听诊呼吸音增强或有干啰音、湿啰音、捻发音，叩诊呈过清音或鼓音；在肝变期流铁锈色鼻液，大便干燥或便秘，可听到支气管呼吸音，叩诊呈浊音；溶解期可听到各种啰音及肺泡呼吸音，叩诊呈过清音或鼓音，肥猪不易检查。

病理变化：大体病变，分为四期（图4-17至图4-30）：

图4-17 突然高热稽留、患猪表现寒战

图4-18 污秽鼻液

图 4-19　充血水肿期：肺脏略增大，有一定弹性，表面光泽

图 4-20　充血水肿期：肺切面流出大量血样泡沫

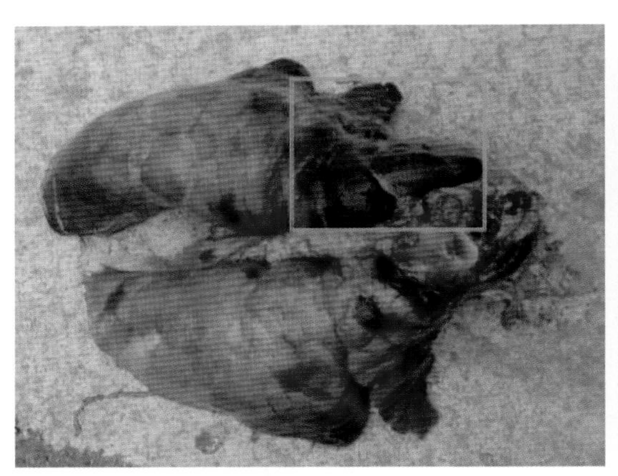

图 4-21　红色肝变期：发炎肺区变硬、质地如肝，暗红色，明显高出肺缘

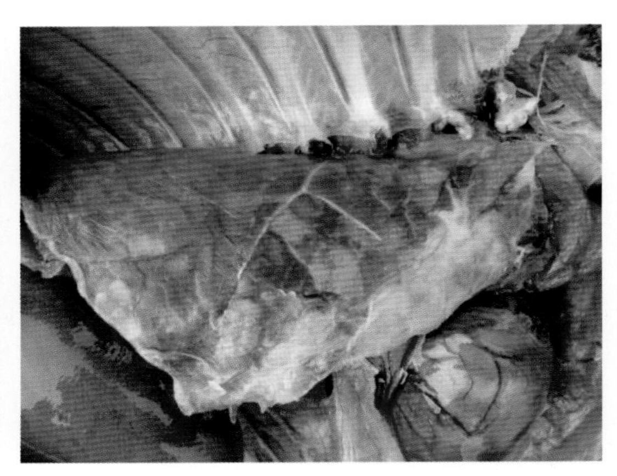

图 4-22　红色肝变期：不同病期的大理石和纤维素病变

图 4-23　红色肝变期：切面干燥，呈颗粒状

图 4-24　红色肝变期：小叶间质增宽水肿，切面呈串珠状凝固的淋巴液小滴

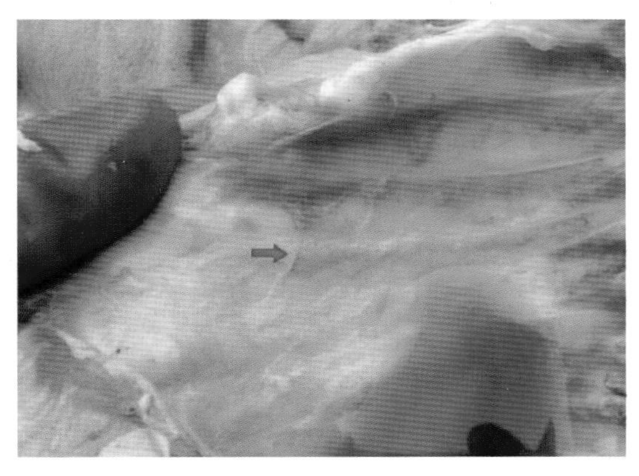

图 4-25　红色肝变期：胸膜无光泽，有灰白色纤维素渗出物附着

图 4-26　红色肝变期：切面大理石状外观

图 4-27　红色肝变期：切面干燥，颗粒状，质如肝

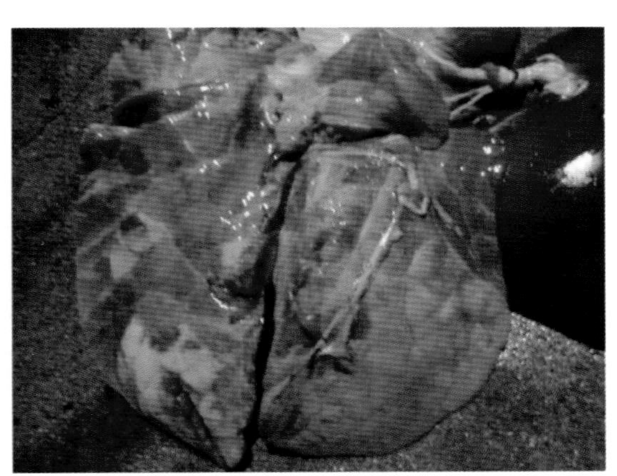

图 4-28　灰色肝变期：病变部呈灰色或黄色肝变

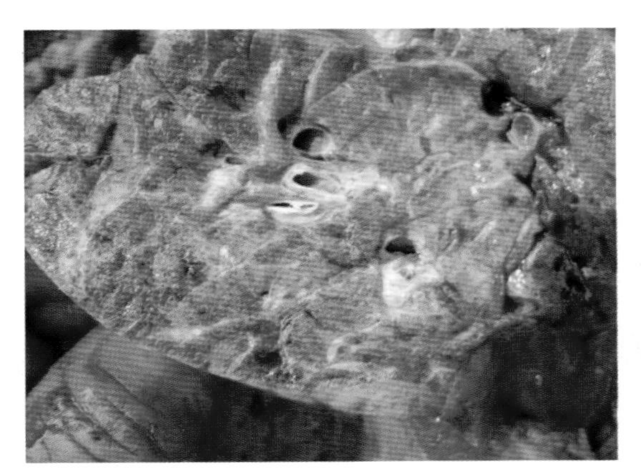

图 4-29　灰色肝变期：切面干燥，为灰黄色花岗岩一样，质地坚实如肝。颗粒状突出更明显

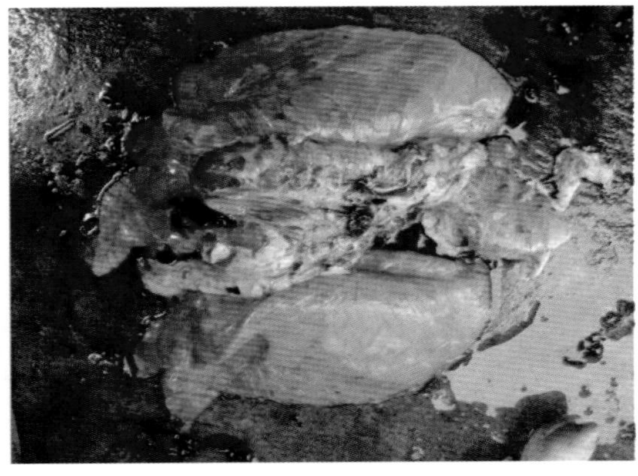

图 4-30　溶解期：病灶多呈灰黄色，组织较前期缩小，质地变软

（1）充血水肿期：肺脏略增大，有一定弹性，病变部位肺组织呈褐红色，切面光泽而湿润，按压流出大量血样泡沫，切面平滑光泽而湿润，按压流出大量血样泡沫，切取一小块投入水中，呈半沉于水状态。

（2）红色肝变期：发炎肺区变硬。如肝脏质地，呈暗红色，高出肺缘更明显，切面干燥，呈颗粒状；小叶间质增宽水肿，切面呈串珠状凝固的淋巴液小滴；切块沉入水底；胸膜无光泽，有灰白色纤维素渗出物附着，胸膜呈暗红色至黑红色，胸膜下组织水肿。

（3）灰色肝变期：病变部呈灰色（灰色肝变）或黄色肝变，肿胀，切面干燥，颗粒状突出更明显。为灰黄色花岗岩一样，质地坚实如肝。投入水中完全下沉。

（4）溶解期：病灶多呈灰黄色，组织较前期缩小，质地变软，切面变得湿润，颗粒状外观消失，挤压可流出脓样液体，若有肉牙生长，病灶呈肉样质地，呈褐色，体积缩小，低于肺缘，切面平，无渗出液流出。

（三）防治措施

1. 治疗

该病的治疗基本同支气管肺炎，主要是抗菌消炎、制止渗出、促进渗出物吸收。该病发展迅速，病情加剧快，在选用抗菌消炎药时，要特别慎重，先做药敏试验再选择抗菌药，并且不要轻易换药。新胂凡纳明有较好的疗效，用 1.5~2.5g，用 5% 温葡萄糖生理盐水溶解，缓慢静注，不要漏出血管外，用前可先肌肉注射 10% 安钠咖 10~20mL。也可采用 10% 磺胺嘧啶钠溶液 30mL，40% 的乌洛托 20~40mL，5% 糖盐水 100~300mL，一次静注，每日 1 次。对症治疗，静注 10% 的氯化钙或葡萄糖酸钙溶液以促进炎性产物吸收，使用安钠咖强心、用呋噻米利尿。咳嗽剧烈时应止咳。

2. 预防

加强饲养管理，增强猪的抗病能力，避免受寒冷刺激，一旦发现各种传染性原发病，要积极治疗，以防并发猪大叶性肺炎和相互感染。

三、猪小叶性肺炎

猪小叶性肺炎是发生于个别肺小叶或几个肺小叶及其相连接的细支气管的炎症，又称为支气管肺炎或卡他性肺炎。一般多由支气管炎的蔓延所引起。临床上以出现弛张热型，呼吸次数增多，叩诊有散在的局灶性浊音区和听诊有捻发音，肺泡内充满由上皮细胞、血浆与白细胞等组成的浆液性细胞性炎症渗出物为主要特征。本病以仔猪和老龄猪更常见，多发于冬、春季节。发病原因主要是受寒冷刺激，猪舍卫生不良，饲养管理不当，应激情况下机体抵抗力降低以及内源性、外源性细菌大量繁殖所致的原发病因素；继发或并发于其它疾病，如仔猪的流行性感冒、口蹄疫、猪瘟、猪肺疫、猪丹毒、猪副伤寒、子宫炎、乳房炎、肺丝虫等；另外还有异物及有害气体刺激，也可导致该病的发生。

（一）临床实践

体温呈弛张热型，一般体温与发病后 2~3 日达到 40℃以上，但可能由于部分病畜体质过于衰弱，反应性降低，体温可能无明显变化。病猪肺炎面积越大，呼吸可能程度越高，多呈混合性呼吸困难。

（二）临床症状

病猪表现精神沉郁，食欲减退或废绝，结膜潮红或蓝紫，体温升高至 40 ℃ 以上，呈弛张热型，有时为间歇热；随着体温的变化脉搏也有所改变，初期稍强，以后变弱；呼吸困难，并且随病程的发展逐渐加剧；本病一般症状为咳嗽，病初表现干咳带痛，后变弱。继而变为湿长咳嗽，但疼痛减轻或消失。初流浆液性鼻液，后转灰白色黏液性或黄白色脓性鼻液（图 4–31、图 4–32）。

（三）病理变化

病变发生的部位一个或一群肺小叶，发生于尖叶、心叶、中间叶、膈叶的前腹侧。若为气道传播可见扇形状分布的病灶，若有淋巴管蔓延发炎小叶邻近间质性炎症区；若为血源性散播，则在更广泛区域乃至全肺可见小叶性病变。

早期可能无明显肉眼病变。随着病情发展，发炎的小叶肿大，隆起，质地较实，呈紫红色。病灶小叶周围有高出的灰白色代偿气肿区或塌陷的肉样膨胀不全区，病灶的形状不规则，散布在肺的各处，呈岛屿状。依其炎症渗出物不同，其颜色还可见灰红色、灰黄色。切面粗糙、湿润，炎性小叶突出于切面，如肉样，无凝胶颗粒。从细支气管内可挤出黏液或黏液脓性分泌物（化脓性炎症）。当小叶炎症处于不同时期时，由于多种病变混杂存在，构成多色彩的班驳外观。发炎小叶若为灰白色，多为慢性炎症或有继发感染。若肺叶出现裂隙，是小叶性肺炎的特有外观。有些支气管肺炎由于发生的原因和条件不同，因而具有不同的异物，例如，吸入性肺炎、真菌性肺炎等。剪取病料组织投入水中下沉（图 4–33 至图 4–41）。

图 4–31　患猪咳嗽，气喘，干咳带痛

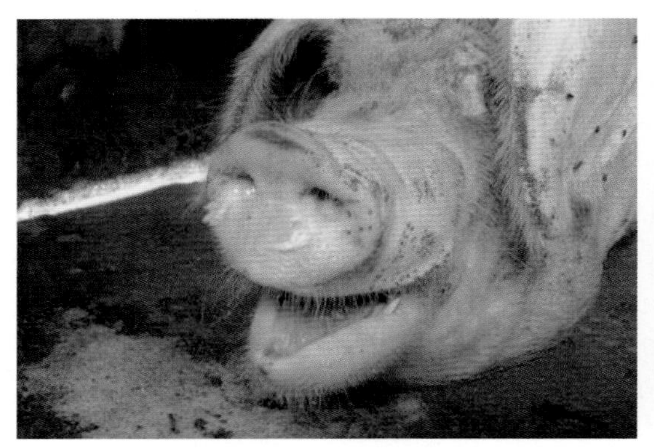

图 4-32　患猪鼻液由浆液性转为灰白色或黄白色脓性

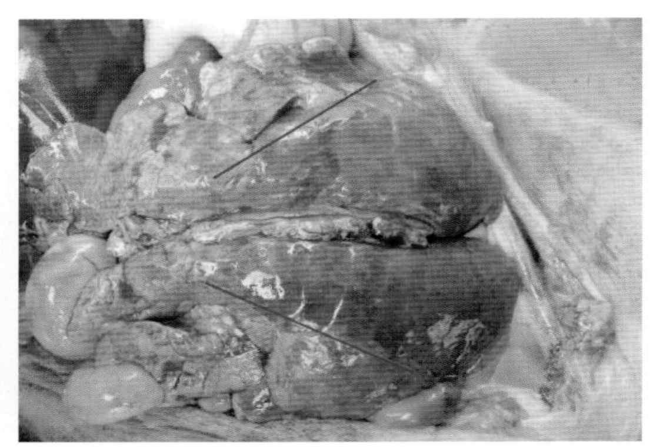

图 4-33　气道传播呈扇形炎症区

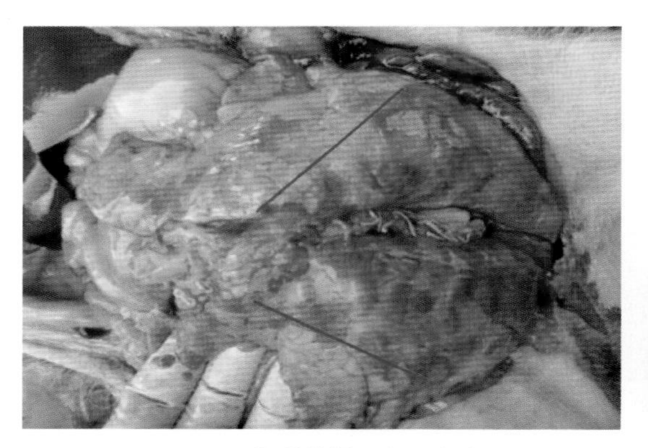

图 4-34　气道传播呈扇形炎症区

图 4-35　血源性扩散区域广泛，全肺见小叶性病变

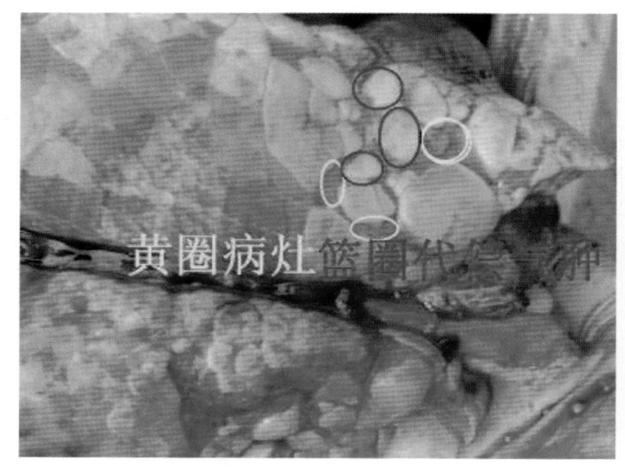

图 4-36　不规则的病灶，周围有高出的代偿气肿区

图 4-37　主要侵害心叶、尖叶和隔叶前下方，肺表面见裂隙

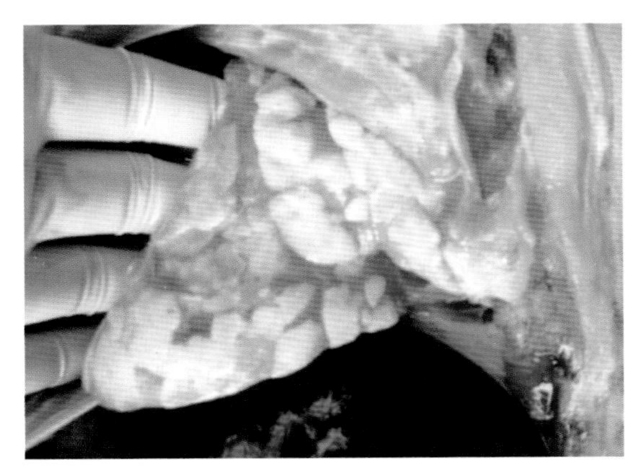
图 4-38　代偿性气肿

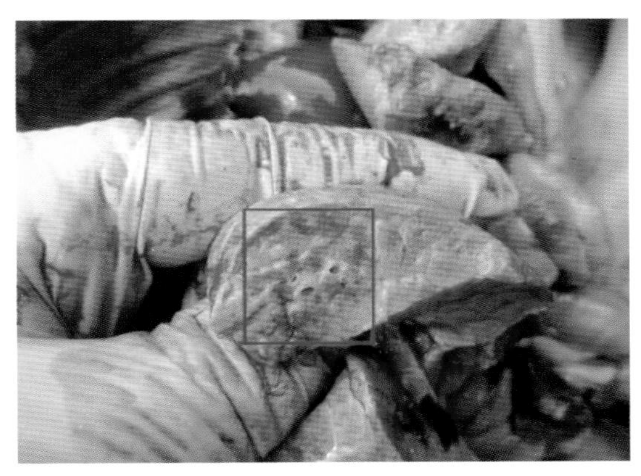
图 4-39　围绕细支气管周围的炎症区

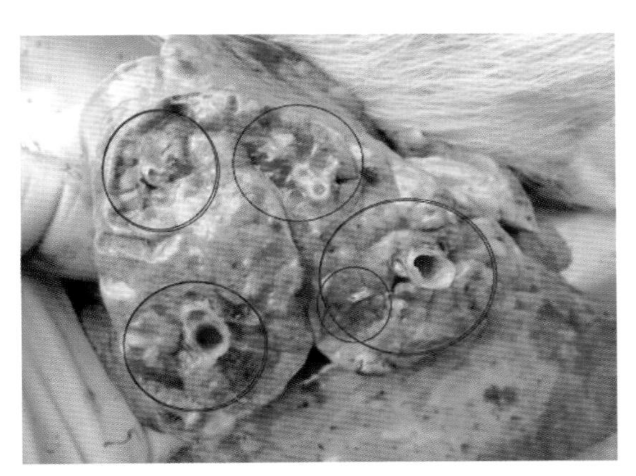
图 4-40　围绕细支气管周围的炎症区

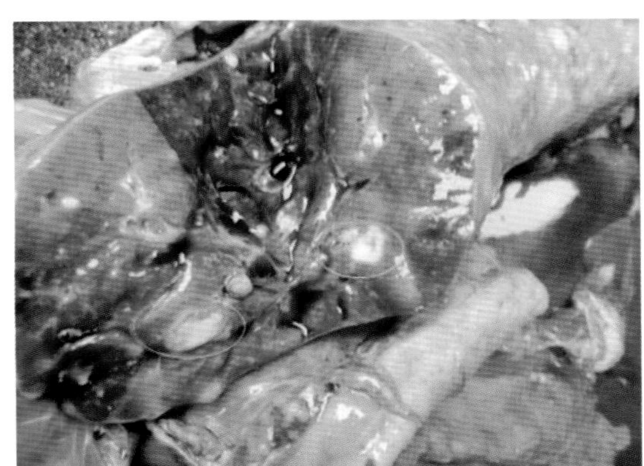
图 4-41　肺质地较硬，挤压见支气管中流出黏液脓性渗出物

（四）防治

预防：加强耐寒锻炼，防止感冒，保护猪只免受寒冷、贼风、雨淋和潮湿等的侵袭。平时应注意饲养管理，喂给营养丰富、易于消化的饲料，注意圈舍卫生并保持通风透光，空气新鲜清洁，以增强猪的抵抗力。此外，应加强对可能继发本病的一些传染病和寄生虫病的预防和控制工作。

治疗：本病的治疗原则是抑菌消炎、祛痰止咳、制止渗出、对症治疗、改善营养、加强护理等。本病的病因复杂，主要应查出病因，积极治疗原发病。

1. 抑菌消炎

治疗前最好采取鼻液做细菌药敏试验，根据结果，选择敏感药物。一般用 20% 磺胺嘧啶钠 10~20 mL，肌内注射，2 次 /d，连用数天；或用青霉素 80 万 ~160 万 U 和链霉素 100 万 U 肌内注射，2 次 /d，连用数天。

2. 祛痰止咳

当病猪频繁出现咳嗽而鼻液粘稠时，可口服溶解性祛痰剂，常用氯化铵及碳酸氢钠各

1~2 g，溶于适量生理盐水中，1 次灌服，3 次 /d。若频发痛咳而分泌物不多时，可用镇痛止咳剂，常用的有复方樟脑酊 5~10 mL 口服，2~3 次 /d；或用咳必清等止咳剂。

3. 制止渗出

静注 10% 葡萄糖酸钙 10~20mL，1 次 /d，有利于制止渗出和促进渗出液吸收，具有较好的效果。溴苄环已铵能使痰液黏度下降，易于咳出，从而减轻咳嗽，缓解症状。

4. 支持疗法

体质衰弱时，可静脉输液，补充 25% 葡萄糖注射液 200~300 mL；心脏衰弱时，可皮下注射 10% 安钠咖 2~10 mL，3 次 /d。

四、间质性肺炎

猪间质性肺炎是肺的间质组织发生炎症，炎症主要侵犯支气管壁、肺泡壁，特别是支气管、血管周围，小叶间和肺泡间隔的结缔组织，主要是增生性和浸润性炎症。

（一）病因

一般认为，猪的间质性肺炎与饲养环境以及饲喂干粉料和圈舍内的环境以及饲料本身的质量关系很大。

（1）猪群吸入粉尘：石灰、石粉、干粉饲料、霉变的粉尘、土、圈舍上面掉下来的粉尘、草尘等等。

（2）猪群吸入有害气体：二氧化碳、氨气、含氯消毒剂、烟尘、含硫气体、酚类、苯酚类、煤焦油、脂类等以及其他不利的气体。

（3）微生物感染：圆环病毒、流感病毒等因素，支原体、衣原体、副猪嗜血杆菌病、卡氏肺孢子虫病、寄生虫、真菌、霉菌等因素。

（4）药物因素：毒副作用比较大的抗生素长期大量应用，如，百消胺、激素、环磷酰胺等。

（5）肝肾损害：微循环障碍，肺部毛细血管或者毛细组织管组织栓塞，破裂，坏死等因素。

（二）临床症状

本病的最大特点是：起病隐袭，一旦发现病情加重，有明显临床症状时基本已经进入中后期，混合感染较多，控制困难，最终导致肝、肾、肺、心功能衰竭，成为预防困难、早期不易被发现、难以治疗、进行性损害的“绝症”。

早期临床症状不易察觉，进行性呼吸困难为本病特征。刺激性干咳。乏力、消瘦、关节疼痛、低热等。中晚期病猪呼吸困难，胸腹式呼吸、干咳等表现明显。此后常因流行性感冒、圆环病毒病、副猪嗜血杆菌病以及急性呼吸道感染等因素诱发和加重。逐渐出现呼吸增快，但无喘鸣，刺激性咳嗽或有呼吸困难，少数有发烧、咯血或胸腹式呼吸。严重后，出现动则气喘，呼吸困难，喜卧懒动，体重减轻，猪嘴发紫，全身发红等症。听诊可听到湿啰音。在大量使用抗生素治疗期间，由于肝肾负担过重乃至损害会出现肝肿大和下肢浮肿。

（三）剖检变化

肺病变部位灰白色，稍有实感，呈栗粒大或针头大小病灶，有时也可波及一个小肺叶或融合整个肺大叶，病灶切面平整湿润。有时病灶硬化、体积缩小发白转为慢性纤维化。这种变化是以渗出细胞成分为主；有的病变肺间质明显增宽，酷似干裂的河床，裂隙间见有半透明的胶冻状渗出液（图 4-42 至图 4-44）。

图 4-42　以渗出细胞成分为主，渗出物积聚在肺泡，间质增宽不明显。发病部位多见于隔叶

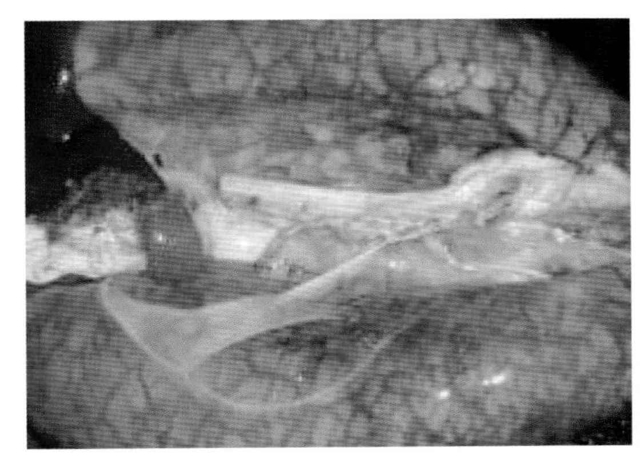

图 4-43　以渗出液体成分为主，间质明显增宽，肺外观网格状

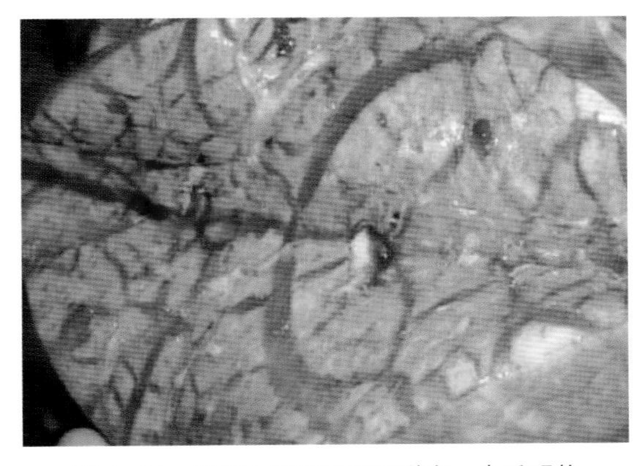

图 4-44　剖面小叶间质明显增宽，半透明状

（四）防治

1. 预防

猪舍要搞好环境卫生，防止猪吸入尘土、异物等。注意冬季保暖，防止受凉感冒。积极预防和治疗猪的呼吸系统疾病，防止转为慢性肺炎而继发本病。

2. 治疗

本病目前无特效治疗药物，治疗原则是积极控制肺泡炎症并使之逆转，进而防止发展为不可逆的肺纤维化。糖皮质激素仍为首选药物，其次为免疫抑制剂等。

①皮质激素：慢性型常规起始剂量为强的松30~40mg/日，分3~4次服用。

②免疫抑制剂：皮质激素疗效不理想时，可改用免疫抑制剂或联合用药，但效果待定。

③雷公藤多甙：具有确切的抗炎、免疫抑制作用，与激素或免疫抑制剂联合应用可减少上述两药的剂量并增加疗效，剂量为10~20mg，每日3次，口服。

3. 建议

本病发病缓慢而难以察觉、治疗无特效药物且麻烦，一般多采用人的治疗方法。用时长，且投入人力、财力大。养猪主要考虑经济利益，不像宠物那样。因此，从经济利益考虑，如无治疗价值，最好不予治疗，应及时淘汰。

第三节　血液及造血系统主要疾病

一、新生仔猪溶血性贫血

本病是由新生仔猪吃初乳而引起红细胞溶解的一种急性溶血性疾病。一般发生于个别窝仔猪中，临诊上以贫血、黄疸和血红蛋白尿为特征。

（一）病因

本病的发生，一般是由于胎儿由种公猪遗传而来的特定抗原，经由胎盘进入母体，刺激母猪产生大量的特异性抗体（溶血素等）。致死率可达100%。这种抗体可由血液进入乳汁，在初乳中含量最多。当新生仔猪吸吮初乳后，经肠黏膜吸收进入血液，使红细胞遭到溶解和破坏而引起发病。

（二）临床症状

仔猪出生后吸吮初乳后数小时或十几小时发病，表现为精神萎顿，畏寒发抖，被毛逆立，不吃奶，衰弱等，眼结膜及齿龈黏膜呈现黄色，尿呈红色或暗红色，心跳急速，呼吸加快（图4-45、图4-46）。

（三）病理变化

皮肤及皮下组织显著黄染，肠系膜、大网膜、腹膜和大小肠全带黄色（图4-47）。肝肿胀、淤血，脾稍肿大，肾充血、肿大，心内外膜有出血点或出血斑，膀胱内积存暗红色尿液。

图 4-45　眼结膜及齿龈黏膜呈现黄色，心跳急速，呼吸加快

图 4-46　精神萎顿，发抖，被毛逆立，衰弱

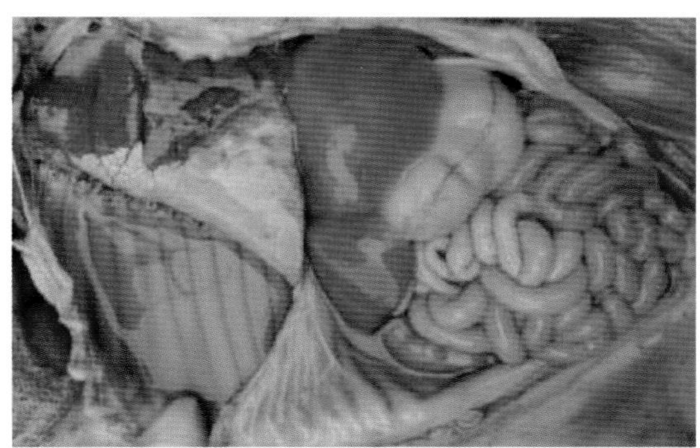

图 4-47　皮肤、皮下组织以及脏器显著黄染

（四）防治

给母猪配种时，应了解以往种公猪配种后所产的仔猪有无溶血现象，如有，则不能用该公猪配种。

当发现仔猪发生本病后，全窝仔猪应立即停止哺乳，而改用人工哺乳，或转由其他哺乳母猪代为哺乳。本病目前尚无其他特效疗法。

二、仔猪缺铁性贫血

铁缺乏症是由于机体中缺铁而引起的病症，表现为血红蛋白含量降低、红细胞数量减少、皮肤黏膜苍白，生长受阻。2~4 周龄仔猪最易患病，故又称为仔猪缺铁性贫血。

（一）临床经验

本病临床常见，散养户中，仍有约 10% 不注射铁剂，大多在 20 天左右就发病。死亡率并不高，发现后补充铁剂 1 周左右基本康复。但是，损失很大，病猪 30 日龄时的体重与正常猪相差 1.5~2kg。原因是一部分散养户前些年喂养母猪的圈舍简陋，土质地面，而且，大多养殖户从事农业耕作，从田间回来时都有带回一些青草、野菜随便扔进圈舍的习惯，母猪能获得一些营养元素。现在养猪户都是水泥地面，大多散养户在附近工厂做工，不到收种季节，一般不去田间。不喂全价料，营养已无法从其他渠道获取，这样一来容易造成营养缺乏。

（二）临床症状

仔猪一般 3~4 周龄时发病，也见于出生 1 周后的新生仔猪发病，初期可视黏膜、皮肤轻度发白，但外观膘情不差（可能与皮下水肿有关）。抵抗力下降。病情严重时，头颈明显水肿，皮肤苍白，耳有透明感，嗜睡，精神不振、脉搏加快，呼吸困难。抓捕注射针剂时，呼吸更加困难和痛苦感（活动后气短）。即使停止抓捕，也需较长的时间才能缓慢地恢复平静。严重的贫血。皮肤苍白、皱缩，大部分病例死亡较慢，精神沉郁，食欲减退，被毛粗乱无光泽，有的腹泻（图 4-48 至图 4-50）。

图 4-48　仔猪一般 3~4 周龄发病，精神沉郁，被毛粗乱无光泽，对外界刺激表现淡漠

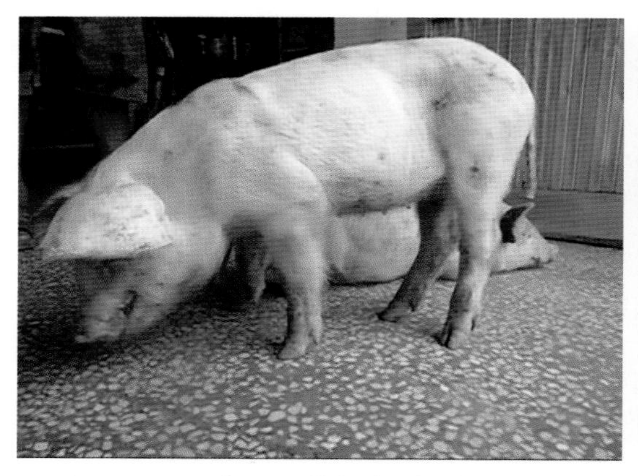

图 4-49　2 头 28 日龄仔猪，带到门诊就诊，因抓捕造成呼吸更加困难和痛苦状（活动后气短）。放在地上，较长的时间才慢慢地恢复平静

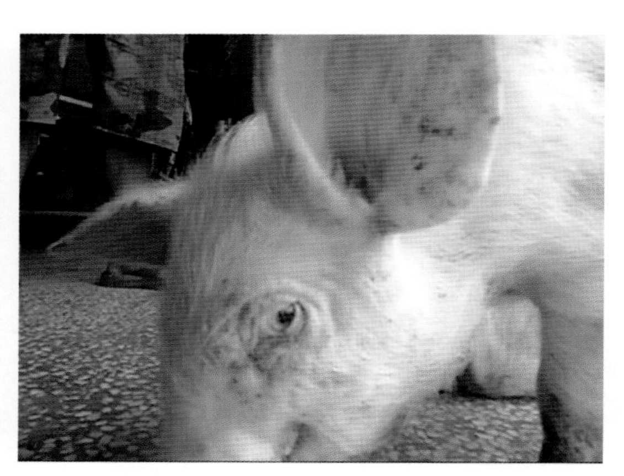

图 4-50　眼结膜、皮肤苍白，耳有透明感

（三）病理变化

皮肤、黏膜苍白。血液稀薄，呈水样。全身轻度水肿或中度水肿。腹水，肝脏肿大，呈淡黄色，肝实质少量淤血，肌肉苍白，心肌松弛，心脏扩张，与肺的比例不协调。呈斑驳状，且由于脂肪浸润呈灰黄色（图 4–51 至图 4–54）。

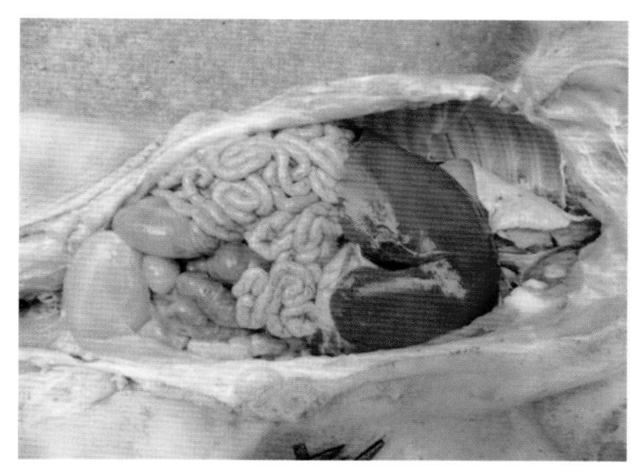
图 4–51 肝脏肿大，呈斑驳状，灰黄色

图 4–52 心肌松弛，心脏扩张，与肺的比例不协调

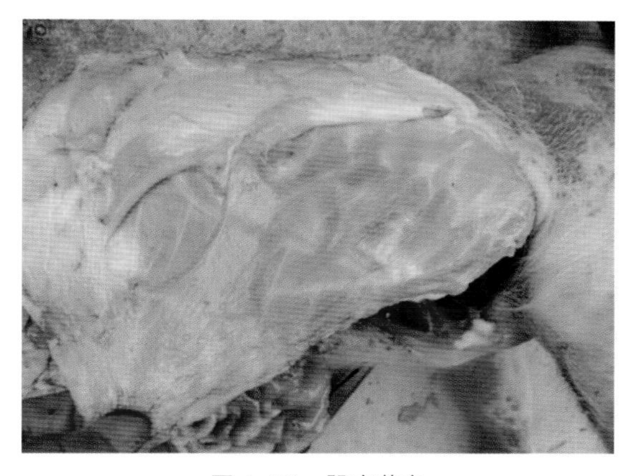
图 4–53 肌肉苍白

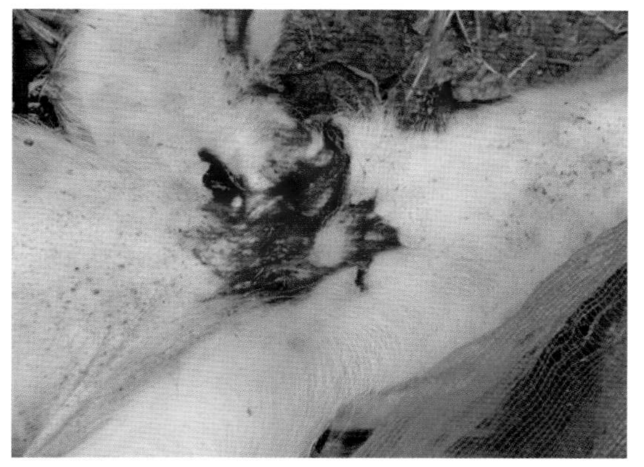
图 4–54 尸体苍白消瘦，血液稀薄

（四）治疗

深部肌内注射右旋糖酐铁注射液，1 次 2mL（每毫升含铁 50mg），深部肌内注射，一般一次即可，必要时隔周再注 1 次。

深部肌内注射葡聚糖铁钴注射液，1 次 2mL，重症患猪隔周重复注射 1 次。

仔猪可用硫酸亚铁 2.5g，硫酸铜 1g，常水 100mL，按 0.25mL/kg 体重口服，每日 1 次，连用 7~14 日；或用焦磷酸铁，每日灌服 30mg，连用 1~2 周；还原铁每次灌服 0.5~1g，每周 1 次。并配合应用叶酸、维生素 B_{12} 等；或后肢深部肌内注射血多素（含铁 200mg）1mL。

第四节　神经系统主要疾病

一、脑膜脑炎

脑膜脑炎在猪病临床上多见于猪伪狂犬病、乙型脑炎、猪链球菌病以及副猪嗜血杆菌病等引起的中枢神经系统感染性疾病。

（一）流行病学

病原不同，有不同的流行特点（略）

（二）临床症状

主要为脑膜炎症状，一般为突然发病，呈四肢行动失调、盲目转圈、空嚼、磨牙、尖叫、倒地不起、四肢抽搐、肌肉震颤、两耳直竖、头往后仰等神经症状，后躯麻痹，继而倒地不起，四肢做划水状；体温升高至40~42℃，腹泻或排干硬粪便；临死时，体温下降，昏睡至死。有的病猪关节出现不同程度的肿胀（图4-55至图4-57）。

（三）病理变化

对病死猪进行剖检，主要见脑膜充血，出血，脑切面有针尖状出血点，脑脊液浑浊，脑实质有化脓性脑炎病变。腹股沟淋巴结、肠系膜淋巴结肿大出血（图4-58）。

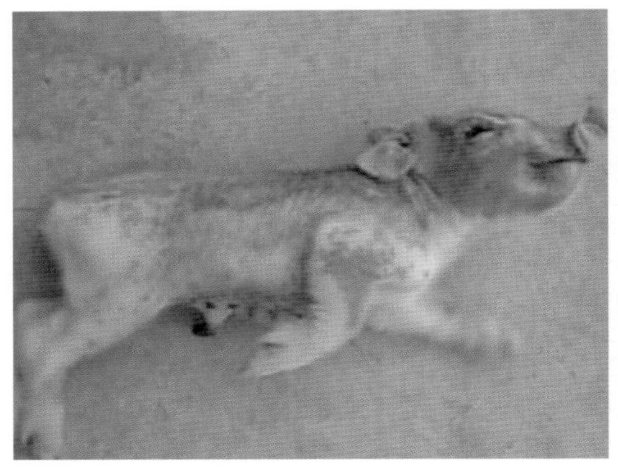

图4-55　伪狂犬神经症状

图4-56　李氏杆菌神经症状

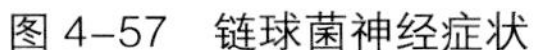

图 4–57　链球菌神经症状

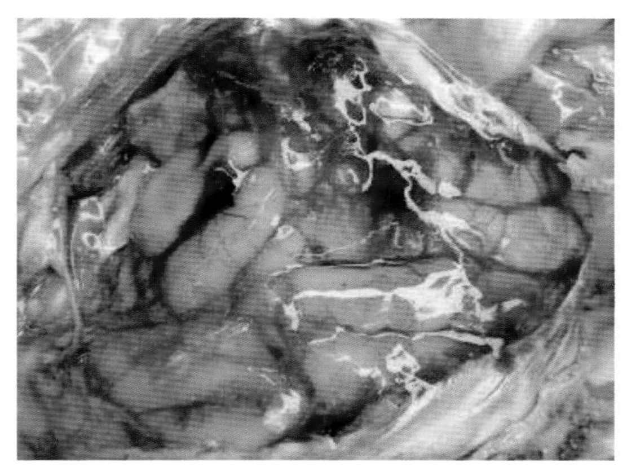

图 4–58　脑膜脑炎剖检图示

（四）防治

根据病原不同，选择合适药物（略）

二、猪癫痫

癫痫是因大脑皮层机能障碍所引起，多突然发作，迅即恢复，反复发作。它是运动、感觉和意识障碍的临床综合征。

（一）病因

由于脑组织神经原兴奋性增高而产生异常放电。脑血管痉挛性收缩，脑贫血、脑体积减小和脑脊液突然降低。由于大脑组织代谢障碍，大脑皮层或皮层下中枢受到过度刺激，以致兴奋与抑制过程间关系紊乱。脑有疾病、寄生虫、胃肠病，以及恐惧、极度兴奋和任何强烈刺激均能促发。

（二）临床症状

发生于初生的仔猪，出生后就表现症状，一般在 10 日龄症状逐渐消失。也有持续一个多月消失的，猪只由于行动不灵活，常找不到奶头吃奶而饿死，或被母猪压死。发作前无前驱症状，发作时表现不安，头、四肢、尾甚至全身肌肉抖动。震颤为持续性，表现出有节奏的阵发性痉挛。一般强直性痉挛持续 30 秒钟。痉挛减弱时即转为局部痉挛，经几十秒钟至十几分钟痉挛停止，即能起立恢复正常状态，但显得疲惫。经过一段时间会复发。有的仔猪卧下恢复，站立时又重新出现癫痫动作（图 4–59、图 4–60）。

（三）病理变化

检查通常无肉眼可见的病变。组织学变化：有明显髓鞘形成不全，小动脉轻度炎症和变性。小脑硬脑膜纵沟窦水肿、增厚和出血。

图 4-59　转圈或震颤

图 4-60　有节奏的震颤和后退

（四）治疗

对症疗法常采用西药溴化钠 1~5 g, 加水内服，每日 1 次，连续 10 天，亦可用三溴合剂（溴化钾、溴化钠和溴化铵等）喂用时，应用微量，在用药过程中，应防止溴中毒。如发现消瘦、胃卡他、湿疹等，应立即停药，并给以缓泻剂。病猪频繁出现癫痫时，可内服鲁米那，每次 0.03~0.06g, 或水合氯醛 5~10 g。仔猪的癫痫可用氧气 150~200mL，皮下注射，每日 1 次，连用 3~8 次 / 天。

三、日射病和热射病

在炎热的夏季，猪容易发生中暑。其实，中暑是日射病和热射病的统称，中兽医称之为黑汗风。

（一）发病原因

日射病及热射病的病因不同，但它们的病理过程又不能截然分开。日射病是由于猪只过久地暴露在日光直接照射下，引起生理体温升高，皮肤过热，从而使皮肤血管扩张。另一方面，因头部过热，导致脑及脑膜充血，最后导致猪只脑皮层调节机能与生命中枢紊乱（图 4-61）。

热射病是由于外界温度过高或环境湿度增高，使机体散热困难，皮肤血管充血，毛细血管网循环衰竭，而发生心机能不全，脑被动充血，肺脏发生水肿，心肌、肝、肾出现实质性营养不良，体温持续上升，最后死亡。尤其是被毛粗厚、肥胖、心肺机能不全、对热适应力差的猪只，更易诱发本病（图 4-62）。

（二）临床症状

该病一般呈现突然发病，病情剧烈，症状严重。呼吸极度困难，结膜潮红或发绀，步行不稳或横卧不起，出大汗，精神不安，口吐泡沫，心跳加速，节律不齐，瞳孔散大，视力减退，体温高达 41~43℃，最后神志昏迷，汗少而黏，痉挛，多数猪只因虚脱或心力衰竭而死。

（三）病理变化

剖检病死患猪可见，小脑和大脑皮质神经细胞坏死。心脏有局灶性心肌细胞出血、坏死和溶解，心外膜、心内膜和瓣膜组织出血；不同程度肝细胞坏死和胆汁淤积；肾上腺皮质出血。有的病例可见肌肉组织变性和坏死。

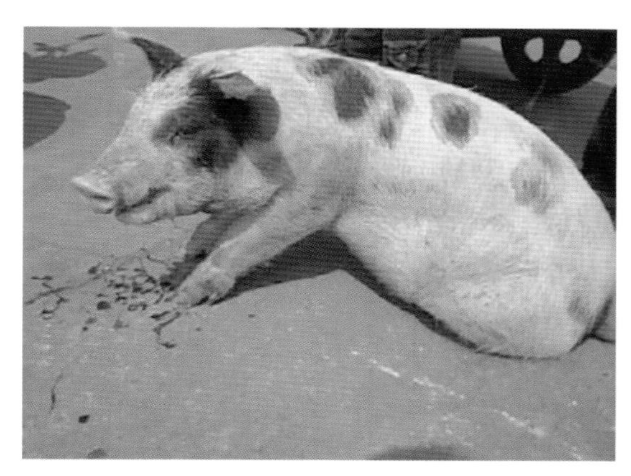

图 4-61 日射病：猪在日光下暴晒时间过长。患猪大量流涎

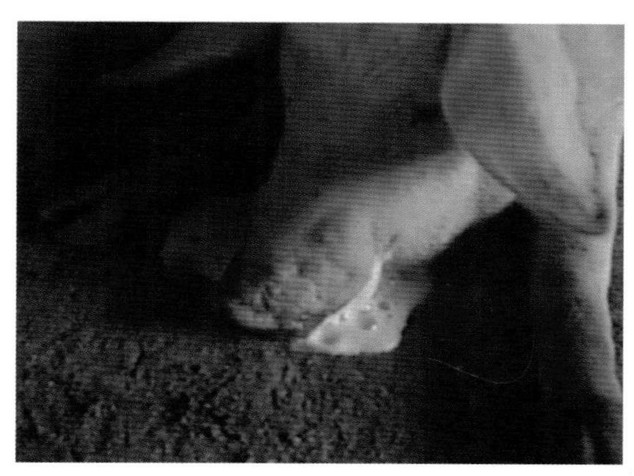

图 4-62 热射病：外界温度过高或环境湿度增高造成，猪口吐白沫

（四）治疗方法

猪只发病后，应立即转移到阴凉处，在头部和身上大量喷洒冷水，或以冷水灌肠。病畜所卧的地上也可泼水，以降低温度，减轻烦躁不安等症状。

（1）降低内热，增强心脏机能。有条件的饲养场可灌服或让病猪采食西瓜瓤和汁液，也可内服 + 滴水药液，然后，皮下注射 10% 樟脑磺酸钠或安钠咖注射液 20mL。

（2）实施放血及针灸疗法。可先放静脉血 300mL 左右，再针刺太阳、玉堂、耳尖、尾尖、四蹄等穴，然后静脉注射生理盐水 1 000mL。

（3）盐酸氯丙嗪、盐酸异丙嗪适量加入生理盐水中，静脉滴注。

预防

炎热季节在烈日下运动的时间不要太长，并多饮冷水；圈舍及运动场应搭设遮阳网或遮阳棚，避免日光直射；圈舍内应具备良好的通风条件，避免产生高湿高热环境；使用车船运输猪只时，注意不要过挤，途中常淋水和加冰块等防暑降温。

第五节　泌尿系统主要疾病

一、肾炎

单独发生很少，多与某些疾病并发或受某些化学药品刺激引起。以发热，食少，尿量少，尿色浓，水肿，尿毒症等为特征。

（一）临床病因

肾炎是肾小球、肾小管和肾脏间质组织的炎症。主要是病猪食入发霉饲料和饮有毒污水，或误食有毒植物；感冒受寒或腹部被踢及摔倒受到刺激，都能发病。流行性感冒、猪瘟、猪丹毒、口蹄疫等及其他传染病或重症胃肠炎、肺炎都可继发、并发肾炎。

（二）临床症状

病猪精神沉郁，食欲减退，体温升高。由于肾脏疼痛，背腰拱起，多卧少立，站立时后腿张开，或蜷于腹下，不愿行走，若驱赶行走，后腿不能高抬（图 4-63、图 4-64）。用力压迫肾脏部位，表现疼痛不安。病初频频排尿，每次尿液不多或滴状排出，尿液深黄或红褐色，病重停止排尿。随病情发展，在前胸和腹下、四肢下半部、头部和阴囊等处发生水肿。特别是眼睑水肿尤为明显。

（三）病理变化

因为病原、病因不同，病变差异很大。急性病变为弥散性，两侧肾脏同样程度地发

图 4-63　背腰拱起，多卧少立，站立时后腿张开

图 4-64　不愿行走，若驱赶行走，后腿不能高抬

生，肾脏稍肿胀，被膜紧张，容易剥离；触摸质地松软；肾表面呈一致的鲜红色，也称大红肾；剖开切面上皮质部略增宽；急性肾炎与肾的小点状出血的区别在于肾的小点状出血在眼观上为肾表面有小点状出血，大小、形状不一致，分布无特定部位，两侧肾不同程度地发生；亚急性的肾炎病变为弥散性，两侧肾脏同样程度地发生，肾脏均匀的显著肿大，边缘较钝圆，触摸柔软易碎，肾表面呈一致的苍白色，俗称大白肾；剖开切面上皮质部显著增宽。

（四）防治

（1）根据临床诊断，首先积极治疗原发病。

（2）对症治疗：双氢克尿塞 0.05~0.2g，用法：一次内服，每天 1~2 次，连用 3~5 天；黄连 15g、栀子 10g、生地 15g、木通 10g、泽泻 10g、黄芩 15g、茯苓 10g、甘草 15g、滑石 10g、白芍 10g，用法：煎汤一次内服。

二、膀胱炎

膀胱炎是膀胱黏膜或膀胱黏膜下层的炎症。

（一）病因

尿道有感染时，病原体侵入膀胱而引起炎症。误吃有刺激的药物（如松节油、斑蝥、甲醛等），会引起膀胱黏膜发炎。膀胱如产生结石或肾结石进入膀胱，常可因结石的机械摩擦刺激而发生膀胱炎。母猪阴道炎、子宫炎时，可蔓延至膀胱而发病。

（二）临床症状

病猪常频频排少量的尿，排尿时有痛感，有的有血尿，尿液混浊。常作排尿姿势，但每次排尿量很少，仅作滴状流出或不排尿，排出的尿臊臭，有时含有血液，多在排尿的最后出现。按压后腹部有疼痛感。体温一般正常，严重时稍升高。食欲减退或废绝，尿检时可见到白细胞、红细胞、膀胱上皮（图 4-65）。

图 4-65 常作排尿姿势，但每次排尿量很少，仅作滴状流出或不排尿

（三）病变

急性膀胱炎黏膜充血肿胀、水肿，有小点出血，黏膜面有黏液，严重时有出血或溃疡。

（四）防治

1. 预防

搞好猪圈和牧场卫生工作，防止感染细菌，使猪接近或服用能刺激膀胱的药物。

2. 治疗

用人用导尿管排出膀胱积尿，并用 0.1% 雷佛奴耳液冲洗，冲洗后注入青霉素（80 万 ~160 万 IU，先用蒸馏水 10mL 稀释）加 2% 普鲁卡因 10mL 注射入膀胱，隔天 1 次；用磺胺甲基异噁唑（新诺明，SMZ，每片 0.5g）每千克体重 0.02g/kg，乌洛托品（每片 0.3g）2~5g1 次服，12 小时 1 次，连服 3~5 天；如尿血多，用瞿麦 5~10g、地肤子、木通、地骨皮、花粉、知母、胆草、陈皮、黄芩、槟榔、地榆各 5g，水煎服，1 天 1 次，3~5 剂即见效；乌洛托品 2~5g 加氯化铵 1~2g 内服，内服小苏打每次 10g，可碱化尿液，减轻膀胱刺激，但不可与乌洛托品同用。

三、尿道炎

尿道炎是指尿道黏膜的炎症，是一种常见病，多见于，临床上分为急性和慢性、非特异性尿道炎和淋菌性尿道炎，后两种临床表现类似，必须根据病史和细菌学检查加以鉴别。多为致病菌逆行侵入尿道引起。

（一）病因

母猪的尿道炎主要是导尿时操作不慎，或因交配等原因损伤尿道，或尿道结石及有刺激性的药物随尿排出，刺激尿道而发生尿道炎。膀胱、子宫或包皮炎也能引导本病。此病公猪发病较少。

图 4–66　排尿时拱腰努责，痛苦呻吟

（二）临床症状

发病突然，病猪排尿频繁，但尿量减少。排尿时，拱腰努责，痛苦呻吟，尿少、尿频、尿急，尿色黄赤，有的尿中带有黏液、血液或脓液，舌红。阴唇频频张开，触诊有痛感。诊断：根据临床症状，可以确诊（图 4–66）。

（三）防治

方 1：野菊花 150g，熬水冲洗患部。

方 2：鲜车前草 1 000~1 500g。每天采集鲜车前草洗净、切碎，拌于饲料中喂服，连服 4 天。此方用于公猪尿道发炎，简单易行，效果明显。

方 3：取新鲜柳枝，50g 左右，水煎取汁 300mL，灌服。

四、尿路结石

动物尿道结石比较少见，大部分尿道结石是肾结石、膀胱结石经尿道或嵌顿尿道所致，也有少数是尿道狭窄、尿道异物或开口于尿道憩室中的原发尿道结石。其症状主要为排尿困难、排尿费力、有时可有尿流中断和尿潴留。

（一）临床经验

尿路结石临床上不多见，但治愈率低。死亡率较高，无治疗经验或没有治疗价值。

（二）临床症状

原发性的尿道结石早期可无疼痛症状。而继发结石患病猪常感尿道疼痛（从排尿时骚动不安可以看出）。膀胱刺激症。结石合并感染，可出现膀胱刺激症状及脓尿。如下段输尿管结石或伴感染时，就会出现尿频、尿急以及尿痛等症状；结石阻塞不完全，患猪排尿出现尿线变细、尿淋漓，由于频繁努责，有时可出现肛门突出或脱肛现象。如继发尿道结石，由于结石忽然嵌进尿道内，多骤然发生排尿中断，并有强烈尿意及膀胱里急后重，多发生急性尿潴留，可见小腹明显膨胀。一旦膀胱破裂可见全腹膨胀。后尿道结石有会阴和阴囊部疼痛。阴茎部结石在疼痛部位可摸到肿块，用力排尿有时可将结石排出。如并发细菌感染，可见脓性分泌物从尿道排出（图 4-67 至图 4-71）。

图 4-67　有排尿姿势，频频努责，尾颤抖，却无尿液排出

图 4-68　发生急性尿潴留，可见小腹明显膨胀

图 4-69　由于频繁努责，有时可出现肛门突出或脱肛现象

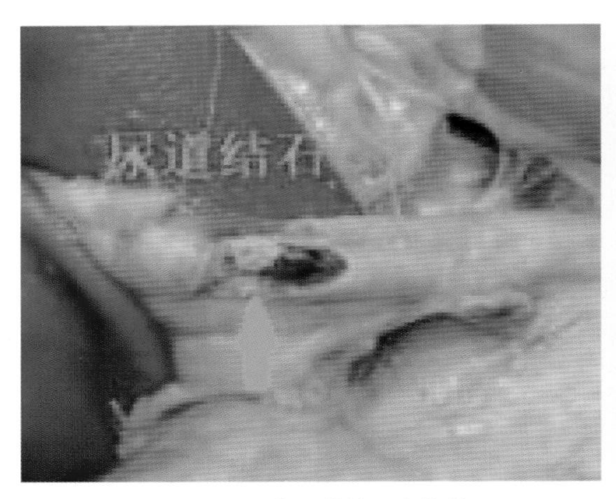

图 4-70　阴茎 S 状处石膏状结石

图 4-71　母猪膀胱结石，排尿干固后铲出石灰块状尿石

（三）防治

（1）多饮水使尿液得到稀释，钙离子和草酸根的浓度就会降低，难形成草酸钙结石。研究表明，增加 50%的尿量，可使肾结石发病率下降 86%。

（2）大豆制品（豆饼、豆粕等）含草酸盐和磷酸盐都高，能同肾脏中的钙融合，形成结石，可适当控制用量。另外，限量摄入糖类。

（3）勿过量服用富含维生素 D 的饲料，维生素 D 有促进肠膜对钙磷吸收的功能，骤然增加尿液中钙磷的排泄，势必产生沉淀，容易形成结石。

第六节　遗传性、发育性疾病

一、猪应激综合征

猪应激综合征是猪遭受多种不良因素的刺激，引发的非特异性应激反应。该病多发于封闭饲养或运输后待宰的猪，表现为死亡或屠宰后猪肉苍白、柔软和水分渗出，从而影响肉的品质。该病在国内外发病较多，给养猪业带来巨大的经济损失。

（一）病因

（1）多因受到饲养管理中某些不良环境因素的刺激时，产生应激反应，以提高机体对内外环境的适应。常见的能引起应激反应的应激原包括：感染、创伤、中毒、高温、噪声、运输、饥饿、缺氧、重新分群、运输、交配、产仔等，这些应激原刺激机体，导致机体垂体——肾上腺皮质系统引起特异性障碍与非特异性的防御反应，产生应激综合征。

（2）与遗传因素有关。该病最常发生于瘦肉型、肌肉丰满、腿短股圆而身体结实的猪，如，皮特兰猪、波中猪、兰德瑞斯某些品系猪，红细胞抗原为 H 系统血型的猪也多为应激易感猪。易感猪较容易受惊，难以管教，常表现肌肉和尾部发抖。

（二）临床症状

根据应激的性质、程度和持续时间，猪应激综合征的表现形式有以下几种：

（1）猝死性应激综合征。多发生于运输、预防注射、配种、产仔等受到强应激原的刺激时，并无任何临诊病征而突然死亡。死后病变不明显。

（2）恶性高热综合征。体温过高，皮肤潮红，有的呈现紫斑，黏膜发绀，全身颤抖，肌肉僵硬，呼吸困难，脉搏过速，过速性心律不齐，直至死亡。死后出现尸僵，尸体腐败比正常快；内脏呈现充血，心包积液，肺充血、水肿。此类型病征多发于拥挤和炎热的季节，此时，死亡更为严重。

（3）急性背肌坏死征。多发生于兰德瑞斯猪，在遭受应激之后，急性综合征持续约 2 周时，病猪背肌肿胀和疼痛，棘突拱起或向侧方弯曲，不愿移动位置。当肿胀和疼痛消退后，病肌萎缩，而脊椎棘突凸出，几个月后，可出现某种程度的再生现象。

（4）白肌病（即 PSE 猪肉）。病猪最初表现尾部快速的颤抖，全身强拘而伴有肌肉僵硬，皮肤出现形状不规则苍白区和红斑区，然后转为发绀（图 4–72、图 4–73）。呼吸困难，甚至张口呼吸，体温升高，虚脱而死。死后很快尸僵，关节不能屈伸，剖检可见某些肌肉苍白、柔软、水分渗出的特点。死后 45min 肌肉温度仍在 40℃，pH 值低于 6，而正常猪肉 pH 值应高于 6。这与死后糖原过度分解和乳酸产生有关，肉 pH 值迅速下降，色素脱失与水的结合力降低所致。此种肉不易保存，烹调加工质量低劣。有的猪肉颜色变得比正常的更加暗红，称为“黑硬干猪肉”（即 DFD 猪肉）。此种情况多见于长途运输并挨饿的猪。

（5）胃溃疡型。猪受应激作用引起胃泌素分泌旺盛，形成自体消化，导致胃黏膜发生糜烂和溃疡。急性病例外表发育良好，易呕吐，胃内容物带血，粪呈煤焦油状。有的胃内大出血，体温下降，黏膜和体表皮肤苍白，突然死亡（图 4–74）。慢性病例食欲不振，体弱，行动迟钝，有时腹痛，弓背伏地，排出暗褐色粪便。若胃壁穿孔，继发腹膜炎死亡。有的猪只在屠宰时才发现胃溃疡。

（6）急性肠炎水肿型。临诊上常见的仔猪下痢、猪水肿病等多为大肠杆菌引起，与应激反应有关。因为在应激过程中，机体防卫机能降低，大肠杆菌即成条件致病因素，导致非特异性炎性的病理过程。

（7）慢性应激综合征。由于应激原强度不大，持续或间断反复引起的反应轻微，易被忽视。实际上它们在猪体内已经形成不良的累积效应，致使其生产性能降低，防卫机能减弱，容易继发感染引起各种疾病的发生。其生前的血液生化变化，为血清乳酸升高，pH 值下降，肌酸磷酸激酶活性升高。

图 4–72　皮肤红白相间，尾、肌肉震颤

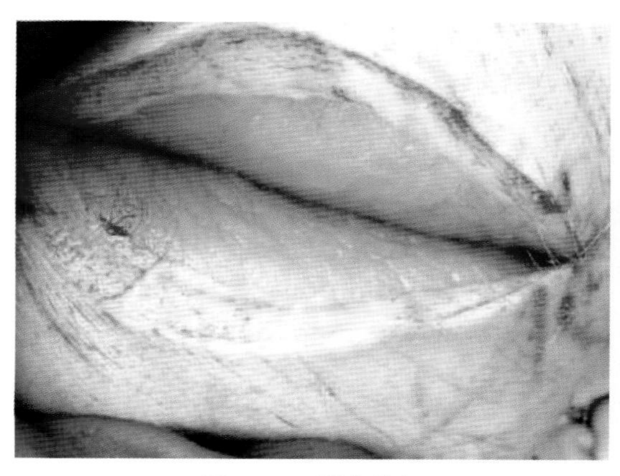

图 4–73　肌肉苍白

图 4–74　急性死亡，皮肤苍白，膘情良好

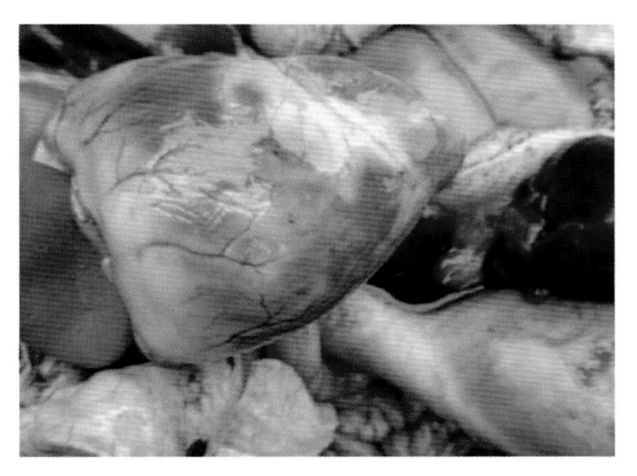

图 4-75　有的病例可见心肌出血点

图 4-76　肾上腺肿大出血

（三）防治

治疗原则就是镇静和补充皮质激素。首先，转移到非应激环境内，用凉水喷洒皮肤。症状轻微的猪可自行恢复，但皮肤发紫、肌肉僵硬的猪则必须使用镇静剂、皮质激素和抗应激药物。如选用盐酸氯丙嗪作为镇静剂，剂量为 1~2mg/kg 体重。一次肌肉注射，或安定 1~7mg/kg 体重，一次肌肉注射。也可选用维生素 C、亚硒酸钠维生素 E 合剂、盐酸苯海拉明、水杨酸钠等。使用抗生素以防继发感染，可静脉注射 5% 的碳酸氢钠溶液防止酸中毒。

预防

（1）应加强遗传育种、选育繁殖工作。通过氟烷试验或肌酸磷酸激酶活性检测和血型鉴定，逐步淘汰应激易感猪。

（2）尽量减少饲养管理等方面的应激因素对猪产生压迫感而致病。如，改善饲养管理，减少各种噪音，避免过冷或过热、潮湿、拥挤，减少驱赶、抓捕、麻醉等各种刺激。运输时避免拥挤、过热，屠宰前避免驱赶和用电棒刺激猪。在可能发生应激之前，使用镇静剂氯丙嗪、安定等并补充硒和维生素 E，从而降低应激所致的死亡率。

二、玫瑰糠疹

玫瑰糠疹又称为银屑样脓疱性皮炎，是在皮肤上发生的外观呈环状疱疹的脓疱性炎，发病部位多见于躯干和四肢近端。病初在患部的皮肤上出现小片状隆起的红斑和小红泡，周围的边缘快速形成隆起的圈围，因其外周呈红玫瑰色隆起并附着灰黄色糠麸状鳞屑，故称为玫瑰糠疹。本病不具传染性，与遗传有关，多见于 3~14 周龄猪。

（一）临床经验

某些大型养猪场更换部分种猪后，新更换的母猪所产的仔猪中出现数量不等的病猪，而原场母猪所产的仔猪都没有出现过此病，可能是病猪与父本或母本的遗传性有关。临床上患有该病的猪所产仔猪更易患病，长白猪发病率更高。当断奶仔猪存栏密度高，且饲养环境高温、高湿，猪的病情会加重。该病的病变损害症状与钱癣相似，可通过实验室微生物检验确诊。

（二）临诊症状

皮肤病变主要见于腹部和四肢近端，偶见全身。病变最初为小的红斑丘疹，以后增大为直径 1~2cm 环状红斑，边缘明显，中央覆盖薄的、干燥的灰黄色松散的糠麸状鳞屑，有时呈镶嵌式融合成片状（图 4–77、图 4–78）。病猪发育停滞、消化紊乱、厌食、腹泻和呕吐。

（三）病理变化

皮肤增厚、干燥、玫瑰红色，表面散布数量不等的鳞屑，肌肉暗红、干瘪（图 4–79）。实质器官除体积比正常减少外不见其他异常。

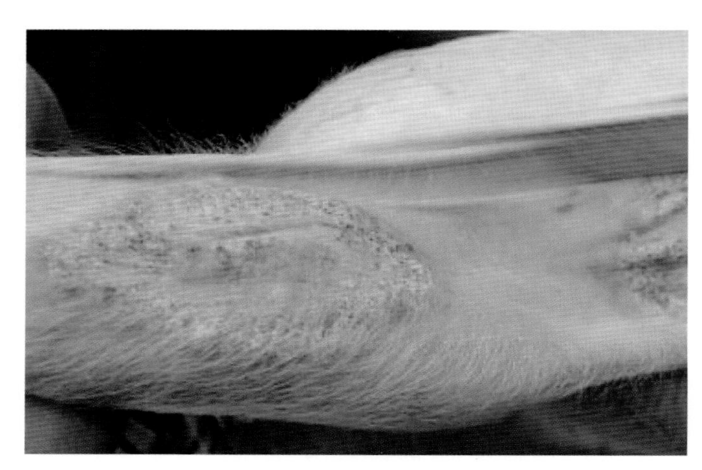

图 4–77　对称状环状红斑

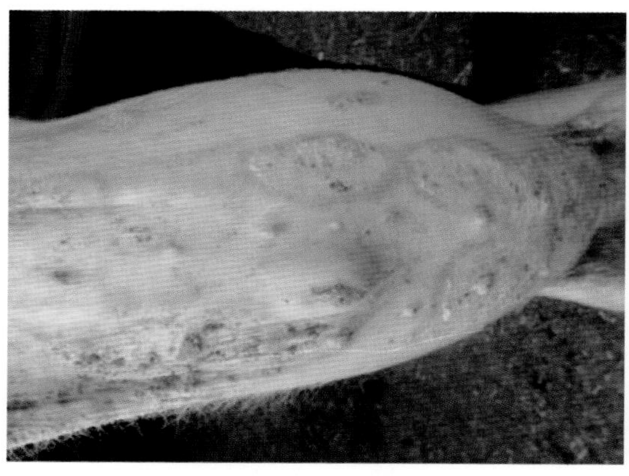

图 4–78　疹块融合成大片

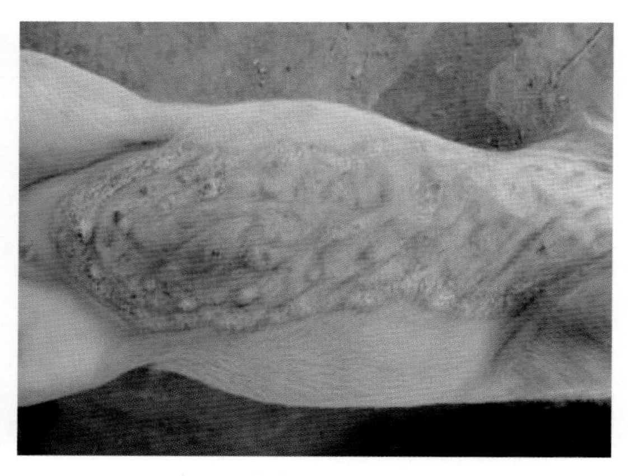

图 4–79　环状皮损部覆盖糠麸状鳞屑

（四）治疗

该病无特效疗法，一般经过 4~8 周可以自愈，较严重的，可用 5% 水杨酸软膏或含碘的石蜡油滋润患部皮肤，肌注地塞咪松和维生素 C。应注意皮肤卫生，为防止继发感染，可连续注射青链霉素 4~5 天。

另外，可通过淘汰有这种遗传倾向的母猪或公猪来净化猪群，对发病的猪不能自愈的应淘汰。

三、上皮增殖不全

上皮增殖不全是侵害猪四肢下端和背部皮肤的一种先天性遗传病，又称上皮增殖缺陷。主要发生于个别仔猪、极少见于整窝仔猪。

（一）临床体会

本病在临床上发生率较低。上皮增殖不全的部位多见于仔猪背部，面积占后躯皮肤的 1/3 至 1/2。

（二）临诊症状

新生仔猪背部、四肢皮肤无上皮，表观红色、光亮、面积大，久之被黑色结痂覆盖（图 4-80）。上皮增殖不全的发生部位与周边正常皮肤有着明显的分界线。

（三）病理变化

随着时间延长，上皮增殖不全部位可发生结痂龟裂、脱落（图 4-81），皮肤出血等变化。

图 4-80　刚出生仔猪上皮鲜红，久之结痂

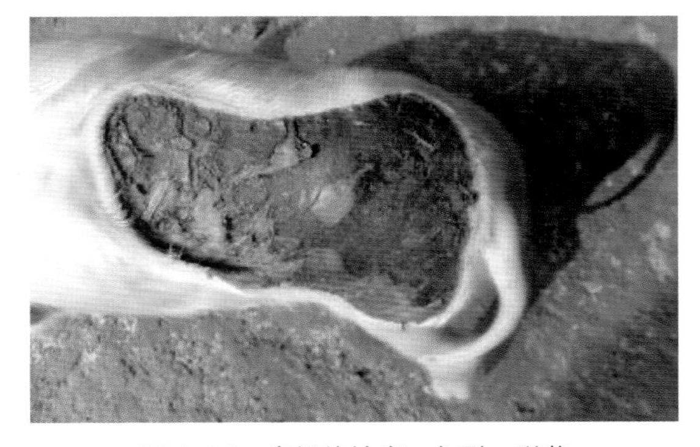

图 4-81　皮损处结痂、龟裂、脱落

（四）治疗

本病为先天性遗传病，无特异性治疗措施。可在上皮增殖不全的部位涂抹红霉素软膏，以防止其他细菌病继发感染。

第五章　猪常见外科病

一、脓肿

在猪的任何组织或器官中形成的局限性蓄脓腔洞称脓肿。各种化脓菌通过损伤的皮肤或黏膜进入猪体内而导致发病。多与外伤有关，猪发病最为常见的部位在颈部。其主要原因是颈部注射给药时消毒不严所致，另外，尖锐物体的刺伤或手术时局部污染也可导致本病发生。

（一）临床经验

本病临床较常见，但损失小。常见的原因是注射部位感染，肌内注射油乳剂灭活疫苗时，尖锐物体的刺伤或手术时局部造成污染所致。多种细菌都能造成脓肿。如葡萄球菌、链球菌、大肠杆菌、绿脓杆菌以及腐败性致病菌等。近几年来，高密度饲养条件下易造成咬尾，是猪感染链球菌的重要途径之一，这种感染是造成猪深部脓肿（如肺脓肿）的主要原因。

（二）临床症状

脓肿初期局部肿胀而稍高出于皮肤表面。表现红、肿、热、痛等反应（图 5-1）。以后肿胀的界限逐渐清晰并在局部组织细胞、致病菌和白细胞崩解破坏最严重的地方开始软化并出现波动，由于脓汁溶解表层的脓肿膜和皮肤，脓肿可自溃排脓。

另外，深层肌肉、肌间及内脏器官也可出现脓肿，由于脓肿部位深，外面又被覆较厚的组织，称深在性脓肿。这种脓肿增温的症状常常见不到，但常出现皮肤及皮下结缔组织

图 5-1　注射感染：脓肿初期局部肿胀而稍高出于皮肤表面。触诊时局部温度增高，坚实有剧烈的疼痛反应

的炎性水肿，触诊时，有疼痛反应并常有指压痕。如果深在性脓肿不能及时切开，其脓肿膜在脓汁作用下容易发生变性坏死，最后在脓汁的压力下可自行破溃。由于病猪从局部吸收大量的有毒分解产物而出现明显的全身症状，严重者还可能引起败血症（图 5–2、图 5–3）。

图 5–2 关节损伤造成脓肿，中期肿胀的界限模糊

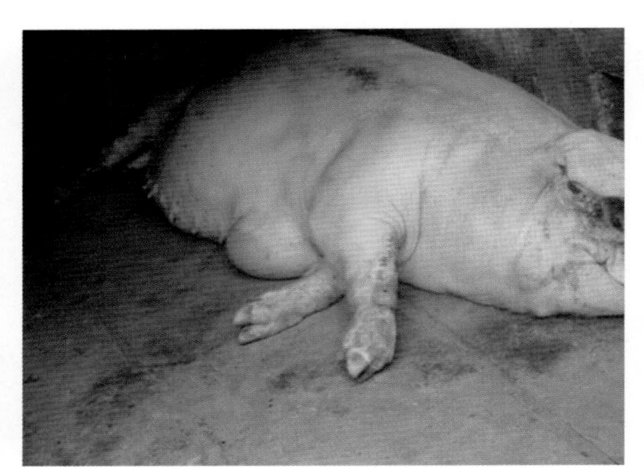
图 5–3 经产母猪乳房炎性脓肿

（三）治疗

1. 消炎、止痛及促进炎症产物消散吸收

主要是查明病因，有针对性选用抗生素。除了用抗生素消炎外，当肿胀部位正处于急性炎性细胞浸润阶段，可局部涂擦樟脑软膏等，以抑制炎症渗出，且具有止痛的作用；对炎症部位进行冷敷，以减缓炎症扩散速度。当炎性渗出停止后，用热敷以促进炎症产物的消散吸收。

2. 手术疗法

促进脓肿的成熟：局部用鱼石脂软膏、鱼石脂樟脑软膏等温热疗法等以促进脓肿的成熟。当脓肿成熟后可自溃排脓，手术排脓也可。具体做法下如。

（1）抽出脓汁法：适用于关节部脓肿膜形成良好的小脓肿。用注射器将脓肿腔内的脓汁抽出，然后用生理盐水反复冲洗脓腔，排空腔中的液体，同时，注入混有青霉素的溶液。

（2）切开脓肿法：选择切口波动最明显且易排脓的部位（注：必须是在脓肿成熟后）。切口要纵向切开，以利脓汁的顺利排出（切开时，注意不要伤及对侧的脓肿膜）。深在性脓肿切开时，亦进行分层切开，并应用结扎等方法进行止血，以防引起脓肿的致病菌进入血循环，而被带至其他组织或器官发生转移性脓肿。脓肿切开后，脓汁要尽可能排干净，但是，切忌用力压挤或用棉纱等用力擦拭脓肿膜，这样有可能损伤脓肿腔内的肉芽面，使感染扩散。对浅在性脓肿，可用防腐液或生理盐水反复清洗脓腔。最后用脱脂纱布轻轻吸出残留在腔内的液体。

（3）摘除脓肿法：常用以治疗脓肿膜完整的浅在性小脓肿。此时需注意勿刺破脓肿膜，预防新鲜手术创被脓汁污染。

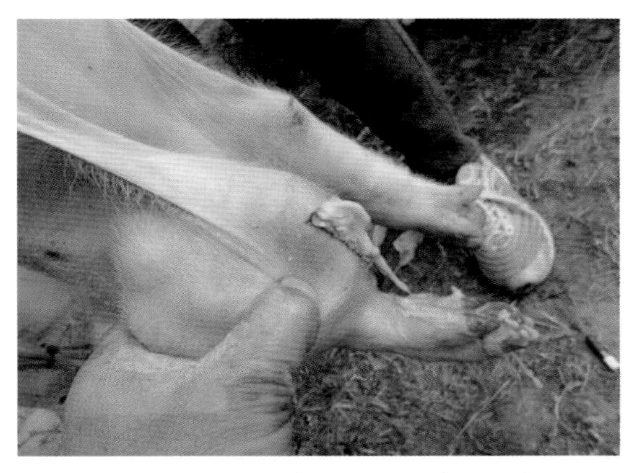

图 5-4　手术排脓，开口尽量朝向下方

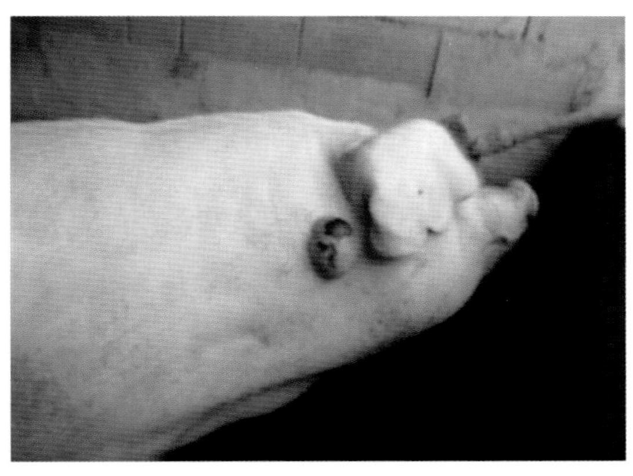

图 5-5　注射油乳剂灭活疫苗时，最易产生结节或导致化脓

二、血肿

血肿是由于种种外力作用，主要是钝性外力作用致使软组织非开放性损伤，也见于骨折、刺创或火器伤时，导致血管破裂、溢出的血液分离周围组织，形成充满血液的腔洞。广泛性或局限性皮肤、黏膜下出血，形成皮肤黏膜的红色或暗红色色斑，直径约 3~5mm 或更大，压之退色者称为紫癜。通常直径在 2mm 以内者称出血点，大于 5mm 者称为瘀斑，局部隆起或有波动感者则为血肿。

（一）临床经验

多见于猪只相互踩踏。

（二）临床症状

钝性外力作用下很快形成病变。病变部位饱满并有波动感；周围坚实且有捻发音，局部增温；穿刺有血水流出（图 5-6 至图 5-8）。

（三）治疗

制止溢血，防止感染并排除积血。对刚发生的血肿的部位采取压迫止血法，或注射止血剂。经 4~5 日可穿刺或切开血肿，排除积血和凝血块及挫伤组织。如继续血肿，可结扎断裂血管。清理创腔后，皮肤创口可进行开放式缝合（图 5-9）。

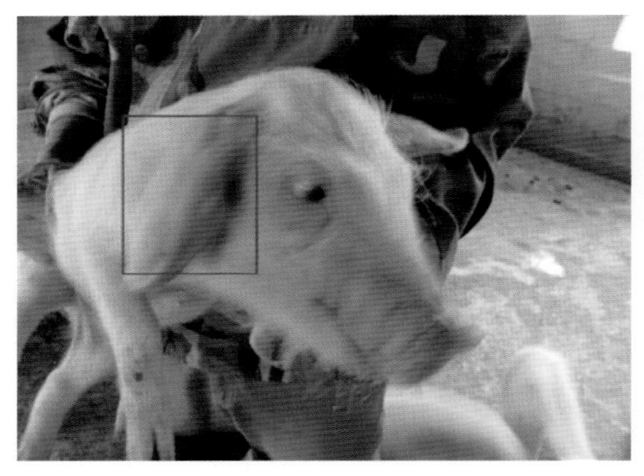

图 5-6　耳部血肿（注意淋巴外渗也有此症状）

图 5-7　耳部血肿

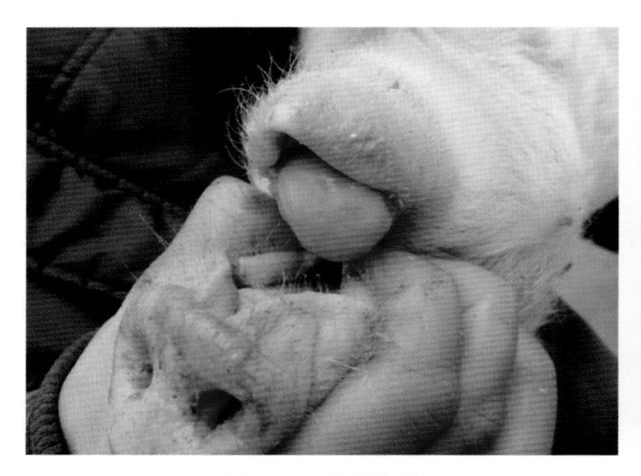

图 5-8　舌面血肿

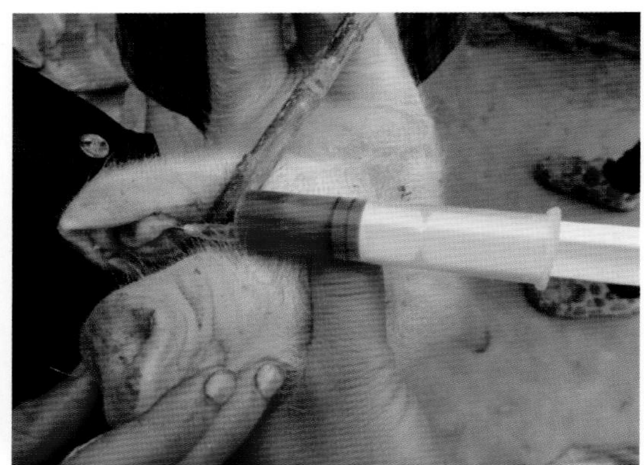

图 5-9　穿刺或切开血肿

三、淋巴液外渗

在钝性外力作用下，特别是斜方向的外力强力滑擦体表，引起淋巴管破裂，大量淋巴液积聚在周围组织内的一种非开放性损伤。如跌倒、猪只间相互踩踏、墙壁门框擦挤等等都可造成。

（一）临床经验

1 月龄以内仔猪常见。

（二）临床症状

临床表现肿胀形成缓慢，无热无痛，柔软波动，穿刺排出澄色透明的液体。多发于淋巴管丰富的皮下结缔组织内，于受伤后 3~4 天逐渐形成肿胀，没有明显的界限，呈明显的波动感（图 5-10）。淋巴液大量蓄积时，呈暴满状。局部炎症反应轻微，也无明显的全身症状。肿胀部位穿刺流出橙黄色稍透明液体。 液体有时混有少量的血液。病程长的淋巴液析出纤维素块，如继续刺激局部，可造成局部组织增生，使发病部位呈坚实感。

（三）治疗

（1）95% 酒精溶液 100mL、福尔马林 1mL、5% 碘酊数滴。用法：穿刺抽出淋巴液后注入，片刻后再抽出。必要时可再注入。

（2）青霉素 480 万 IU、注射用水 20mL。用法：一次肌内注射，每日 2 次，连用数日。注：重症可患部切开，排出淋巴液，用浸 95% 酒精或 95% 酒精福尔马林溶液的纱布填塞创腔，皮肤假缝合（图 5-11、图 5-12）。

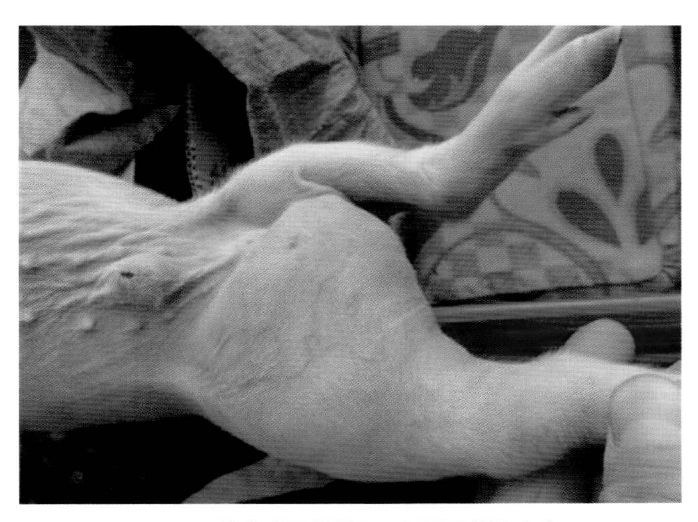

图 5-10　没有明显的界限，呈明显的波动感

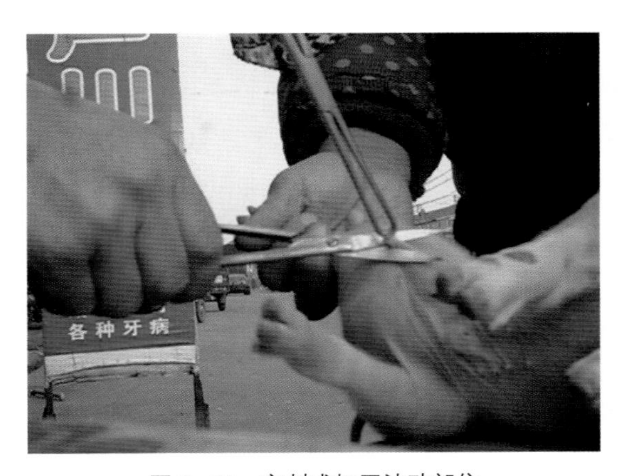

图 5-11　穿刺或切开波动部位

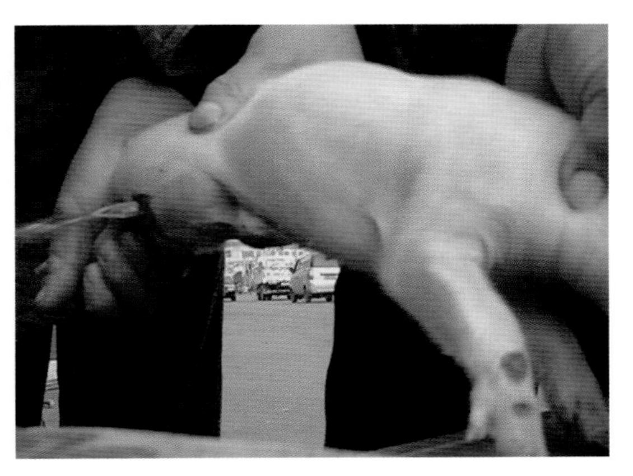

图 5-12　排出淋巴液

四、阴囊疝及其修复

猪腹股沟阴囊疝，常见于公猪，包括鞘膜内阴囊疝和鞘膜外阴囊疝两种。腹腔脏器经过腹股沟管进入鞘膜腔时称鞘膜内阴囊疝；肠管经腹股沟内孔稍前方的腹壁破裂孔脱至阴

囊皮下、总鞘膜外面时，称鞘膜外阴囊疝。

（一）临床经验

猪腹股沟阴囊疝，临床上最为常见，影响生长，大多不易死亡。但造成肠嵌闭时，可很快死亡。手术方法较多，且手术简单，易根除。

（二）临床症状

猪腹股沟阴囊疝，常见于公猪，包括鞘膜内阴囊疝和鞘膜外阴囊疝两种。腹腔脏器经过腹股沟管进入鞘膜腔时称鞘膜内阴囊疝；肠管经腹股沟内孔稍前方的腹壁破裂孔脱至阴囊皮下、总鞘膜外面时，称鞘膜外阴囊疝。

鞘膜内阴囊疝时，患侧阴囊明显增大，触诊柔软且无热无痛，有时能自动还纳（图5-13）。如若嵌闭，则阴囊皮肤水肿、发凉，并出现剧烈疝痛症状，若不立即施行手术，就有死亡危险。

鞘膜外阴囊疝时，患侧阴囊呈炎性肿胀、开始为可复性的，以后常发生粘连。外部检查时，很难与鞘膜内阴囊疝区别，可触诊其扩大了的腹股沟外孔。

（三）手术治疗

猪腹股沟阴囊疝的治疗（图5-14至图5-18）。

局部麻醉后，将猪后肢吊起，肠管自动缩回腹腔。术部剪毛、洗净，消毒后切开皮肤分离浅层与深层的筋膜，而后将总鞘膜剥离出来，从鞘膜囊的顶端沿纵轴捻转，此时疝内容物逐渐回入腹腔。

猪的嵌闭性疝往往有肠粘连、肠臌气，所以，在钝性剥离时要求动作轻巧，稍有疏忽就有剥破的可能。在剥离时用浸以温灭菌生理盐水的纱布慢慢地分离，对肠管轻压迫，以减少对肠管的刺激，并可减少剥破肠管的危险。

在确认还纳全部内容物后，在总鞘膜和精索上方打一个去势结，然后切断，将断端缝合到腹股沟环上，若腹股沟环仍很宽大，则必须再作几针结节缝合，皮肤和筋膜分别作结节缝合。术后不宜喂得过早、过饱，适当控制运动。图片显示实际操作与理论有一定距离，因拍摄时条件所限，操作不规范，只供大家参考：

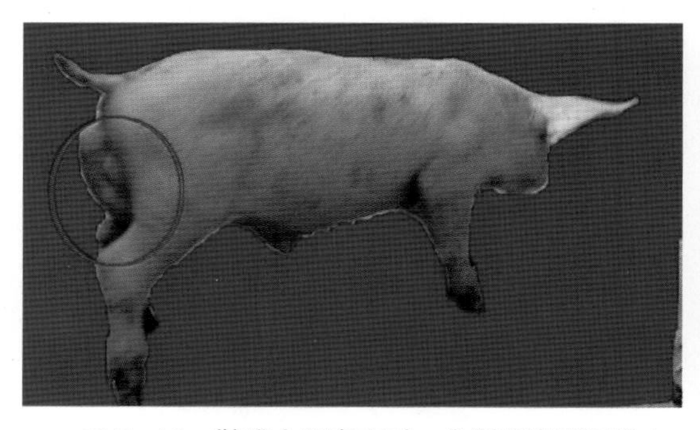

图5-13　鞘膜内阴囊疝时，患侧阴囊明显增大，触诊柔软且无热无痛

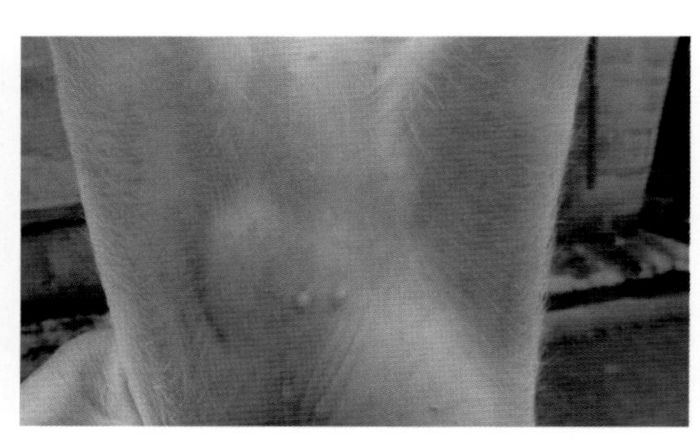

图5-14　（倒立手术法）有时能自动还纳

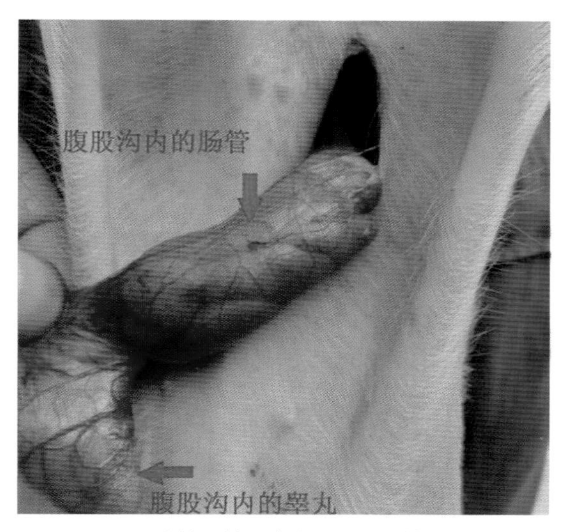

图 5–15　分辨肠管和睾丸后，将肠管送回腹腔

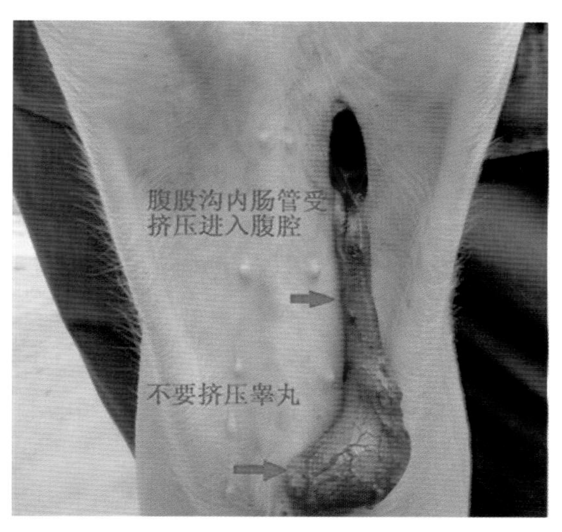

图 5–16　肠管被挤压进入腹腔

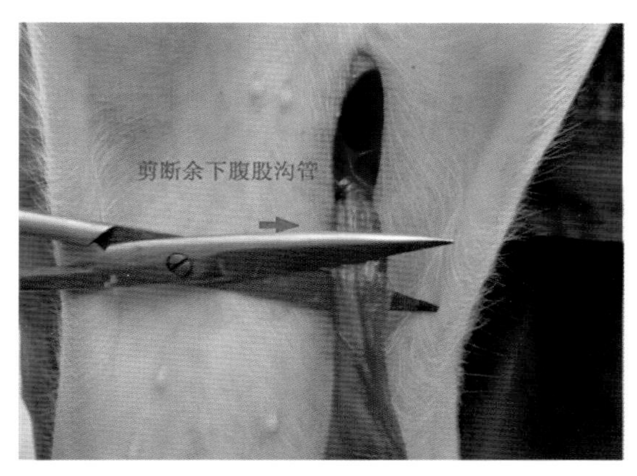

图 5–17　结扎部位外侧 2~3 厘米处，剪断腹股沟管

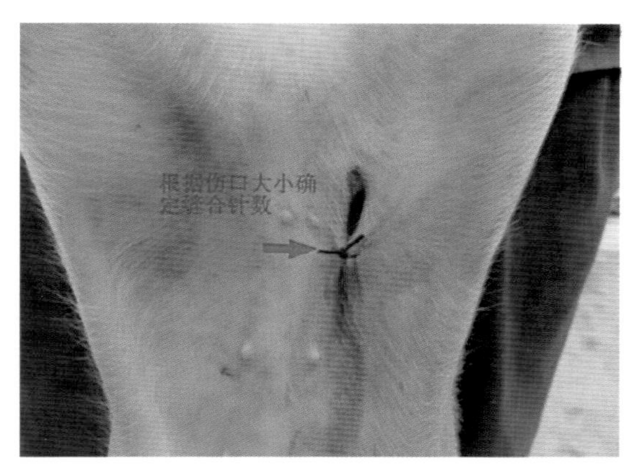

图 5–18　开放式缝合

五、隐睾

隐睾是指小公猪出生后单侧或双侧睾丸未降至阴囊，而停留在其正常下降过程中的任何一处。也就是说阴囊内没有睾丸或仅有一侧有睾丸。而睾丸隐藏在腹腔或腹股沟皮下，而不在阴囊里。

（一）临床经验

在临床手术时，部分兽医常把肾脏误认为睾丸摘除，造成不必要的损失。因此，在腹腔探摸睾丸时，一定要注意睾丸与肾的鉴别，腹腔中的睾丸是游离的，而肾是固定的。

（二）临床症状

患猪一般无任何症状。仔细观察可见阴囊一侧或双侧空虚，触诊无睾丸，有时在腹股沟区可触及包块，压迫有痛感（图 5-19）。

（三）手术治疗

右侧卧保定，背向术者，术者右脚踩在猪耳后的颈 部，助手将两后肢拉直，并加固定。

1. 手术部位

①站立定位法：在髋结节前下方 5~10cm，相当于肷部（腹胁部）三角区的中央，即为手术部位。

②侧卧保定后定位法：在髋结节和膝前皱襞前角连线的中点，即为术部。 以上两种定位方法，任选一种都可，如能两种方法结合起来定位更为准确。

2. 手术方法（图 5-20 至图 5-24）

（1）术部清洗、拭干。消毒。切开皮肤和穿透腹壁：左手拇指按定术部，右手持刀向后下方作长 3~5cm 的月牙形切口，再用食指戳穿腹肌，然后食指稍向腹后移动，趁猪嚎叫时，迅速一次穿通腹膜。

（2）探摸睾丸：用右手食指伸入腹腔，沿腹壁向背侧由前向后探摸。睾丸一般位于肾后方，个别在骨盆内，当在肾后摸到质硬且有弹性似猪肾的感觉时，就是睾丸（肾是固定的，睾丸是游离的），然后，紧贴于腹壁向外将其钩出，将钩出的睾丸放在创口外。重新插入食指，通过直肠下方到对侧探摸对侧睾丸，同上法钩出。为避免睾丸在钩拉中滑脱，当食指将睾丸压定在左侧腹壁时，右手拇指同时在腹壁外侧与食指相对用力下压，加以协助。将勾出后的睾丸精索等反复捻挫至挫断。

（3）睾丸切除后，用右手食指送入近腹断端，再沿着腹腔内壁轻轻旋转滑动几下，以便整理肠管，防止肠管脱入创口内。在创口撒布青霉素粉末，缝合创口内外层。

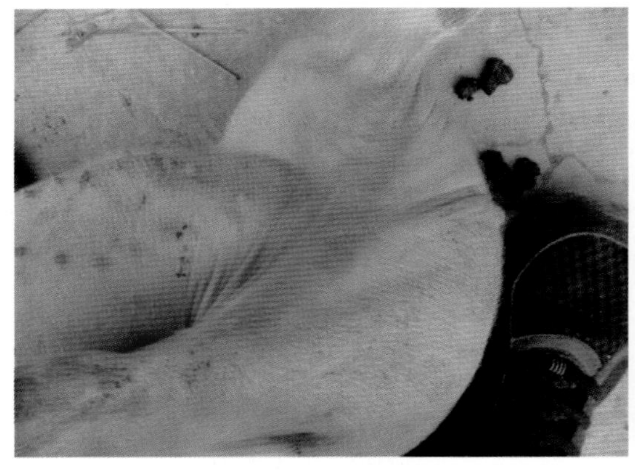

图 5-19　阴囊内没有睾丸

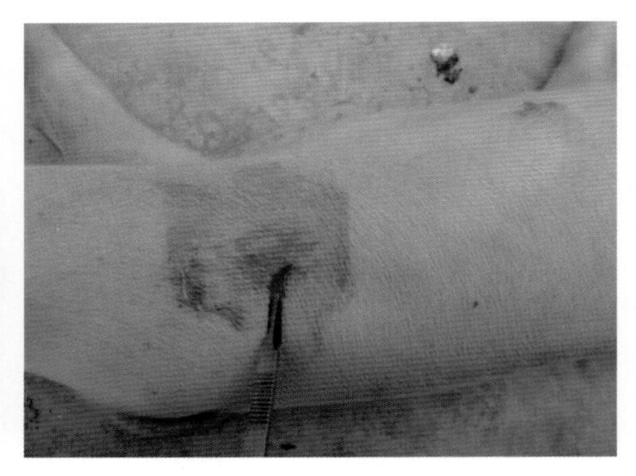

图 5-20　手术部位剃毛

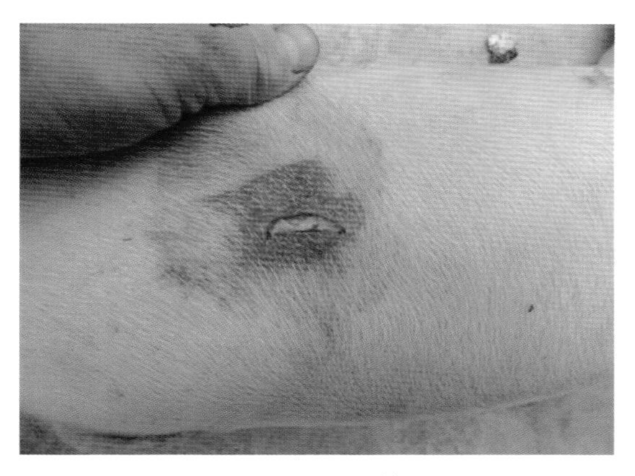

图 5-21　月牙形切口

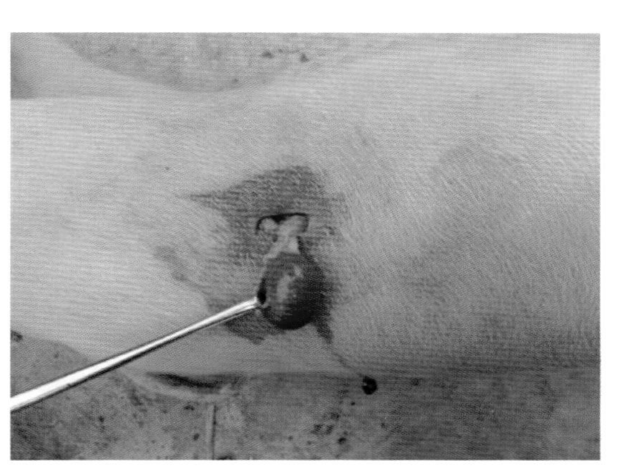

图 5-22　探摸睾丸并拉出

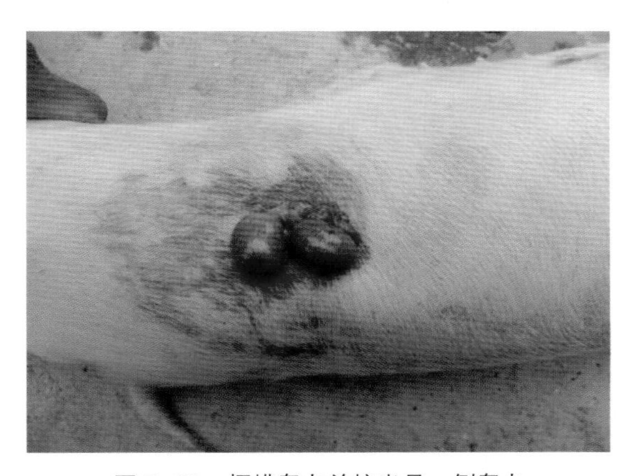

图 5-23　探摸睾丸并拉出另一侧睾丸

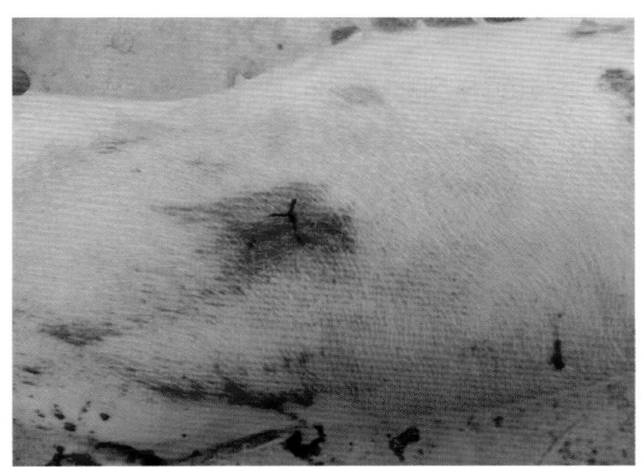

图 5-24　术部撒布青霉素粉并根据伤口大小，确定缝合针数

六、脐疝

脐疝是指腹腔内容物由脐部薄弱缺损处突出的腹外疝。脐位于腹壁正中部，在胚胎发育过程中的最晚闭合的部位。同时，脐部缺少脂肪组织，使腹壁最外层的皮肤、筋膜与腹膜直接连在一起，成为腹壁最薄弱的部位，腹腔内容物容易于此部位突出形成脐疝。

（一）临床实践

猪脐疝较常见，手术需要细致，容易复发。猪脐疝是由于肠管通过脐孔进入皮下而形成的一个核桃至拳头大的球形肿胀，脐疝的内容物多为小肠及网膜（图 5-25）。以仔猪比较常见，多数属先天性（图 5-26）。因腹部张力大，较大脐疝如手术不规范，极易复发。

（二）临床症状

病猪精神、食欲不受影响。如不及时治疗，下坠物可能逐渐增大。如果疝囊内肠管发生阻塞或坏死，病猪则出现全身症状，极度不安，厌食，呕吐，排粪减少，臌气，局部增温，硬固，有痛感，体温升高，脉搏加快。如不及时进行手术治疗，可引起死亡。

用手按压脐疝时柔软，无红热及疼痛等炎性反应，容易把疝内容物推入腹腔中，但当手松开和腹压增高时，又突出至脐外，同时能触摸到一个圆形脐轮。

（三）防治

1. 非手术疗法

凡疝轮较小的幼龄猪只，可在摸清疝孔后，用95%酒精或碘液或10% ~15%氯化钠溶液等刺激性药物，在疝轮四周分点注射，每点注射3~5ml，以促使疝孔四周组织发炎而瘤瘢化，使疝孔重新闭合。

2. 手术疗法

手术前给猪停食1~2顿，仰卧保定，患部剪毛，洗净，消毒；用1%普鲁卡因10~20ml作浸润麻醉。手术部位按无菌操作要求，小心地纵形切开皮肤，将肠管送回腹腔，多余的囊壁及皮肤作对称切除，撒抗菌消失药于腹腔内，将疝环作烟包缝合，以封闭疝轮，撒上消炎药，最后结节缝合皮肤，外涂碘酊消毒（图5-27、图5-28）。

如果肠与腹膜粘连，可用外科刀小心地切一小口，用手指伸入选行分离，剥离后再按前述方法处理及缝合。

手术结束后，病猪应饲养在干燥清洁的猪圈内，喂给易消化的稀食，并防止饲喂过饱。限制剧烈跑动，防止腹压过高。手术后用绷带包扎，保持7~10天，可减少复发。

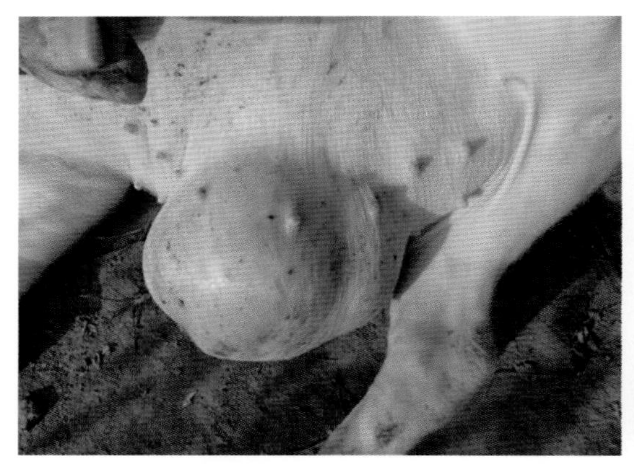

图5-25　肠管通过脐孔进入皮下而形成的一个核桃至拳头大的球形肿胀，脐疝的内容物多为小肠及网膜

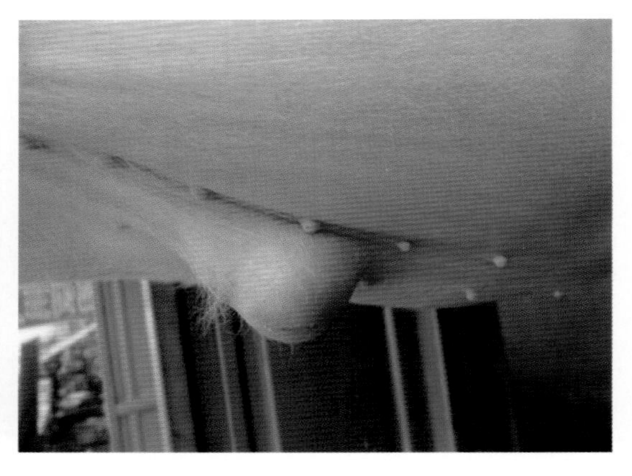

图5-26　乳猪脐疝

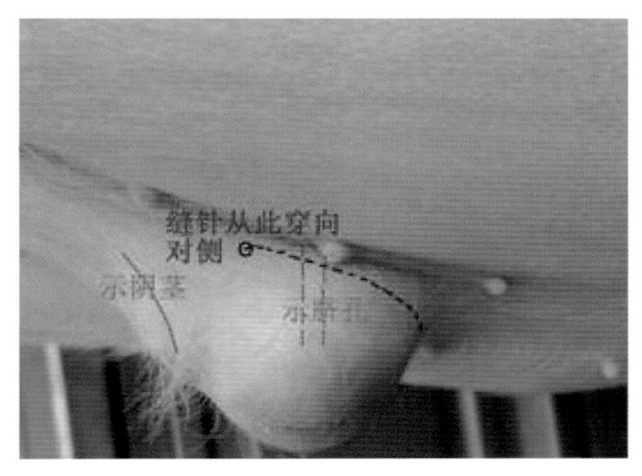

图 5-27 缝针从右侧皮下进针，从阴茎与脐孔间穿向对侧

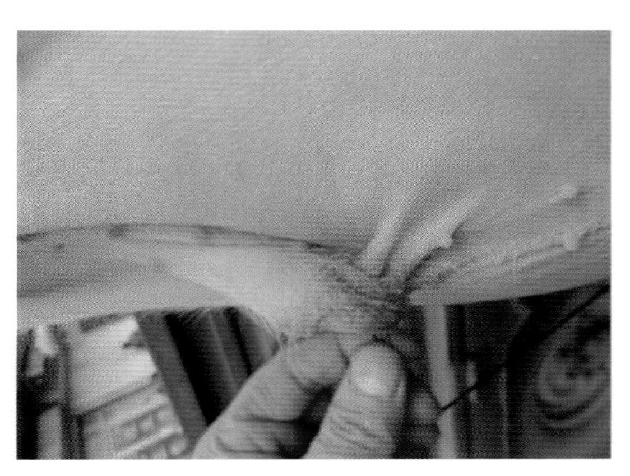

图 5-28 还纳肠管后扎紧脐孔

七、肛门脱及直肠脱

肠末端黏膜或直肠后段全层肠壁脱出于肛门外而不能自行复位时，称直肠脱。主要由于机体营养不良，运动不足，使直肠壁与周围组织的结合变松，使肛门括约肌松弛，紧张性下降，加之腹压增高、过度努责而引起。常见于慢性便秘、腹泻、直肠炎和难产过程，猪突然改变饲料和缺乏维生素时也可引起。

（一）临床实践

近年来，赤霉素造成子宫脱，猪频繁努责也是致使直肠脱发生的主要原因。手术切除，方法简单，效果好，不易复发。

（二）临床症状

直肠脱出后呈暗红色的半圆球状或圆柱状，时间较长则黏膜水肿、发炎、干裂甚至引起损伤、坏死或破裂，常被泥土、粪便污染。如伴有直肠或小结肠套叠时，脱出的肠管较厚而硬，且可能向上弯曲。病猪表现排粪姿势，频频努责，病程长时，可能出现全身症状。一旦破裂，小肠极易从破裂口出脱出。

（三）防治

改善饲养管理，特别是对幼龄猪，注意增喂青绿饲料，防止便秘或腹泻。脱出后必须及时整复，先用 0.1%高锰酸钾洗净脱垂的肠管，再用油类润滑黏膜，小心地将其推入肛门内。肠管若水肿严重，可用针刺水肿的黏膜后用纱布包起，挤出水肿液，使肠管缩小后整复。肛周作烟包缝合，注意打结不可过紧，以免妨碍排粪。整复后一星期内给予易消化饲料，多喂青料，若 2~3 天大便不通，必须进行灌肠。数天后努责消失即可拆线。

直肠脱也可试用肛门周围注射酒精的方法治疗，整复后分别在肛门上下左右四点注射，深度 2~5cm。注射前预先将食指伸入肛门内，以确定针头在直肠外壁周围而后注射，每点注射 95%酒精 0.5~2mL，一般经注射后不久就不再脱出。如脱垂的直肠水肿糜烂严重，应采取直肠截断术。

直肠截断术：术前禁食、灌肠，无条件设备，可捆绑四肢保定，用 1%盐酸普鲁卡因荐部硬膜外腔麻醉，50kg 以上大猪用 20~30mL，25~5kg 猪用 15~20mL，25kg 以下小猪用 5~10mL。在尾根部凹陷中，把针头插入皮肤，以 45° ~65° 角度向前刺入，穿透椎弓间韧带时，有如穿透窗糊纸一样的感觉。再接上玻璃注射器抽吸检查，确知针刺入血管时即可注射。若刺位正确，稍加压力即可注入；如有阻力，则需矫正针头的位置。注射麻醉液时须缓慢，每分钟注射 10mL 左右，麻醉后将猪侧卧保定，肛门周围用 0.1%高锰酸钾溶液洗净，再用碘酊消毒。在患部之后近肛门处用两根丝线彼此呈十字交叉刺穿脱肠。离缝线 1cm 处剪断内外肠管，用镊子伸入内肠管腔把引线拉出剪断，分别打结，将内外肠管进行四个角暂时结扎固定，交给助手牵引保定，随后用肠线把内外肠管入浆膜层与肌层作结节缝合，再用丝线将黏膜层作连续缝合。剪除牵引线，切口涂上抗菌药物软膏后。将其余的直肠送入肛门。术后给予易消化饲料（图 5-29 至图 5-37）。

大猪如不易保定时，可用水合氯醛，按 3g/10kg 体重灌服，或用硫妥钡（8~10mg/kg 体重）静脉注射。

图 5-29　直肠截断术：术前禁食一天，灌肠，清除直肠粪便

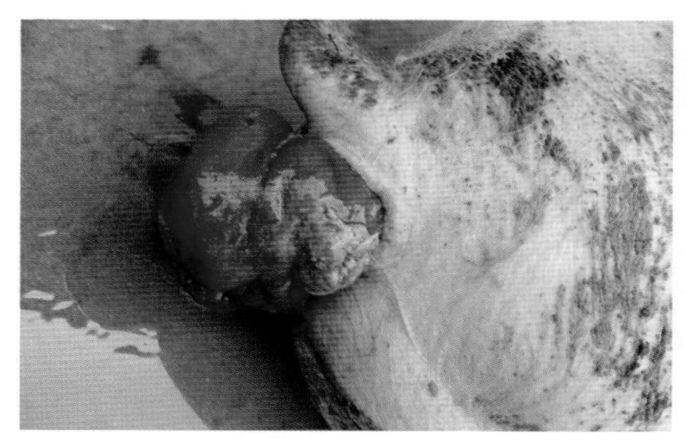

图 5-30　对术部进行清洗

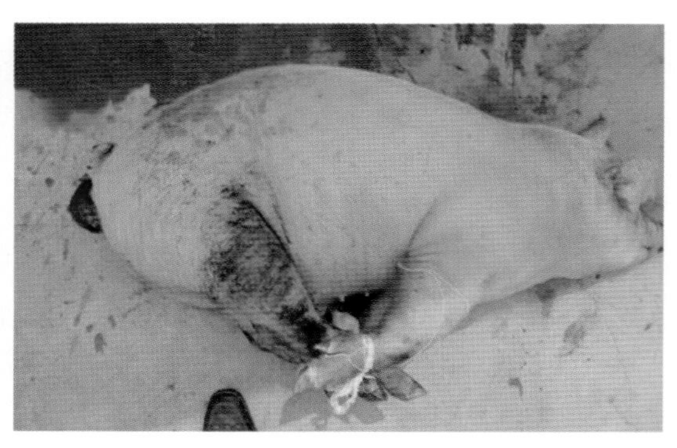

图 5-31　保定方法，可以根据自身条件，因地制宜

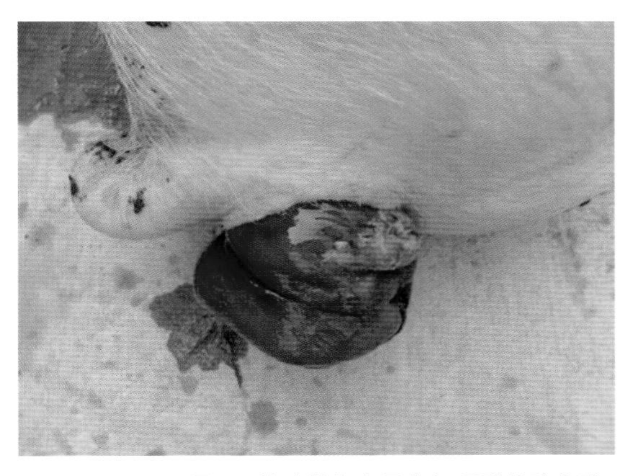

图 5-32　用 1%盐酸普鲁卡因荐部硬膜外腔麻醉，肛门周围用 0.1%高锰酸钾溶液洗净，再用碘酊消毒

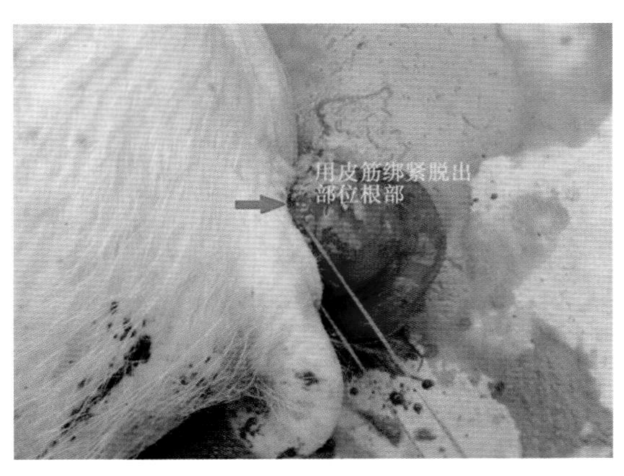

图 5-33　用皮筋结扎脱出部位基部，主要用于止血

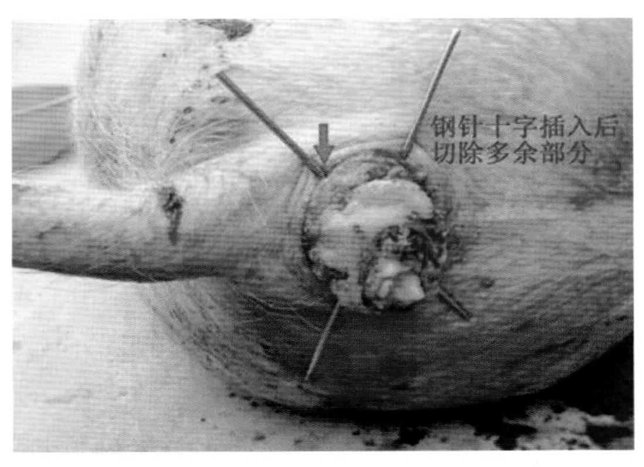

图 5-34　在患部之后近肛门处用两根不锈钢针彼此呈十字交叉刺穿脱肠。用皮筋结扎止血，距离钢针 2~3cm 处剪断内外肠管

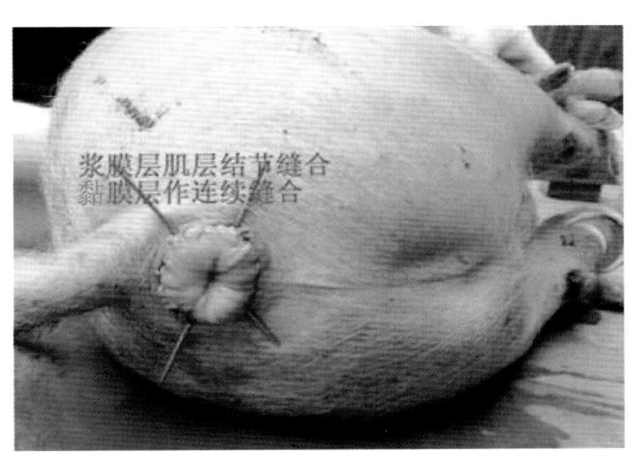

图 5-35　随后用肠线把内外肠管入浆膜层与肌层作结节缝合，再用丝线将黏膜层作连续缝合。切口涂上抗菌药物软膏后

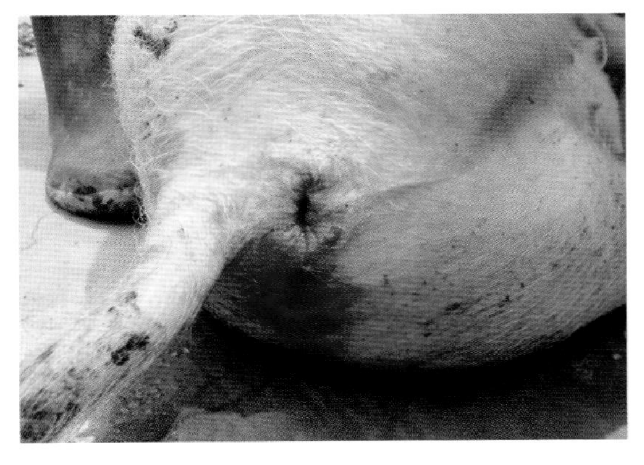

图 5-36　缝合完毕后，抽调钢针，直肠可自行缩入肛门内

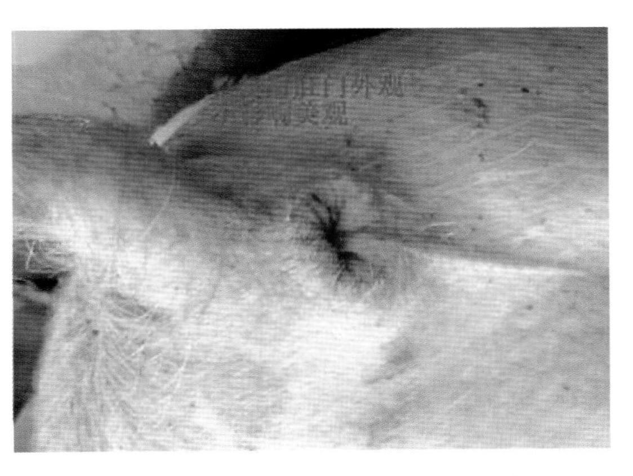

图 5-37　整复后的肛门，外观不影响美观

八、先天性无肛及手术疗法

锁肛是肛门被皮肤所封闭而无肛门的先天性现象，主要是由于胎儿发育后期，原始肛发育异常所致，锁肛是肛门被皮肤封闭现象（图 5-38）。近亲繁殖、遗传以及药物等诸多因素作用，母猪有可能生产出畸形胎儿。

（一）临床实践

临床不多见，及早发现，人工造肛，手术易成功。图示的两个病例分别选用两种造肛方法。在工作中我们发现竟然有 35 日龄无肛仔猪仍然存活，发现后，施行造肛术仍然成功。

（二）临床症状

仔猪只吃不排粪，常燥动不安、腹围增大、患猪腹部膨胀，频频努责。尾根下无肛门，但突起明显。

（三）手术治疗

术前肛门周围用 0.1%高锰酸钾溶液洗净，再用碘酊消毒。

在尾根下皮肤突出的部位作圆形切口。分离皮下组织（图 5-39）。并找到直肠末端，用镊子夹住直肠末端，将直肠剪开一小口，排出胎粪（图 5-40）。用生理盐水冲洗后，将直肠末端切口与皮肤切口对合缝合，切口撒布青霉素粉（图 5-41）。

另一种方法，如果肛门部位只有一层很薄的皮，可将肛门处凸起部位，用手术刀做一横一竖呈十字形两道切口，然后，将十字切开的 4 个夹角翻开缝与背侧皮肤上，造肛就结束了。

术后护理与用药，圈舍保持清洁，防止伤口感染。给予充足的饮水，按摩患猪腹部，排出肠内的积气和积粪，用 0.1% 的高锰酸钾缓慢灌肠。

预防继发感染可肌注青霉素，每千克体重 3 万 IU，链霉素每千克体重 1 万 IU，每天 2 次，连用 3~5 天。

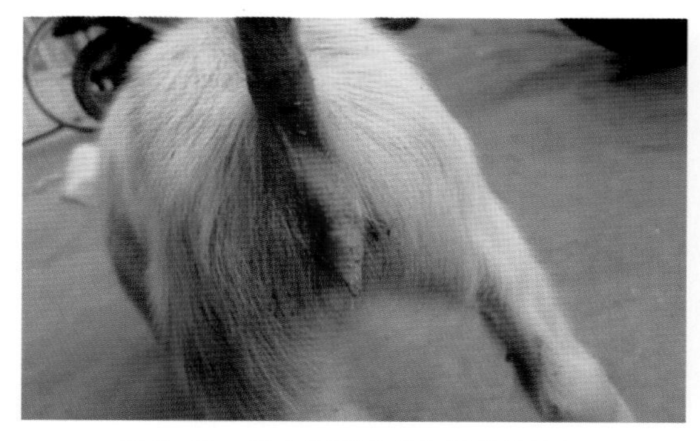

图 5-38　该小母猪也是先天性无肛门

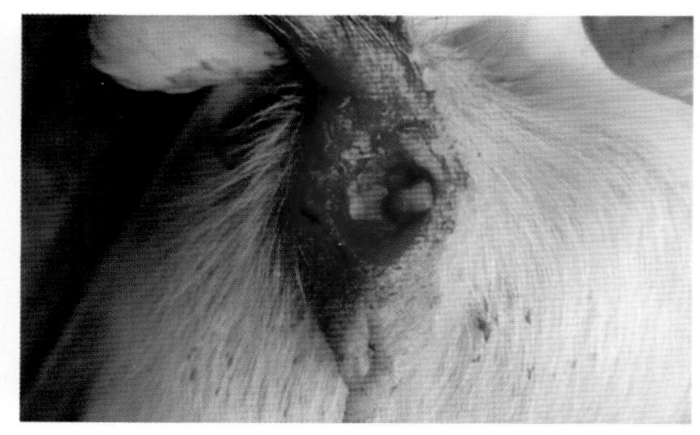

图 5-39　在尾根下皮肤突出的部位作圆形切口。分离皮下组织

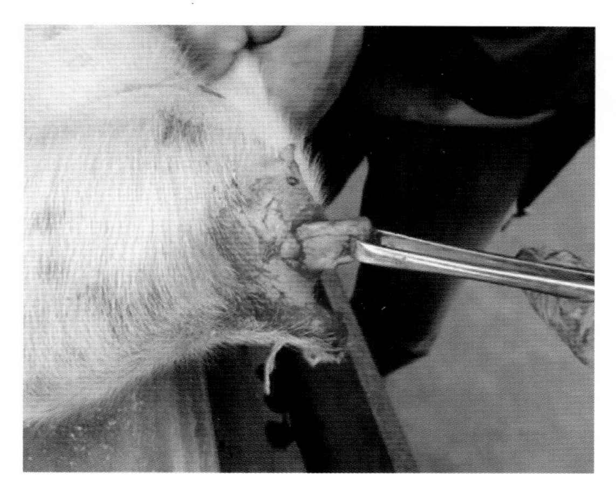

图 5-40 用镊子夹住直肠末端，将直肠剪开一小口，排出胎粪

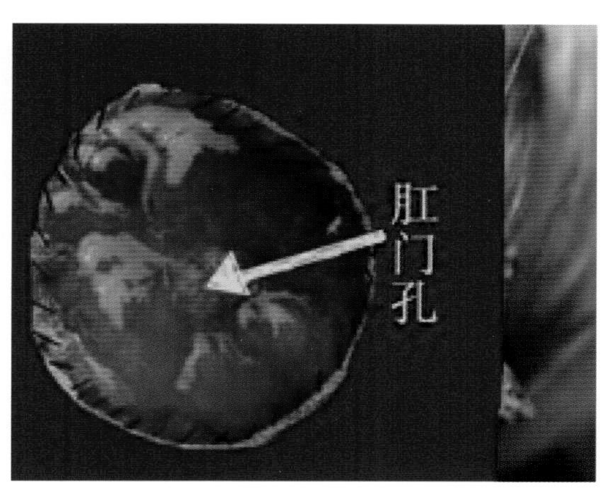

图 5-41 用生理盐水冲洗后，将直肠末端切口与皮肤切口对合缝合（该图片为了直观，经处理）

九、两性猪及其阉割

两性猪包括各种因染色体异常、性腺发育异常和内分泌紊乱所引起的内生殖器官、外生殖器官及第二性征的发育畸形。是性分化异常的结果，指表型性别呈不能确定的间性状态或是表型性别与性腺性别或遗传性别呈矛盾表现。从病理角度分为性腺和外生殖器官分化异常，两性畸形病因分类是基于前述性分化的 3 个基本成分和阶段中不同的环节缺陷。

（一）临床实践

近几年，临床上也经常见到。但阉割后不影响生长。

（二）临床症状

（1）外观呈两性，肛门下方母猪阴门特征明显，但仔细观察阴门内有凸起。阴囊部有明显公猪特征，阉割有两个正常的睾丸，但连接睾丸的不是精索，而是子宫角（图 5-42 至图 5-44）。

（2）外观看似母猪，母猪阴门特征明显，仔细观察阴门内也有凸起。但腹下公猪包皮位置，也有一凸起，阴囊部不显现阴囊更无睾丸（图 5-45、图 5-46）。

（3）也有外观看似母猪，阉割时，一侧是睾丸，另一次是卵巢。

（三）防治

阉割时，可视两性种类采取不同方法。

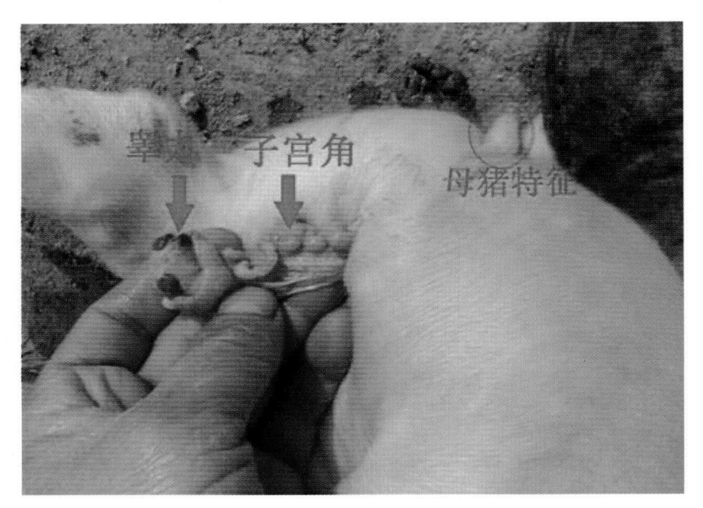

图 5-42　阉割有两个正常的睾丸，但连接睾丸的不是精索，而是子宫角

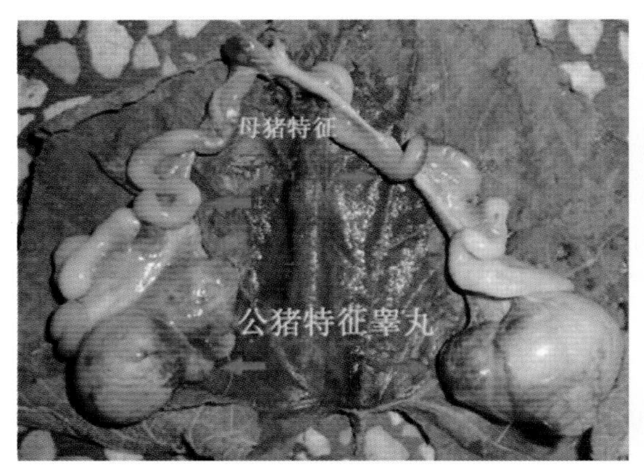

图 5-43　用阉割公猪方法，划开阴囊，取出两个睾丸

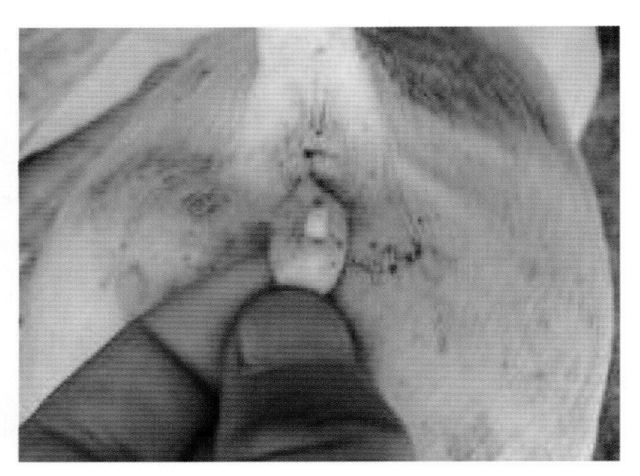

图 5-44　外观看似母猪，母猪阴门特征明显，仔细观察阴门内也有凸起

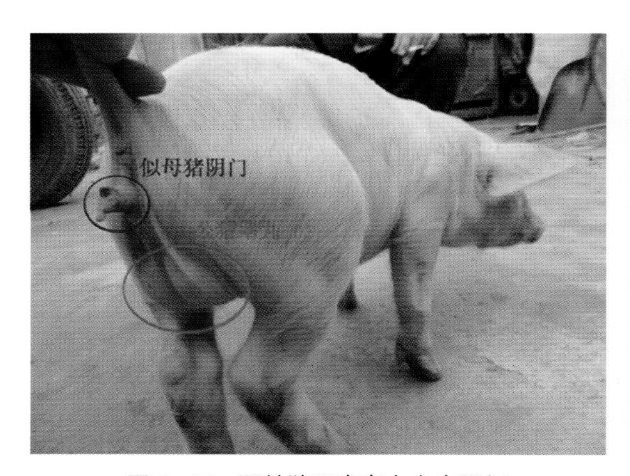

图 5-45　两性猪既有睾丸亦有阴门

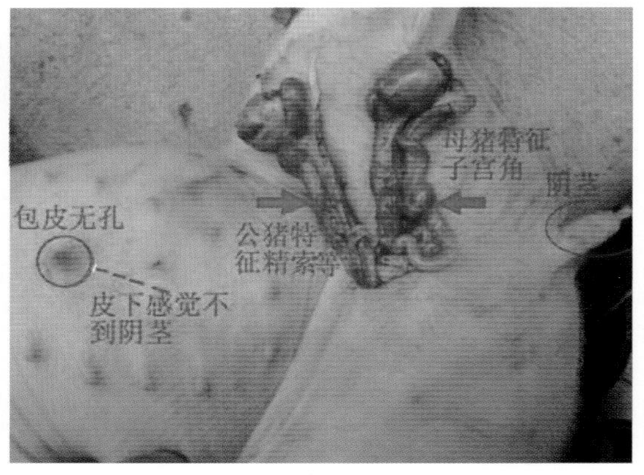

图 5-46　两性猪构造情况

十、创口缝合术

动物身体由于外界物体的打击、碰撞或化学物质的侵蚀等造成的外部损伤。如，跌扑，受外力撞击、锐器（兵器）损伤，以及动物咬伤，烫、烧、冻伤等致病因素作用，导致皮肉、筋骨及内脏受伤，一般我们把这种情况统称外伤。本节主要介绍一些皮肤损伤的简单缝合。

根据创口部位、范围进行消毒，彻底消除异物和污垢 。缝合创口要求针距宽窄适中，对位整齐，结扎松紧适度。缝合后仔细擦掉伤口处瘀血和剪去线头。覆盖无菌敷料时，要擦净周围皮肤表面的血渍，包扎整齐，固定好胶布或绷带。

（一）临床实践

近几年发现，猪皮肤外伤主要是饮水器刮伤多见。

（二）手术治疗

新鲜创伤伤口的缝合可参见以下步骤（注：化脓感染伤口不宜缝合）。

1. 伤口清洗：用无菌纱布把伤口覆盖；剪去被毛，用肥皂水、松节油等清除伤口周围的污物，然后再用生理盐水清洗创口周围皮肤。

2. 伤口处理：1%盐酸普鲁卡因局部麻醉，用 0.1%高锰酸钾溶液洗净，再用碘酊消毒伤口周围，酒精脱碘（图 5-47）。取掉覆盖伤口的纱布，铺无菌巾。检查伤口，清除血凝块和异物，切除失去活力的组织；伤口内彻底止血；最后再次用无菌生理盐水和双氧水反复冲洗伤口。

3. 伤口缝合：皮肤伤口对齐后再缝合。根据创口损失情况按组织层次缝合创缘，选择合适缝合针、线。根据创口大小选择合适的缝合间距和缝合的方式（图 5-48、图 5-49）。

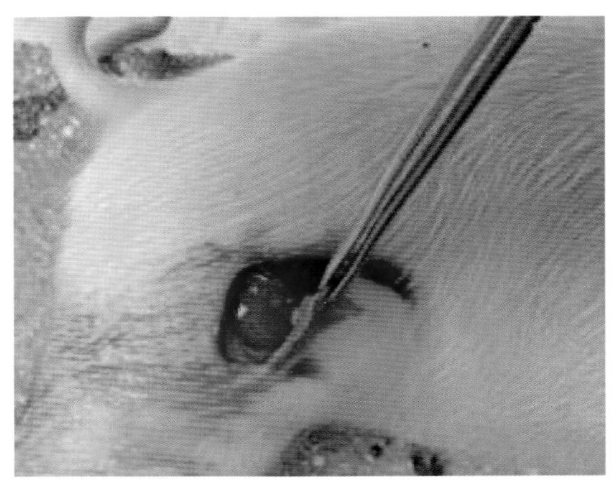

图 5-47　皮肤被撕开三角伤口，术前肛门周围用 0.1%高锰酸钾溶液洗净，再用碘酊消毒

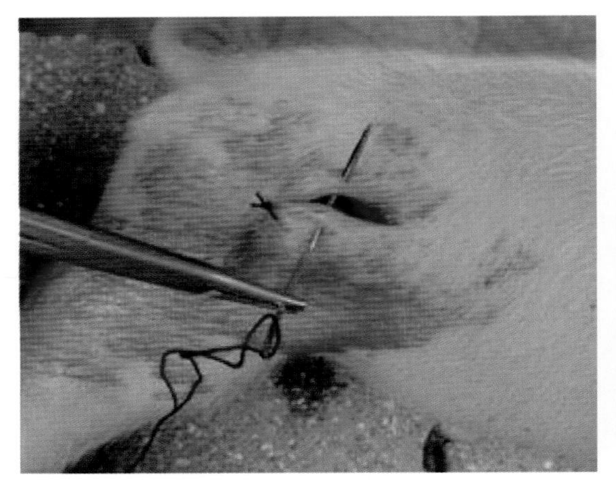

图 5-48　结节缝合皮肤

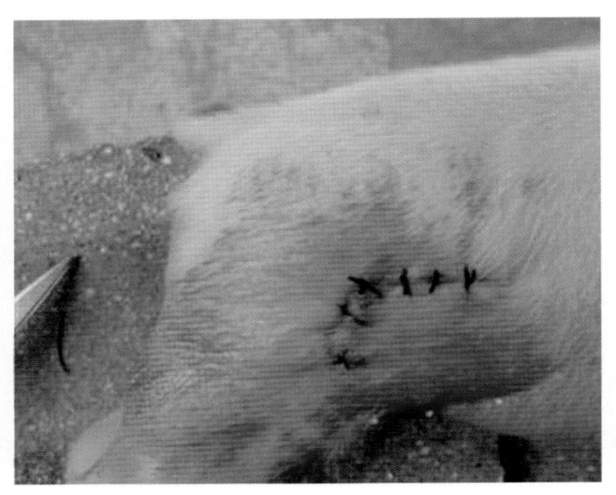

图 5-49　针距要均匀

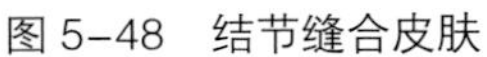

十一、猪的阉割术

畜禽阉割就是摘除畜禽的生殖腺，即摘除睾丸或卵巢，猪的阉割是多种畜禽及宠物阉割技术中的一种，它在兽医外科占有重要地位，是养猪生产必不可少的一项技术。

猪阉割的原理和目的：古人把睾丸称之谓“势”，所以，摘除公畜睾丸也叫去势，这一说法一直延用至今。阉割后的公猪、母猪失去性生理机能，其性情变得温顺，便于饲养管理；可以使肉质更加细嫩，没有腥味，可以促进生长，利于肥育，缩短饲养周期，提高经济效益，还可以淘汰不良品种，利于良种选育等等。

（一）猪生殖解剖知识

无论是阉割公猪还是母猪，术者都必须熟悉术部有关的组织器官构造，位置，特征及相关生理功能，以便正确、安全，迅速地实施手术。公猪的生殖器官有阴囊，总鞘膜，睾丸，附睾，精索及鞘膜韧带，副性腺和阴茎等组成。阴囊位于公猪两后肢的后方。肛门的下方，内由阴囊中隔分为两半，正中有一阴囊缝际，这是公猪去势手术切口的定位标记。睾丸和附睾连在一起，在阴囊内，左右各一个睾丸是产生精子和分泌激素的地方，附睾是精子成熟和贮存精子的地方，睾丸和附睾是去势时必须摘除的器官。母猪的生殖器官有卵巢，输卵管，子宫、阴道和尿生殖前庭等组成。子宫、输卵管、卵巢等都位于骨盆腔内，卵巢在骨盆腔入口处两侧，左右各有一个，其外部位置在髋结节的稍后方，故髋结节成为确定大母猪大挑花术切口部位的主要标志。卵巢为产生卵子和分泌激素的器官，是阉割母猪手术必须摘除的器官。阉割母猪术部软腹壁的解剖层次，由表向里可分为皮肤，皮下结缔组织，腹外斜肌、腹内斜肌、腹直肌、腹横肌、腹膜外肌、腹膜等组织，术者也必须了解。

（二）器械药品

外科手术刀、阉割刀、止血钳、持针钳、手术剪、手术镊、全弯缝针，缝线等。要准备好消毒液（新洁尔灭、洗必泰），酒精、酒精棉球、磺胺结晶粉、青霉素和抗破伤风抗毒素等。

（三）术前检查和准备

首先，应询问和观察猪群状况，对精神不好，消化不良，腹泻，体质瘦弱的可暂缓手术，待康复后再行阉割。健康无病猪才可阉割，术前禁食一顿。阉割时间最好安排在早晨空腹时，选择晴朗无风天气，避开高温和严寒，有利于手术及术后康复。术前将老母猪和仔猪分开，防止在阉割过程中老母猪击伤人。仔猪应圈在狭小的圈舍内，便于捕捉，放置阉割后仔猪的圈舍，要填平洼坑，排除积水，积尿，打扫干净并铺以干净的垫草，保持干燥。手术场地应选在稍有倾斜坡度，干净，干燥的避风处，大风或阴雨天不宜阉割。

（四）公猪的阉割术

1. 保定方法及部位

术者右手握住小猪的右后腿倒提起来，左手抓住右侧膝前皱襞，将公猪左侧卧，保定在地面上，使头向术者左侧，尾向术者右侧，术者以左脚踩住猪颈部，右脚踩住猪尾根，并用左手腕部按压右侧大腿后方，使其向前伸直，将阴囊充分暴露。公猪切口定位比较方便，术者紧握阴囊和睾丸，在睾丸最突出，阴囊皮肤绷紧处，作一条与阴囊缝际平行的切口，一次切透皮肤和总鞘膜，挤出睾丸（图 5-50、图 5-51）。

2. 阉割方法

（1）小公猪阉割法：将术部消毒后，以左手的拇、食、中 3 指将左侧罩丸牢牢固定，右手持阉刀与阴囊中线平行作一切口，一次性切透阴囊壁及总鞘膜，挤出罩丸，然后再用左手握住罩丸，右手撕断白筋膜，接着用拇指与食指将精索刮断摘除左侧罩丸。再经阴囊纵隔作一切口，挤出右侧罩丸，用同样的方法摘除之。用碘酒消毒切口，不必缝合（图 5-52 至图 5-54）。

（2）大公猪阉割法：大公猪阉割法基本上与小公猪阉割法相同。但大公猪阉割时，除左右侧阴囊需要各作 1 个切口，精索剥离捻转数周后，需用丝线加以结扎和将阴囊切口缝合 2~3 针，以防小肠和网膜脱出来，并能防止异物侵入。

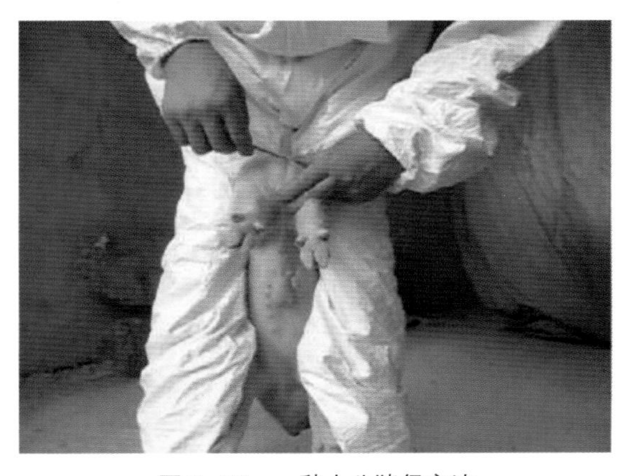

图 5-50　一种小公猪保定法

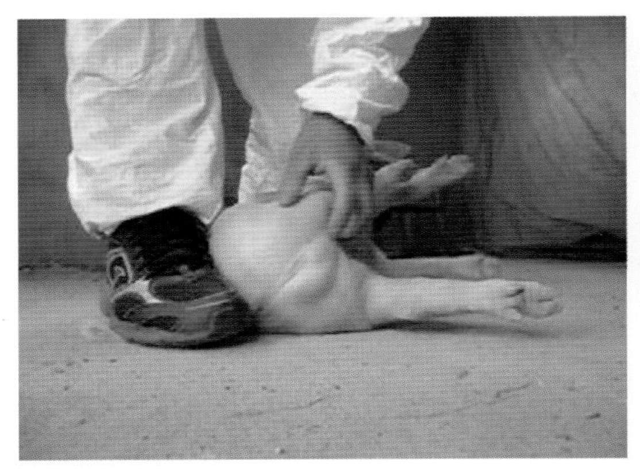

图 5-51　小公猪保定法（适合大猪）

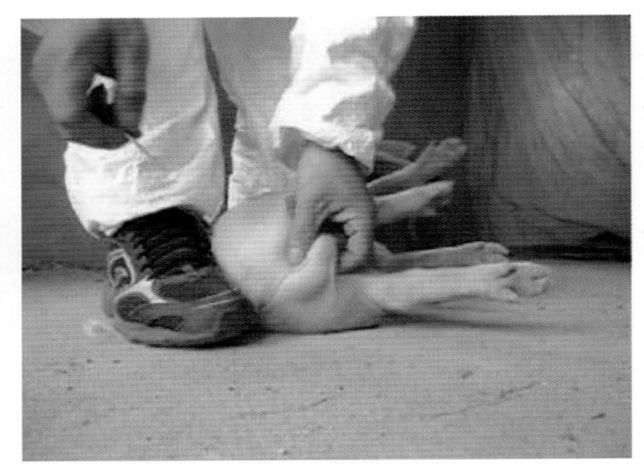

图 5-52　左手固定睾丸，右手持阉割刀

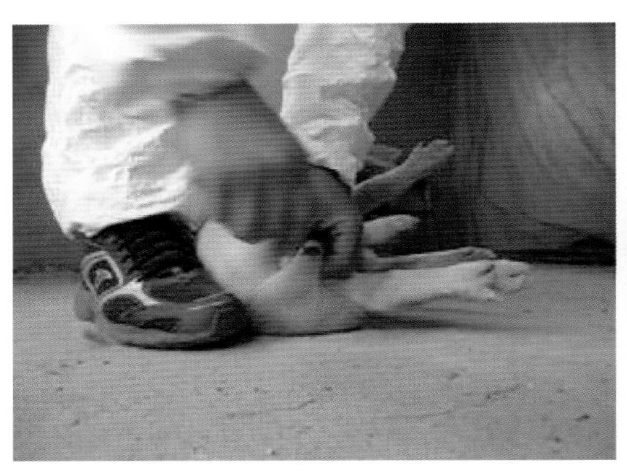

图 5-53　把睾丸划开花

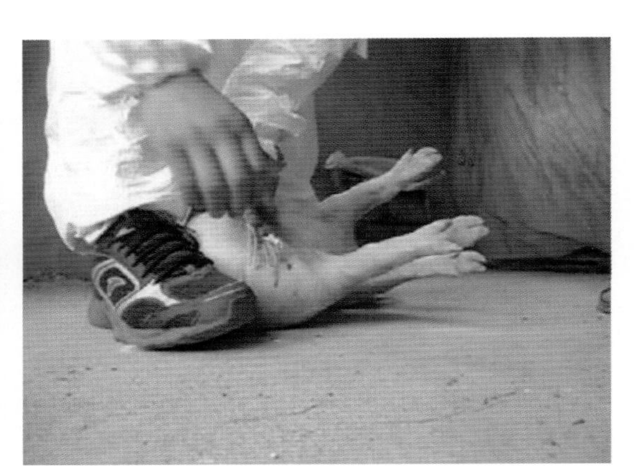

图 5-54　摘除睾丸撒布消炎粉

（五）小母猪阉割术（小挑花）

1. 保定方法

术者以左手提起小母猪的左后肢，右手抓住左膝前皱襞，使其右侧卧地（头在术者右侧，尾在术者左侧，背向术者），右脚踩在猪耳后的颈部，并将其左右肢向后伸直，使小猪后躯呈半仰卧姿势，左脚踩住小猪的左后肢，使皮肤绷紧即可施术（图 5-55）。

2. 手术部位

小母猪小挑花术切口部位的确定，以左侧髋结节(胯尖)为点，向腹中线(白线)作一条假设垂线，术者左手中指指腹抵住髋结节，大拇指压迫同侧腹壁，大拇指和中指在假设垂线上，距同侧乳头约二指宽处为切口部位，也可在你左腹下部左侧倒数第二、第三对乳头之间的外缘旁开刀（不绝对，只作参考。可能小母猪有 12 对或 20 对乳头）（图 5-56）。

3. 阉割方法

（1）切透腹壁：术部消毒后，术者以左手食指或中指定在左侧术部，大拇指压定对侧髓结节，对着左侧髓结节内角压迫，几乎达到两指相接触的程度，压的愈紧，离子宫角愈近，则手术越容易成功。右手持刀垂直切开皮肤，当刀（笔式去势器）一次切透腹壁各层组织时，有一种对刀的抵抗力突然消失的空虚感，此时子宫角借助猪用力嚎叫的腹压，从刀槽内借助腹水一并溢出（图 5-57）。如果没有溢出，可将刀的背端向左侧贴靠，也可轻轻 在腹腔内作弧形滑动，随后子宫角即随同腹水一起自动冒出体外。 如果用传统阉猪刀，也可先用刀尖将术部皮肤切开 2~3cm，然后用刀柄借猪用力嚎叫时腹压升高而适当用力戳破腹肌和腹膜，继续伸入切口 2~3cm，右手将刀柄做弧形运动（大意就像是轻轻搅拌一下），同时，左手母指用力下压腹壁，子宫角即可冒出。

（2）摘除子宫角及卵巢：子宫角冒出后，用左手拇指和食指捏住溢出的子宫角，其他三指弯曲，用指背下压腹部，右手也与左手法一样。在左右手的协同下导出一侧子宫角，待一侧子宫角导至与另一侧子宫角交汇处时，捏住另一侧子宫角再导出。待两侧子宫角、输卵管、卵巢全部导出后，捻转或钝性挫断，随即摘除子宫角、卵巢及输卵管。最后创口涂以碘酊，提起猪的左后肢并轻轻拍打使肠管复位即可（图 5-58、图 5-59）。

图 5-55　小挑花保定

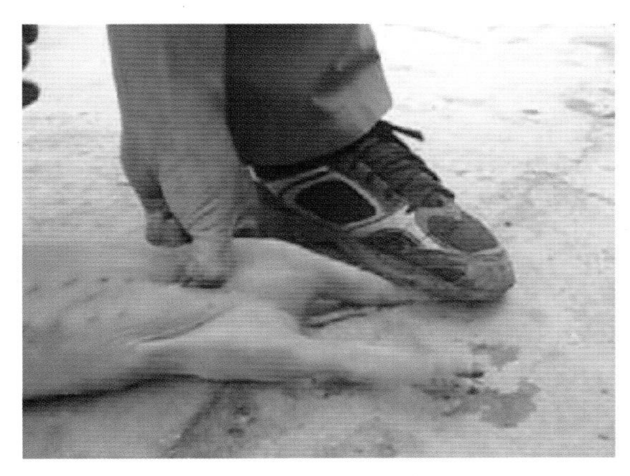

图 5-56　小挑花手术部位及手法

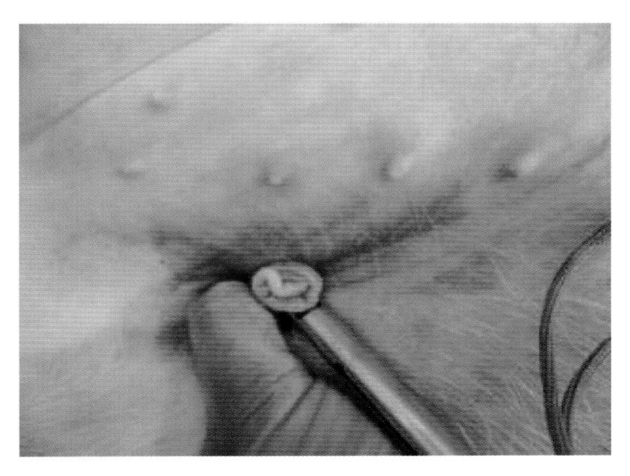

图 5-57　笔式去水器（管型刀）一次性穿透各层，子宫角借腹压溢出

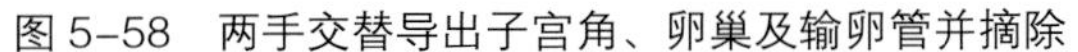

图 5-58　两手交替导出子宫角、卵巢及输卵管并摘除

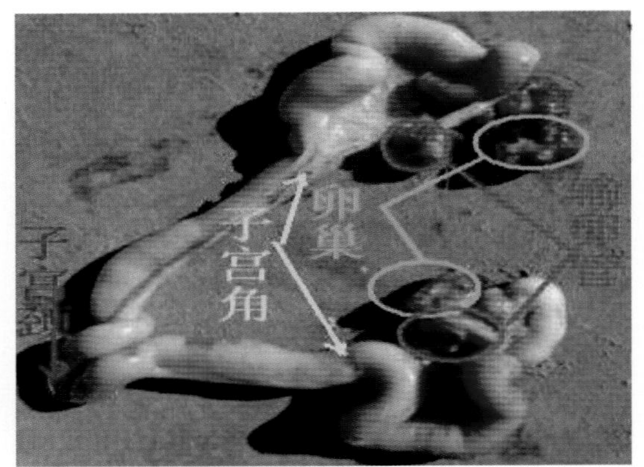

图 5-59　生殖系统部位实际擦脏器图

（六）大母猪阉割术

除术前检查方法与仔猪“小挑花”相同外，还须注意检查母猪是否发情和怀孕。如果母猪阴户出血、肿大、有黏液排出、少食或停食、急躁不安、主动接近公猪、爬跨等现象，生殖器官极度充血等发情表现，暂时不能进行阉割术，等待发情后才能阉割，以免在手术中大出血。检查孕猪可以询问母猪最近是否配种或与公猪接触情况，如怀孕已久，母猪腹大下垂，甚至可以从腹部触摸到胎儿，对此孕猪不可阉割。术前禁食半天。

1. 保定方法

中型母猪阉割时，术者用左手捏起左后腿，右手握住左肷在地上，用右脚踩住猪的颈部，使头在右，尾在左，背向术者，助手拉住猪的两后腿予以保定。大母猪保定较困难，而且费力气，可以在一条前腿上缚一绳子，1 人向后牵拉猪的前腿使跪地，然后再使大母猪右侧倒卧。为使保定牢靠，防止术中挣扎，可在猪的颈部横放一根木杠，两人各压木杠的一端部位，使头颈固定。另一人再固定左后肢即可。此外，阉割较大母猪还可采用倒吊保定法（图 5-60）。

2. 阉割方法

（1）手术部位：大母猪的手术部位在肷部（腹肋部）三角区的中央，即髋结节前下方 5 ~10 cm 处。三角区的一边是髋结节到腹下所引的垂线，另两边是从膝前皱壁和髋结节向肋骨与肋软骨连接处的两条连线。

（2）手术方法：术者以左手拇指按定切口部位，右手持大挑刀作一皮瓣突向下后方的半月形切口，可用刀一次切开皮肤，如果皮肤粗厚分层用刀切开弧形长 3~4cm 的切口，切口的大小应视猪体大小决定。然后用右手食指的尖端分离腹壁肌肉（图 5-61 至图 5-64）。

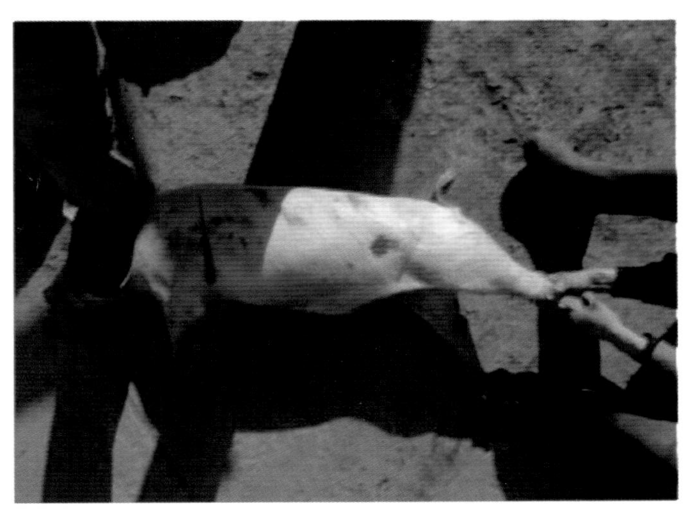

图 5-60　保定及手术部位

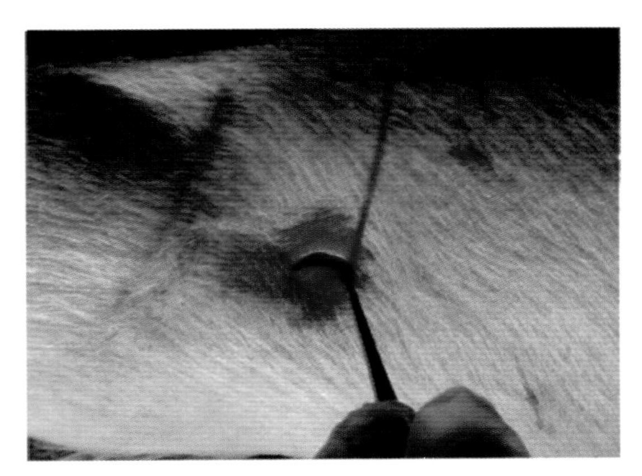

图 5-61　月牙形切口

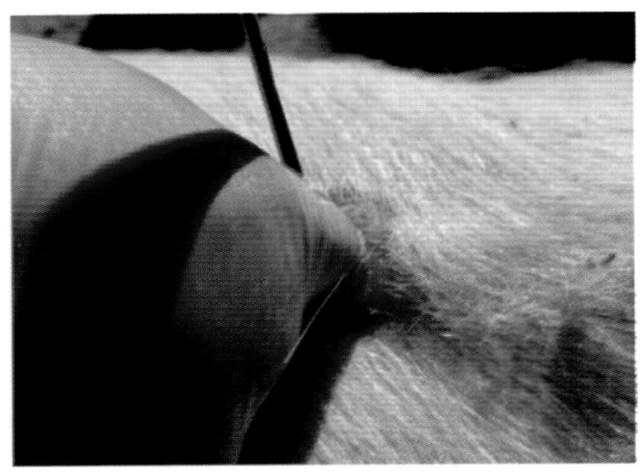

图 5-62　用刀柄端穿透各层，右手食指沿刀柄进入

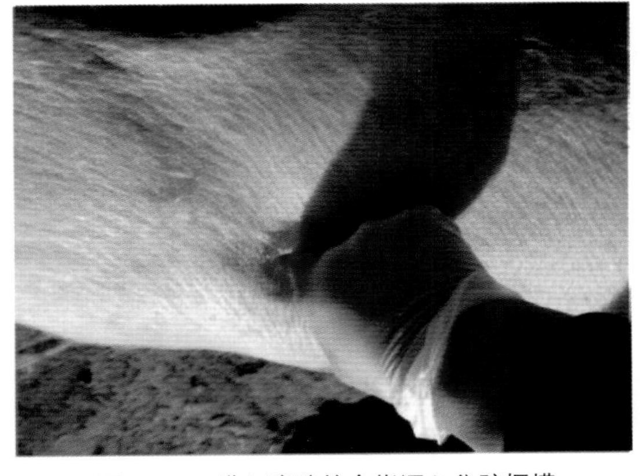

图 5-63　进入腹腔的食指深入盆腔探摸

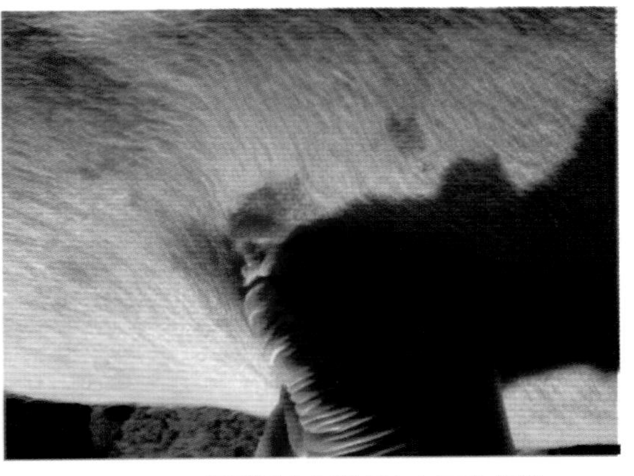

图 5-64　探到后应于背部向切口处勾出

第六章　营养代谢病

一、仔猪低血糖病

仔猪低血糖症是出生几天内仔猪由于吮乳不足、血糖降低所致的一种代谢病。如果血糖含量比健康仔猪低35倍左右，就会发生部分或整窝仔猪死亡。主要是母猪怀孕后期饲养管理不当，营养不良，或产后乳房炎等造成无乳或泌乳不足所致。

（一）临床体会

把本病诊断为猪伪狂犬病的比比皆是，原因是神经症状、腹泻、剖检肾表面出血点。但是，相关技术人员忽略了一个最主要的数据，那就是体温高低。伪狂犬病体温升高，而低血糖病体温下降；本病口腔有少量黏液，特别黏稠，而伪狂犬病患猪流涎，黏度较差；病后期，病猪看似死亡，但触之仍出现角弓反张，腿划动，张口想鸣叫，但又声音微弱，或只有张口动作，并无声音发出。流行病学鉴别诊断，从发病季节讲，秋末至早春多见。

（二）临诊症状

主要发生在母猪无乳，食欲差，乳房炎，泌乳不足，发病年龄多在2~7日龄发病，发病率较高，呈散发。有时整窝发病；如不及时治疗，死亡率很高。病程一般不超过2天，发病仔猪瞳孔散大，下眼睑部被毛显得稠密。病猪被毛逆立、竖起，表现虚弱，体温低，水样腹泻；口腔有少量黏液（一般不出现大量流涎现象），特别黏稠；病猪出现中枢神经症状：共济失调，肌肉震颤，抽搐，前腿划动，角弓反张，瞳孔散大，呼吸微弱，最后昏迷而死（图6-1、图6-2）。

（三）病理变化

仔猪剖检所见：胃空虚，乳糜管内无脂肪，肝呈橘黄色，边缘锐利，质地像豆腐，易碎，胆囊充盈，囊壁菲薄。肾呈淡土黄色，有散在的红色出血点，腹腔肠壁之间较多量泡沫，病仔猪血糖由正常的4.2~8.3mol/L降至2.0mol/L以下（图6-3至图6-5）。

（四）防治

（1）腹腔注射10%葡萄糖液5~10mL，每隔5小时一次。

（2）口服50%葡萄糖注射液，一次3mL，隔4小时一次。

口服葡萄糖水并及时解除缺奶的病因，使仔猪尽快吃足母乳。

图 6-1　发病前提是吮乳不足

图 6-2　抽搐，前腿划动，角弓反张

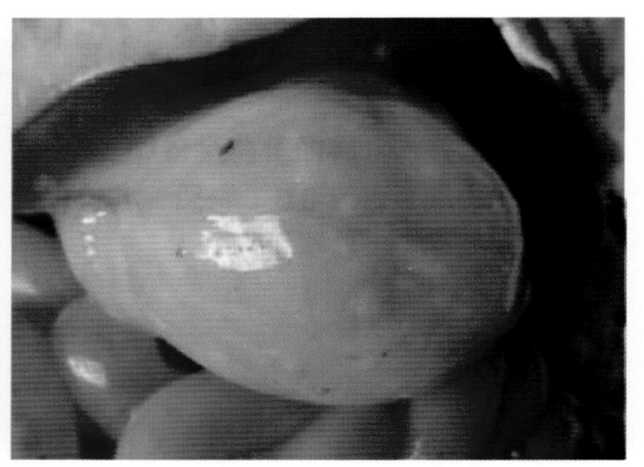

图 6-3　胃空虚，乳糜管内无脂肪

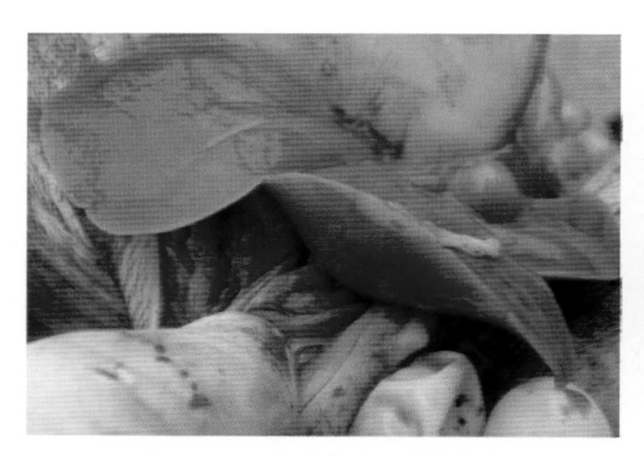

图 6-4　肝呈橘黄色，边缘菲薄

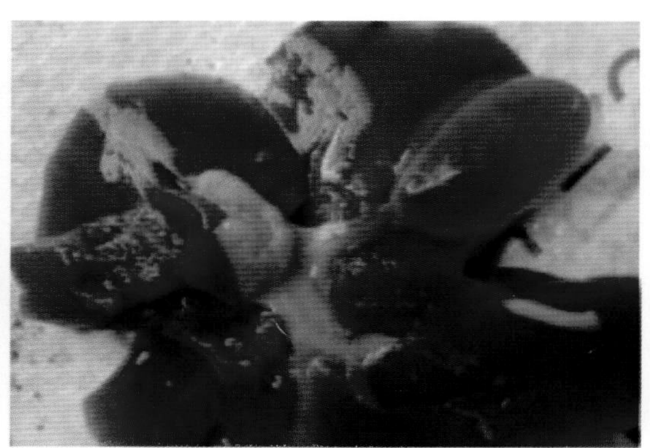

图 6-5　胆囊肿大，囊壁菲薄

二、佝偻病

佝偻病是由于维生素 D 缺乏和钙磷代谢障碍而引起仔猪骨组织发育不良的一种非炎性疾病，又称骨软病。病理特征是成骨细胞钙化不全、软骨肥厚及骨髓增大。临诊特征是消化紊乱、异嗜癖、跛行及骨骼变形。

（一）临床体会

佝偻病是由于维生素 D 缺乏和钙磷代谢障碍而引起仔猪骨组织发育不良的一种非炎性疾病。近几年，随着科学养猪知识普及以及全价饲料的推广，本病发生较少。本病患猪耳部皮下大多蓄积血液或淋巴液，但目前尚不清楚该症状是本病的常见症状，还是因病猪起立困难被同圈猪踩踏耳部造成淋巴管或血管破裂所致。

（二）临床症状

消化紊乱、异嗜癖、跛行及骨骼变形。喜欢啃咬饲槽、墙壁、泥土等异物。喜卧、跛行，病猪常发出嘶叫或呻吟声。有时出现低钙性搐搦、突然倒地。骨骼变形，关节部位肿胀、肥厚，触诊疼痛敏感。胸廓两侧扁平狭小（图 6-7 至图 6-8）。

（三）病理变化

成骨细胞钙化不全、软骨肥厚及骨髓增大。

（四）防治

肌肉注射维生素 D 注射液 1~2mL，每日 1 次，连用 5~7 天。

浓缩鱼肝油 0.5~1mL 拌于饲料中喂服，每天 1 次，连用 10 天。

D_2 钙注射液，1~2mL 肌肉注射，有较好的效果。

另外，钙、磷制剂的补充一般均与维生素 D 同时应用。此外，骨粉、鱼粉、甘油磷酸钙等亦是较好的补充剂。

图 6-6　胸廓两侧扁平狭小

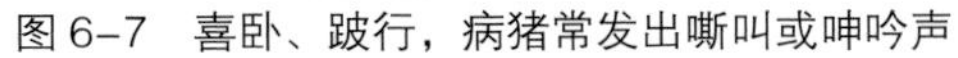
图 6–7　喜卧、跛行，病猪常发出嘶叫或呻吟声

图 6–8　骨骼变形，关节部位肿胀、肥厚，触诊疼痛敏感

三、白肌病

硒或维生素 E 缺乏症是由硒或维生素 E 缺乏或两者都缺乏所引起的，或与它们的缺乏有关的所有疾病的统称。硒或维生素 E 缺乏症不仅会影响猪的生长、发育及繁殖性能，而且会增加发病率及死亡率。在我国长期流行的“仔猪水肿病”中有相当一部分就是硒或维生素 E 缺乏症。

（一）临床体会

该病一旦确诊，治疗和预防效果相当好。可惜的是，部分养猪从业人员，看到猪耳发绀和呼吸迫促，就把病看的太复杂了。总是往烈性传染病上想。因此，越治疗越感觉复杂。临床诊疗中，有较多养猪从业人员（养殖户、养殖场的饲养员，甚至是兽医），把该病按蓝耳病、胸膜肺炎等传染病性呼吸道病诊治，疗效不佳。

（二）临床症状

发病日龄多集中在出生后 20 日龄左右的仔猪。患病仔猪一般营养良好，在同窝仔猪中身体健壮，而突然发病，体温无变化。如果有人靠近，可能是颈部活动困难，看人时颈部不动，目光斜视。后肢强硬，弓背，行走摇晃，步幅短而呈痛苦状，肌肉发抖，后躯麻痹，食欲减退，精神不振，呆滞，呼吸迫促，每分可达 93 次。部分病猪耳发绀，常突然死亡（图 6–9）。有的可能出现呕吐腹泻症状。有的病例皮肤出现不规则的紫红色斑点。

（三）病理变化

病变主要分以下 3 种。

营养性肌营养不良：骨骼肌，特别是后躯臀部肌肉和股部肌肉色淡，呈灰白色条纹膈肌呈放射状条纹，切面粗糙不平，有坏死灶心包积水，心肌色淡，尤以左心肌变性最为明显（图 6–10、图 6–11）。

营养性肝病：皮下组织和内脏黄染。急性病例：肝脏肿大，质脆易碎，呈豆腐渣样

（图 6–12）。慢性病例：可见肝脏体积缩小，表面可见凹凸不平的皱褶，质地变硬。

桑葚心：心肌斑点状出血，循环衰竭，心脏呈紫红色的草毒或桑葚状。肺、胃肠壁水肿，体腔内积有大量易凝固的黄色透明渗出液（图 6–13）。

（四）防治

对发病仔猪，每头仔猪肌肉注射亚硒酸钠维生素 E 注射液 1~3mL（每毫升含硒 1mg，维生素 E50~100mg），隔日 1 次，共用 2 次。

也可用 0.1%亚硒酸钠溶液皮下注射或肌肉注射，每次 2~4mL，隔 20 日再注射 1 次；配合应用维生素 E50~100mg 肌肉注射，效果更佳。

图 6–9 耳尖发绀，精神不振，被毛逆立，呼吸迫促，突然死亡

图 6–10　心肌黄白色，顺肌纤维走向的坏死条纹

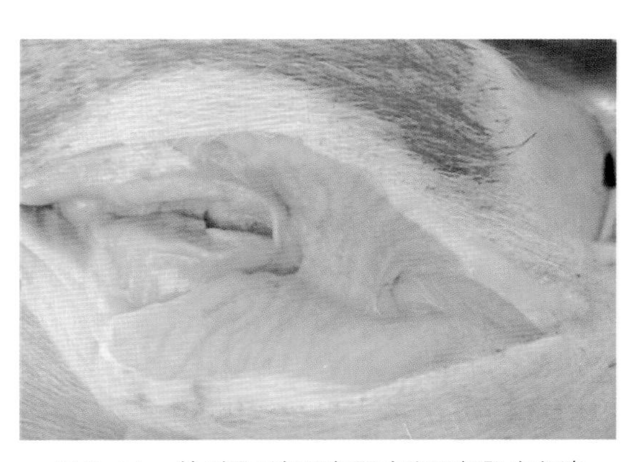

图 6–11　特别是后躯臀部肌肉和股部肌肉色淡

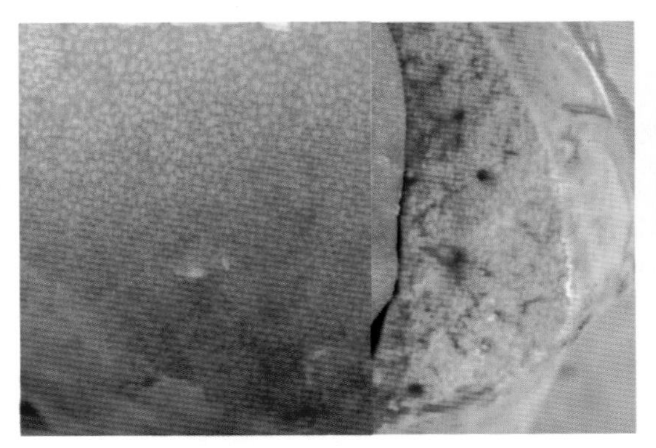
图 6-12　肝脏肿大，质脆易碎，切面呈豆腐渣样

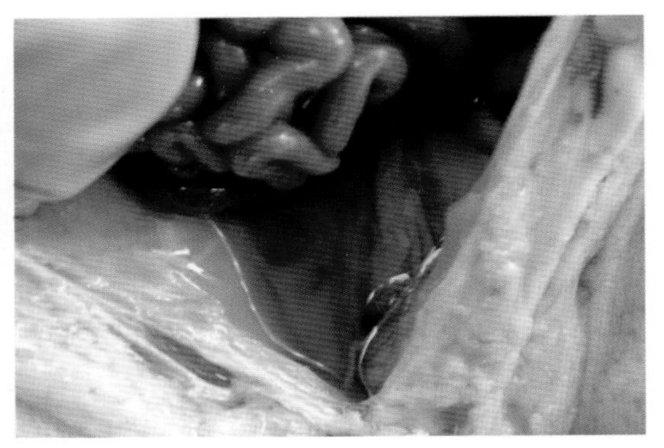
图 6-13　胃肠壁水肿，体腔内积有大量易凝固的黄色透明渗出液

四、铁缺乏症

铁缺乏症是由于机体中缺铁而引起的病症，表现为血红蛋白含量降低、红细胞数量减少、皮肤黏膜苍白，生长受阻。2~4 周龄仔猪最易患病，故又称为仔猪缺铁性贫血。

（一）临床体会

临床常见，散养户中有约 10% 不注射铁剂，大多在 20 天左右就发病。死亡率并不高，发现后补充铁剂 1 周左右基本康复。但是，损失很大，病猪 30 日龄时的体重与正常猪相差 1.5~2kg。原因是一部分散养户前些年喂养母猪的圈舍简陋，土质地面。而且，大多养殖户从事耕作，从田间回来时都有带回一些青草、野菜随便扔进圈舍的习惯，母猪能获得一些营养元素。现在，养猪户都是水泥地面，大多散养户在附近工厂做工，不到收种季节，一般不去田间。不喂全价料，营养已无法从其他渠道获取，这样一来容易造成营养缺乏。

（二）临诊症状

仔猪一般 3~4 周龄时发病，也见于出生 1 周后的新生仔猪发病，初期可视黏膜、皮肤轻度发白，但外观膘情不差（可能与皮下水肿有关）。抵抗力下降。病情严重时，头颈部明显水肿，皮肤苍白，耳有透明感，嗜睡，精神不振、脉搏加快，呼吸困难。抓捕注射针剂时，呼吸更加困难和痛苦感（活动后气短）。即使停止抓捕，也需较长的时间才能缓慢地恢复平静。严重的贫血。皮肤苍白、皱缩，大部分病例死亡较慢，精神沉郁，食欲减退，被毛粗乱无光泽，有的腹泻（图 6-14、图 6-15）。

（三）病理变化

皮肤、黏膜苍白。血液稀薄，呈水样。全身轻度或中度水肿。腹水，肝胀肿大，呈淡黄色，肝实质少量淤血肌肉苍白，心肌松弛，心脏扩张，与肺的比例不协调。呈斑驳状和由于脂肪浸润呈灰黄色（图 6–16、图 6–17）。

（四）治疗

深部肌肉注射右旋糖酐铁注射液，1 次 2mL（每毫升含铁 50mg），深部肌肉注射，一般一次即可，必要时隔周再注 1 次；

深部肌肉注射葡聚糖铁钴注射液，1 次 2mL，重症者隔周重复注射 1 次。

仔猪可用硫酸亚铁 2.5g，硫酸铜 1g，常水 100mL，按 0.25mL/kg 体重口服，每日 1 次，连用 7~14 日；焦磷酸铁，每日灌服 30mg，连用 1~2 周；还原铁每次灌服 0.5~1g，每周 1 次。并配合应用叶酸、维生素 B_{12} 等；后肢深部肌肉注射血多素（含铁 200mg）1mL。

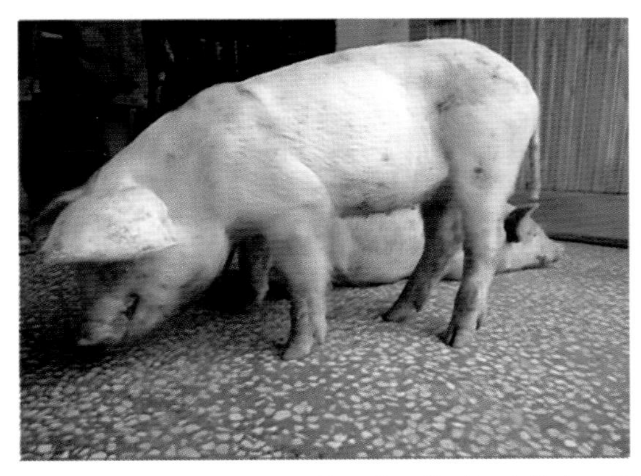

图 6–14　2 头 28 日龄仔猪，带到门诊就诊，因抓捕造成呼吸更加困难和痛苦状（活动后气短）。放在地上，较长的时间才慢慢地恢复平静

图 6–15　对周围环境表现淡漠，眼结膜、皮肤苍白，耳有透明感

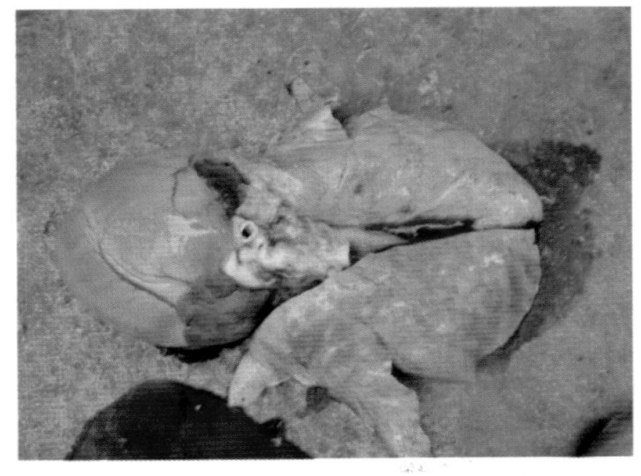

图 6–16　心肌松弛，心脏扩张，与肺的比例不协调

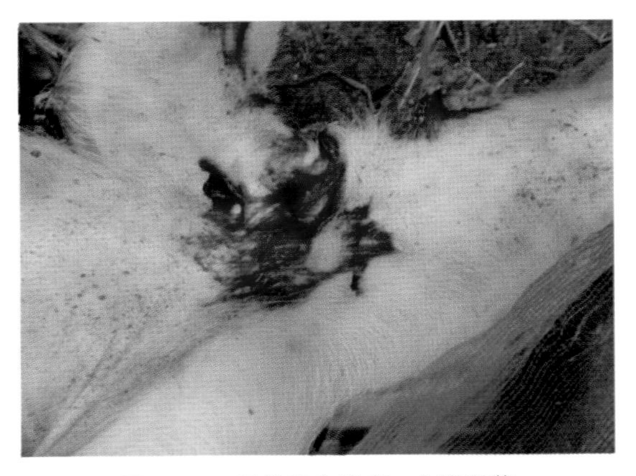

图 6–17　尸体苍白消瘦，血液稀薄

五、锌缺乏症

猪的锌缺乏症也称角化不全症，是由于日粮中锌绝对或相对缺乏而引起的一种营养代谢病，以食欲不振、生长迟缓、脱毛、皮肤痂皮增生、皲裂为特征。本病在养猪业中危害甚大 。

（一）临床体会

该病发生无明显的季节性。生活在水泥地砖圈舍的猪只多发，放养猪或生活在泥土地面的猪一般不发病。种公猪、种母猪发病率高，而仔猪发病率低，由此证明，该病随年龄增大发病率增高。诊断时，应注意与疥螨性皮肤病、渗出性皮炎、烟酸缺乏症、维生素 A 缺乏症及必需脂肪酸缺乏症等疾病相区别。

（二）临床症状和病理变化

猪只生长发育缓慢乃至停滞，生产性能减退，繁殖机能异常，骨骼发育障碍，皮肤角化不全；被毛异常，创伤愈合缓慢，免疫功能缺陷以及胚胎畸形。病初便秘，以后呕吐腹泻，排出黄色水样液体，但无异常臭味，猪只腹下、背部、股内侧和四肢关节等部位的皮肤发生对称性红斑，继而发展丘疹，很快表皮变厚，有数厘米深的裂隙，增厚的表皮上覆盖以容易剥离的鳞屑。临床上动物没有痒感，但常继发皮下脓肿。病猪生长缓慢，被毛粗糙无光泽，有的出现脱毛，个别变成无毛猪。脱毛区皮肤上常覆盖一层灰白色石棉状物，严重缺锌病例，母猪出现假发情，屡配不孕，产仔数减少，新生仔猪成活率降低，弱胎和死胎增加。公猪睾丸发育及第二性征的形成缓慢，精子缺乏。遭受外伤的猪只，伤口愈合缓慢，而补锌则可迅速愈合（图 6–18 至图 6–23）。

图 6–18　母猪出现假发情，屡配不孕，产仔数减少，新生仔猪成活率降低，弱胎和死胎增加

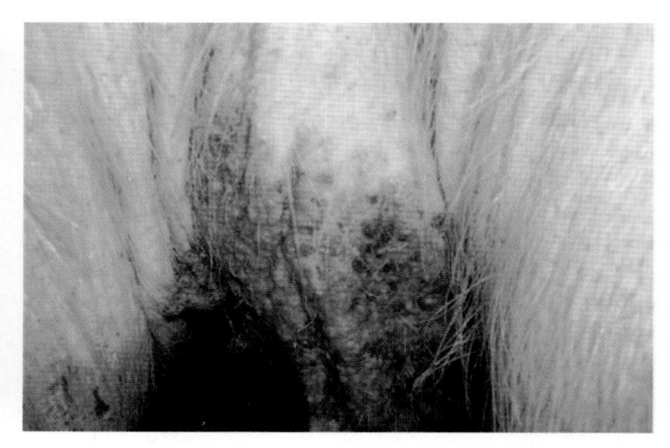

图 6–19　猪只股内侧、两后肢中间（裆部）发生对称性红斑，继而发展丘疹

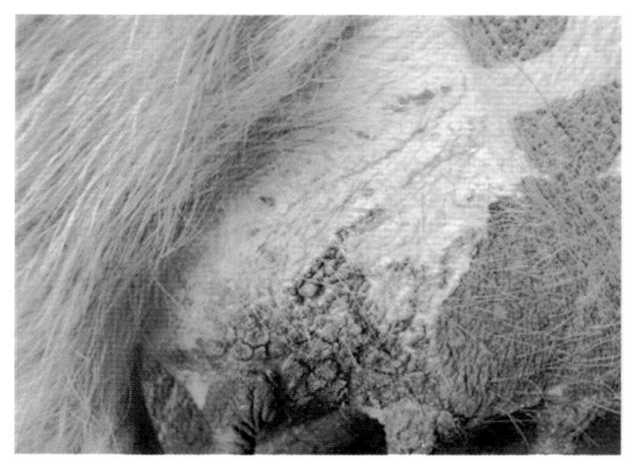

图 6-20　表皮变厚，并出现裂隙

图 6-21　用药 4 天，痂皮脱落后，露出丘疹乳头状瘤

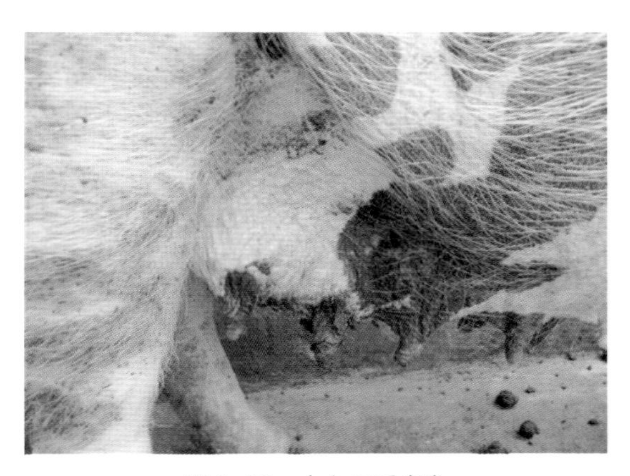

图 6-22　十七天后痊愈

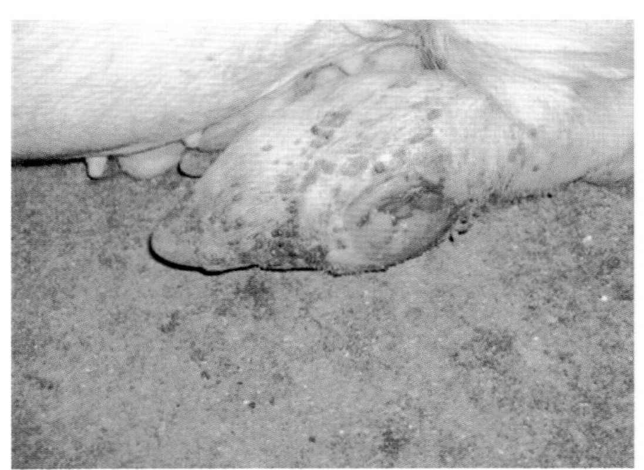

图 6-23　遭受外伤的猪只，伤口愈合缓慢

（三）防治

饲料中加入 0.02% 的硫酸锌、碳酸锌、氧化锌对本病兼有治疗和预防作用。但一定注意其含量不得超过 0.1%，否则，会引起锌中毒。也可饲喂葡萄糖酸锌。

治疗对皮肤角化不全和因锌缺乏引起的皮肤损伤，数日后即可见效，经过数周治疗，损伤可完全恢复。

第七章　中　毒

一、黄曲霉毒素中毒

猪发霉饲料中毒是由饲料中霉菌毒素引起的以全身出血、消化机能紊乱、腹水、神经症状等为临床特征，以肝细胞变性、坏死、出血，胆管和肝细胞增生为主要病理变化的中毒性疾病。

（一）临床体会

本来霉菌毒素中毒症的临床表现相当复杂，再加上近几年猪病混合感染较严重，基层兽医站又缺乏相应的诊断设备，因此，它构成的“底色病”会被众多继发病（传染病与非传染病）掩盖，本病基层兽医的确诊率较低，极易造成误诊。只有持正确的诊断思维去认识这些临床表现才能正确诊断。发霉饲料中毒大多是慢性中毒，临床一旦出现症状，内脏器官已经被损伤相当严重，治疗效果差，恢复慢。因此，把好原料关，不喂霉变饲料是有效预防本病的关键。黄曲霉毒素引起的中毒的剖检可见，主要侵害肝脏。

（二）临床症状

黄曲霉素素引起中毒的猪常在食入发霉饲料后 5~15 天出现症状。急性病例可在运动中发生死亡，或发病后 2 天内死亡。病猪精神萎顿，食欲废绝，后躯衰弱，走路蹒跚，黏膜苍白，体温正常，粪便干燥，直肠出血，有时站立一隅或头低墙下。慢性病例精神萎顿，走路僵硬，出现异嗜癖者，喜吃稀食和生青饲料，甚至啃食泥土、瓦砾。体温正常，黏膜黄染，有的病猪眼鼻周围皮肤发红，以后变蓝色（图 7–1、图 7–2）。

（三）病理变化

猪发霉饲料中毒，表现为肝脏损伤、黄疸和出血性综合征。可视黏膜和皮下脂肪有不同程度的黄染。腹腔有少量黄色或淡红色腹水，浆膜表面有出血斑点。剖检变化主要发生在肝脏，肝脏色黄肿大，质脆，严重的有灰黄色坏死灶，小叶中心出血和间质明显增生，质地变硬，急性病猪胆囊黏膜下层严重水肿，胆汁浓稠呈黄色胶状。大腿前和肩下区的皮下肌肉内发生出血，其他部位也常见肌肉出血，胃底弥漫性出血，有的出现溃疡，肠道有出血性炎症，胃肠道中有血凝块，全身淋巴结肿胀，呈急性淋巴结炎。肠系膜充血，水肿，黏膜脱落，呈豆渣样。肾肿大、充血，水肿，有深黄色胶状物，切面黄染。脾脏通常无变化，心包腔积液，心外膜和心内膜有明显出血，有时结肠浆膜呈胶样浸润（图 7–3 至图 7–6）。

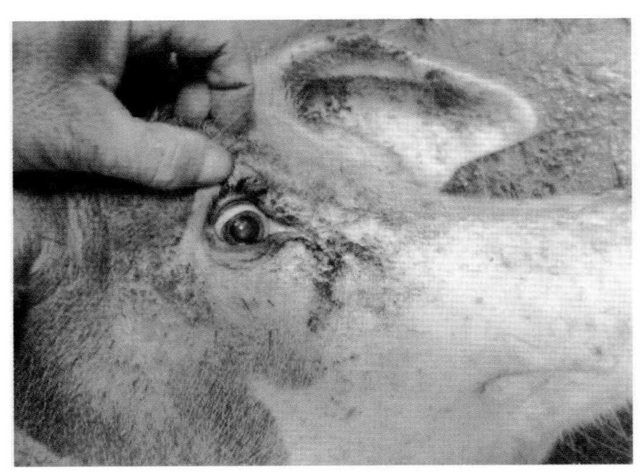

图 7-1　饲喂霉菌毒素超标饲料的经产母猪，眼周　围附着污垢

图 7-2　红眼与红色眼露、皮肤油脂状渗出

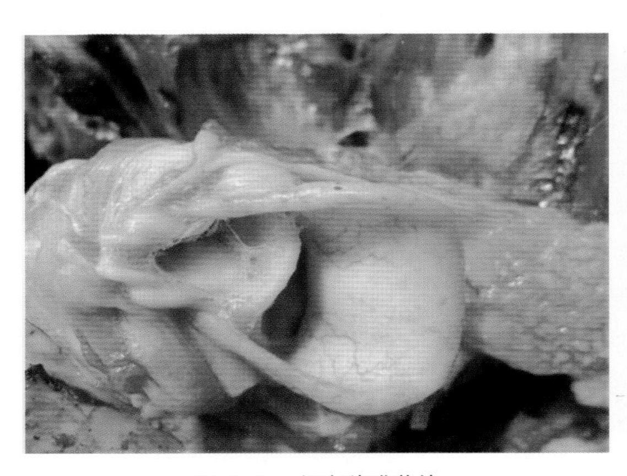

图 7-3　喉头黏膜黄染

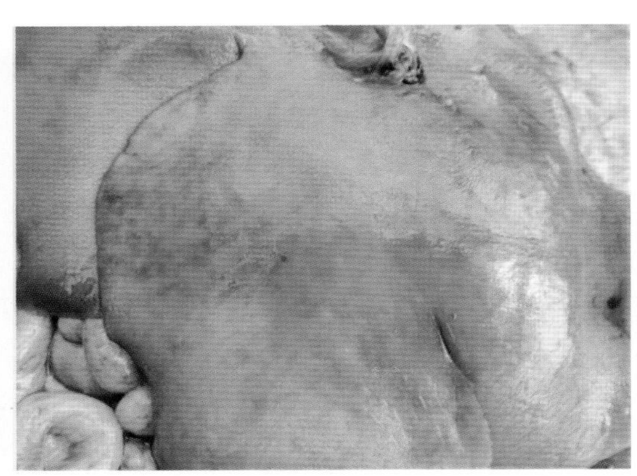

图 7-4　肝脏色黄肿大，质脆，严重的有灰黄色坏死灶

图 7-5　小叶中心出血和间质明显增生，质地却变硬

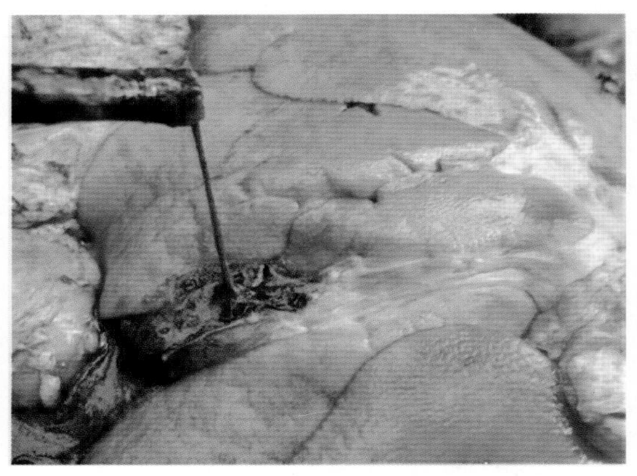

图 7-6　急性病猪胆囊黏膜下层严重水肿，胆汁浓稠呈黄色胶状

（四）治疗

西药治疗：静脉注射 20% ~50% 葡萄糖、安钠咖、维生素 C、乌洛托品等。

中草药治疗：防风 60g、甘草 60g、绿豆 500g，煎水，加白糖 60g，一次灌服（剂量根据猪大小适当增减）。

二、玉米赤霉烯酮引起的中毒

玉米赤霉烯酮又称 F-2 毒素，它首先从有赤霉病的玉米中分离得到。玉米赤霉烯酮其产毒菌主要是镰刀菌属的菌侏，如禾谷镰刀菌和三线镰刀菌。玉米赤霉烯酮主要污染玉米、小麦、水稻、大麦、小米和燕麦等谷物。其中，玉米的阳性检出率为 45%，最高含毒量可达到 2 909mg/kg；小麦的检出率为 20%，含毒量为 0.364~11.05mg/kg。玉米赤霉烯酮的耐热性较强，110℃下处理 1h 才被完全破坏。

玉米赤霉烯酮具有雌激素样作用，能造成动物急慢性中毒，引起动物繁殖机能异常甚至死亡，可给畜牧场造成巨大经济损失。可导致猪出现子宫和乳腺肥大、脱肛等症状和疫苗免疫接种失败。

（一）临床体会

主要侵害生殖系统，早年发病，不能正确诊断，大多误诊为发情表现。随着集约化养猪生产的兴起，一些外来品种猪，本来 100kg 以上才发情，却在 30~50kg 就可见发情表现。本地猪阉割后也出现发情表现。临床发现，这种发情表现，并无周期性，发情表现持续时间长，部分发病猪阴道或子宫脱出，有的波及直肠，造成脱肛等。更换饲料一段时间就自行康复。随着养猪科技的发展，人们普遍认识到霉变饲料（赤霉菌素）是罪魁祸首。剖检特点：侵害靶器官是生殖系统。

（二）临床症状

赤霉菌素作为一种类雌激素物质，导致猪的生殖器官机能上和形态学上的变化。小母猪呈现发情症状，外阴红肿，子宫增生。乳腺肥大。经产母猪延长发情周期表现外阴阴道炎、持续性发情、屡配不孕。外阴和前庭黏膜充血，分泌物增多。长期饲喂则引起卵巢萎缩、发情停止或发情周期延长。孕猪可致少胎和弱胎，胚胎被吸收，甚至引起流产、死胎、新生仔猪死亡和干尸，给生产带来严重损失。泌乳母猪引起泌乳量减少，严重时甚至无奶。乳汁中的毒素还可使哺乳仔猪产生雌性化症状。生殖道的变化是阴户光滑，很坚实，紧张，或明显地突出外翻，严重时阴道壁下垂。公猪或去势公猪，可有包皮水肿和乳腺肥大。有报道本病可使仔猪腿外展和振颤数增加（图 7-7 至图 7-11）。

图 7-7　小母猪阴户肿胀，乳腺肿大，出现类似发情症状

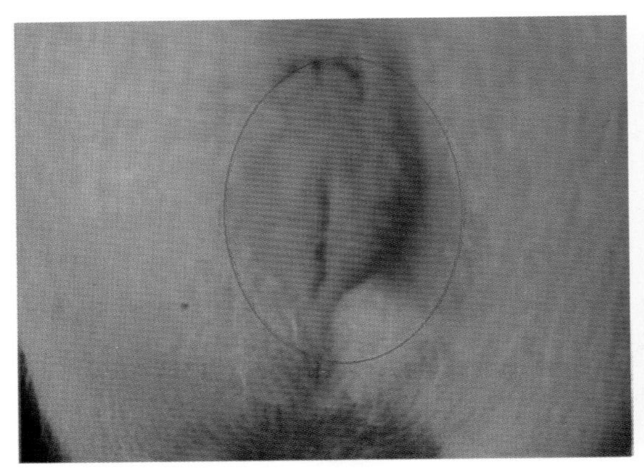

图 7-8　小母猪阴户肿胀

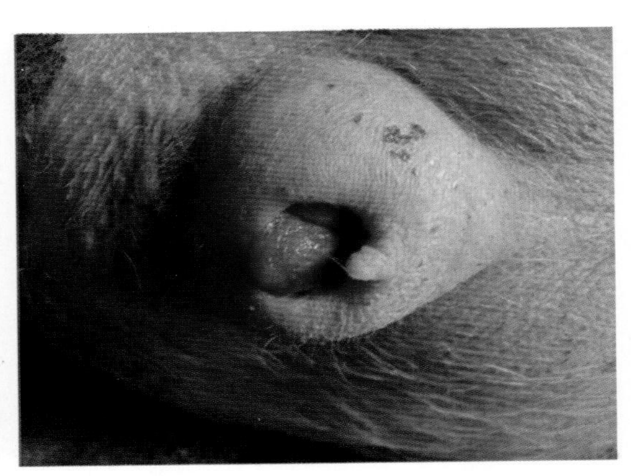

图 7-9　小母猪阴户肿胀，子宫增生。生殖道的变化是阴户光滑，很坚实，紧张，或明显地突出外翻，严重时，阴道壁下垂

图 7-10　小母猪呈现发情症状，外阴红肿，乳腺肥大

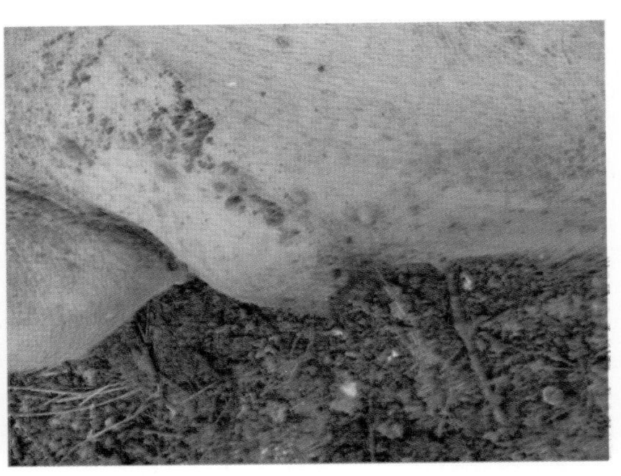

图 7-11　公猪或去势公猪，可见包皮水肿

（三）治疗

玉米赤霉烯酮中毒尚无特效药治疗，停止饲喂发霉或可疑饲料。对于已经中毒的家畜给予一定的治疗。急性中毒猪，可采取静脉放血和补液强心的方法。根据猪的体重不同从静脉放血 100~500mL。同时，用 10% 葡萄糖 500~1 000mL，5% 葡萄糖 500~1 000mL，40% 乌洛托品 60mL，右旋糖酐 500~1 000mL，三磷酸酚酥 11 万 IU 静脉补液。同时，肌肉注射维生素 K3~5mL。对于急性中毒的动物。慢性中毒的患猪，可用绿豆苦参煎剂灌服，静脉注射葡萄糖和樟脑磺酸钠，同时口服鱼肝油。肌肉注射维生素 E 和黄体酮。据报道在治疗过程中使用雄性激素和保胎素的方法效果不明显。

三、铁中毒

铁中毒又称血色病。血色病分为原发性血色病与继发性血色病两种，原发性血色病的病因未明，本病系常染色体显性遗传，代谢缺陷的本质尚未确定。可作为肠黏膜吸收，铁的调节失常——吸收过多的铁。猪铁中毒多出现在 3~5 日龄注射铁制剂后。

（一）临床体会

铁中毒临床并不少见，一般从饲料中过量摄取中毒的情况很少见，大多数是 3~5 日龄注射铁制剂所致。根据近些年临床诊断该病情况看，中毒原因主要是有的一窝仔猪对铁的耐受能力差，因为大多数仔猪用同等剂量注射是安全的。

（二）临床症状

乳猪注射铁制剂后，除过敏外，大多数当时看不出明显的不良反应，约 10h 后可发现呕吐、腹痛、腹泻。蹒跚，行走不稳，双侧后肢震颤，发抖，肌纤维自发性收缩，精神萎顿、嗜眠、呼吸困难和昏迷（图 7-12）。从胸前到腹部，有一条宽约 3cm 的紫色淤血带。

（三）剖检变化

注射部位周围着色、水肿，肌肉苍白，肾肿大，心外膜出血，胸腔积水和肝坏死（图 7-13 至 7-18）。

（四）防治

去铁敏，可络合铁离子成为无毒的络合物经尿排出，一般每次用 20mg/kg 体重，肌注，每 4h1 次。如系重症中毒，可每次用 40mg/kg 体重，缓慢静滴，4h 滴完，6h 后可重复 1 次。以后改为每次 20mg/kg，每 12h 静滴 1 次，直至尿色正常为止。如尿液仍为桔红色或红褐色，表示尚有去铁敏和铁离子络合物存在，则可继续用药，亦可按每次 90mg/kg 加入 5% 葡萄糖溶液 150~200mL 中，在 6h 以上静滴完毕。

图 7-12　注射铁剂 10 小时后死亡

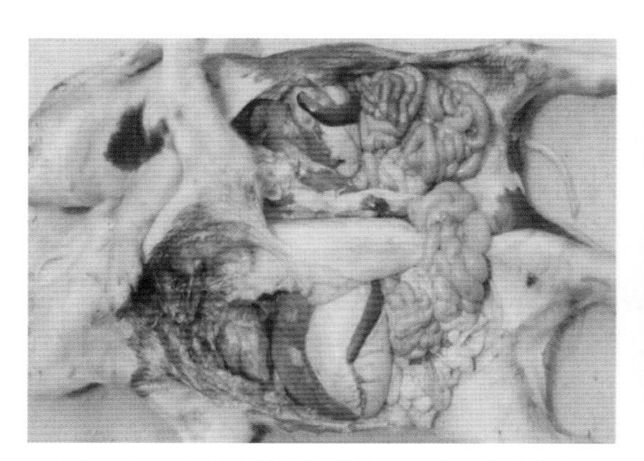

图 7-13　注射部位周围着色、水肿、肌肉苍白

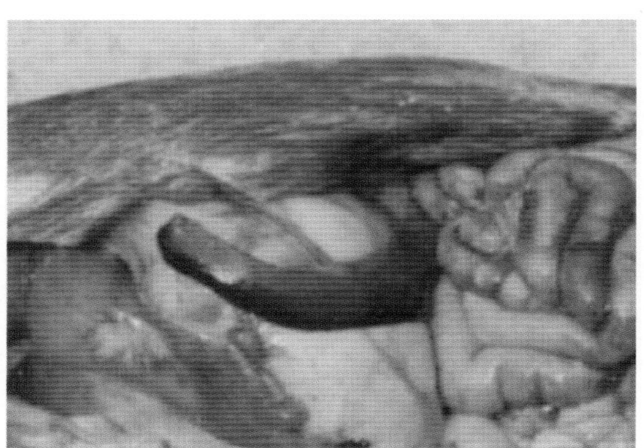

图 7-14　脾脏肿大，部分区域着色

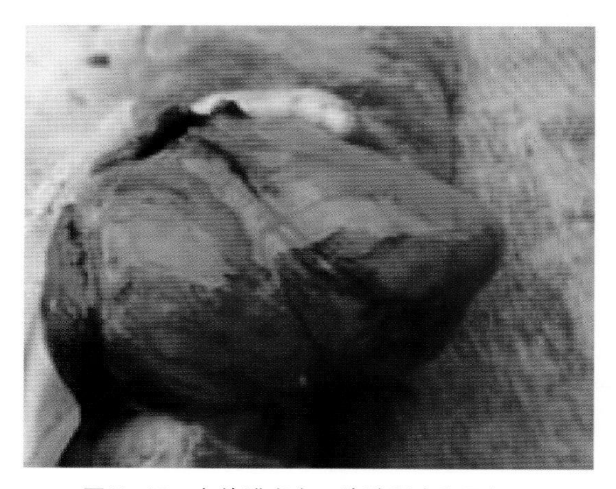

图 7-15　心外膜出血，胸腔积水和肝坏死

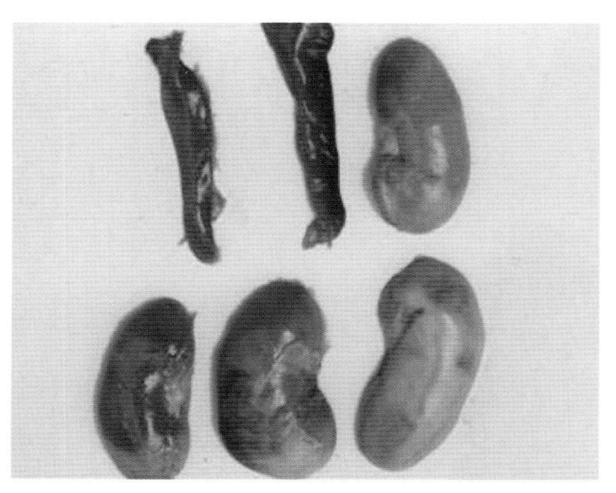

图 7-16　肾脏肿大、部分区域着色，心外膜出血

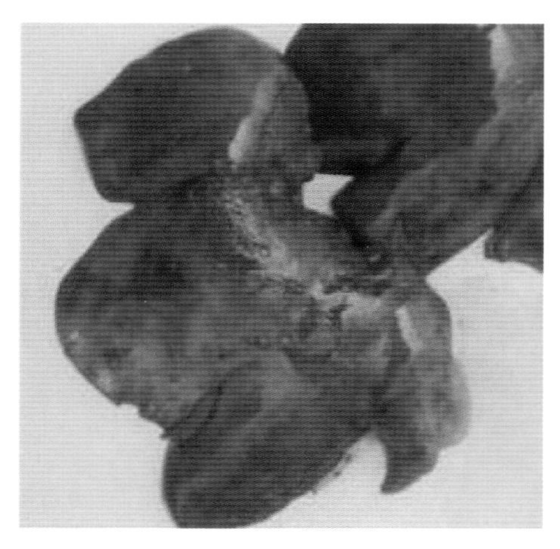

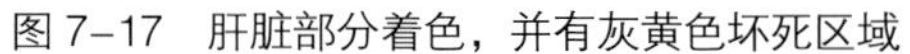

图 7-17　肝脏部分着色，并有灰黄色坏死区域

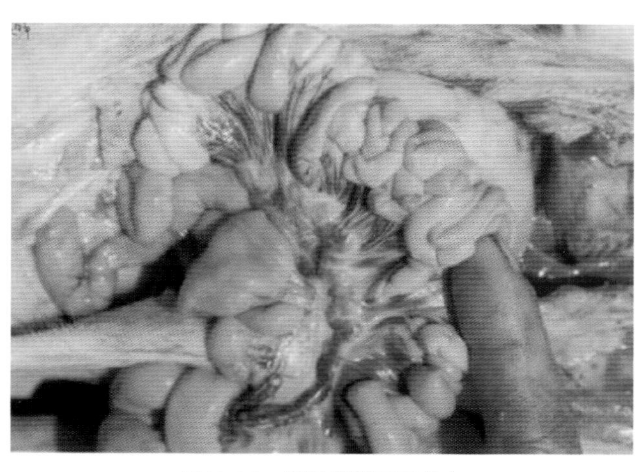

图 7-18　肠系膜淋巴结着色

四、安乃近中毒

安乃近为氨基比林和亚硫酸钠结合后的化合物，易溶于水，解热、镇痛作用较氨基比林快而强。一般不作首选用药，仅在急性高热、病情急重，又无其他有效解热药可用的情况下用于紧急退热。猪安乃近中毒主要是盲目或重复大剂量使用安乃近药物造成。

（一）临床体会

关于猪安乃近中毒报道很少，但这并不意味着该病发生较少。其实，自改革开放以来，随着兽药市场的放开（不再是兽医站独家经营），养猪户（场）已不再依靠猪发病后找兽医看病打针这个以前唯一的渠道，他们可随心所欲的从市场上购买廉价的兽药，回来后自己给猪注射。请兽医要有出诊费，价格很高，可能要 30 元，而自己购买的纯兽药成本可能要 3 元。如此一来，自己注射，加 10 倍剂量也不过 30 元。加上对兽药药理毒理的知识掌握较少或治病心切，他们可能要盲目地加大剂量，或延长疗程。再者，兽用药物较多为复方制剂，有时可能没注明含有安乃近，但事实含量却较高。致使出现大剂量、长时间或重复给药造成中毒现象。其实药物中毒现象，真的不少，前些年猪“高热病”，有兽药价格因素，兽医确实也太忙。很多养猪户是被逼出来的自己给猪用药。当时药物中毒相当普遍，只是当时“高热病”太难治，而药物中毒的病例一般又不具特征性，用药太乱，基层兽医缺乏药物中毒诊断相关知识。导致药物中毒诊断率很低。但是随后人们认识到在治疗“高热病”时，出现怪异现象，就是给猪打针时“多打（针）多死（猪），少打（针）少死（猪），不打（针）不死（猪）了”。从大剂量、长时间给病猪注射药物，到后来有的猪场有病也不打针，出现两个极端现象。虽然，两种现象都不可取，但从中折射出养猪从业人员的伤心和无奈。

安乃近注射液用于高热时的解热，也可用于肌肉痛、关节痛等。本品亦有较强的抗风湿作用，可用于急性风湿性关节炎，但因本品有可能引起严重的不良反应，目前，人很少在风湿性疾病中应用。

（二）临床症状

发病前期，出现呕吐、体温低下，但精神亢奋，架子猪大剂量注射安乃近，中毒后，皮肤颜色暗红，在圈舍内吻凸贴近地面无目的乱拱，乍看上去，好像精神很好，到处觅食，仔细观察却发现是机械性的，此时用锐器（针头）针刺猪体，患猪无任何反应。

仔猪安乃近中毒表现基本一致，眼睑轻肿，不断咀嚼（如图 7–19 显示“吧唧嘴”，不是鸣叫），不论放在什么地方，总是无目的啃咬，皮肤瘀斑，皮肤潮红，又以耳部为甚（图 7–20、图 7–21）。

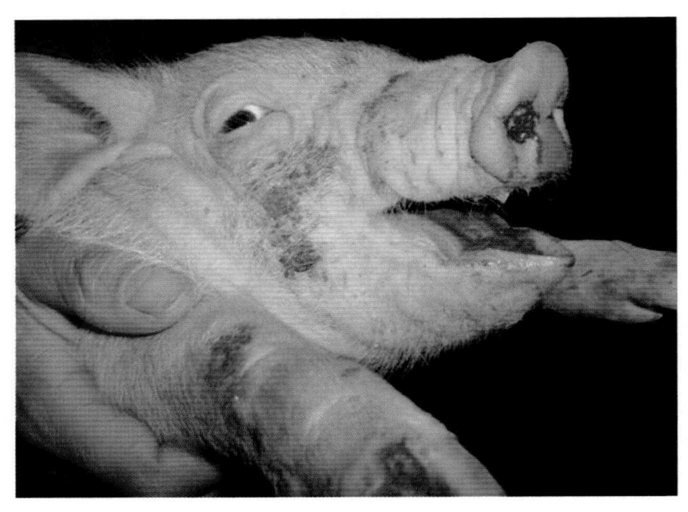

图 7–19　眼睑轻肿，不断咀嚼（“吧唧嘴”）

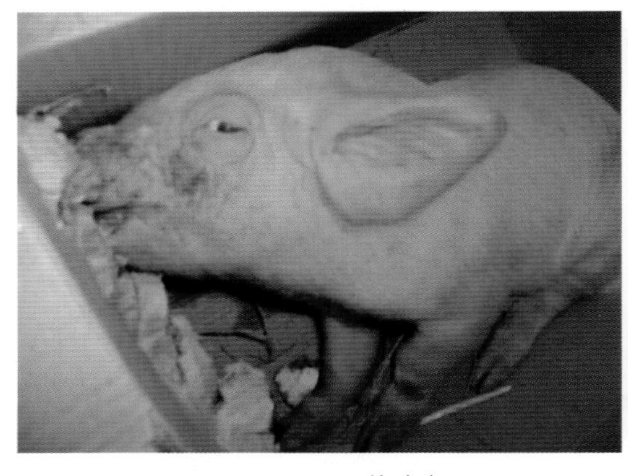

图 7–20　无目的啃咬

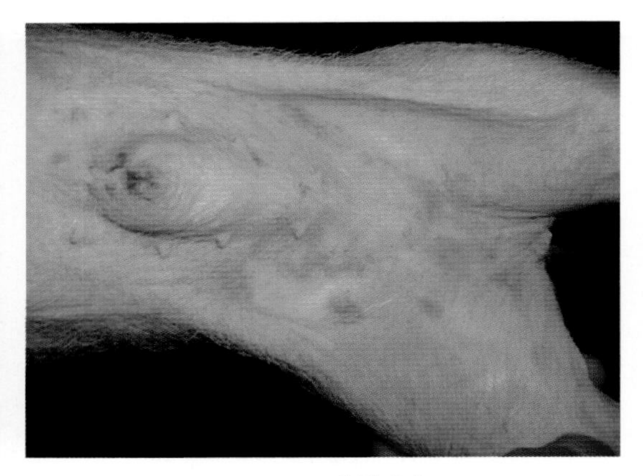

图 7–21　皮肤瘀斑

（三）防治

无特效解毒药，以对症处理为主。可使用以下处方：50kg 体重，用 10% 葡萄糖

1 000mL 加氢化考的松 300mg、维生素 C3g、10% 葡萄糖酸钙 20mL 静脉滴注。

五、食盐中毒

猪食盐中毒主要是由于采食含过量食盐的饲料，尤其是在饮水不足的情况下而发生的中毒性疾病。猪食盐中毒急性致死量约为每千克体重 2.2g。

（一）临床体会

目前，食盐中毒在集约化养猪场很少见，散养户中以饲喂食堂饭店等残羹剩饭的发病较高。

（二）临床症状

患猪食欲减少，口渴，流涎，头碰撞物体，步态不稳，转圈运动。尿少或无尿，兴奋时奔跑，大多数病例呈间歇性癫痫样神经症状。神经症状发作时，颈肌抽搐，不断咀嚼流涎，犬坐姿势，张口呼吸，口腔黏膜肿胀，皮肤黏膜发绀，发作时，肌肉震颤，体温略有升高，体温高（痉挛时升至 41℃），发作间歇期体温正常。随着病情的发展，病猪后躯开始麻痹，卧地不起，常在昏迷中死亡（图 7-22、图 7-23）。

（三）病理变化

剖检可见胃肠黏膜充血、出血、水肿，呈卡他性和出血性炎症，并有小点溃疡，粪便液状或干燥，全身组织及器官水肿，体腔及心包积水，脑水肿显著，并可能有脑软化或早期坏死。

图 7-22 患猪食欲下降，口渴，流涎，头碰撞物体

图 7-23 前期口渴，后期意识不清，对水无反应

（四）防治

静脉注射：每千克体重 20% 甘露醇溶液 5mL、25% 硫酸镁溶液 0.5mL，混合后一次

静脉注射。

溴化钙 1~2g，溶于 10~20mL 蒸馏水中，过滤煮沸灭菌后，耳静脉注射。

六、土霉素中毒

土霉素系广谱抗生素，属四环素类药，易溶于水，对预防细菌性传染病，治疗轻微呼吸道及肠道疾病有良好疗效。又因其价廉而被广泛用于养猪生产中，土霉素进入机体后，吸收快，排泄慢，达 12 小时以上，因此，不论一次大剂量或连续超剂量用药均能引起中毒，甚至造成死亡。

（一）临床体会

土霉素中毒主要发生在散养户或小规模养猪户中，或不能准确有效掌握用药剂量的养猪户。初生仔猪超剂量注射长效土霉素发病的典型病例如图所示。说明书是出生自主注射 0.1ml，该户主所谓的加倍量，其实加了 20 倍，每头仔猪注射 2ml，第 2 天见猪精神萎顿，不知是土霉素中毒，以为生病，每头仔猪又注射 2 毫升，结果出现中毒死亡现象。

（二）临床症状

发病仔猪都呈侧卧，反应迟钝，瞳孔扩大，身体僵硬如木马，发病猪一般体温正常，精神沉郁，步态蹒跚，呼吸快而弱。随着病情的发展，出现昏迷、休克、侧卧，有的角弓反张，但不像伪狂犬那样口流涎（图 7–24、7–25）。

同时，口、鼻翼以及颌下都有节律的随着呼吸扇动。个别仔猪稍受刺激，则四肢滑动，角弓反张，测量体温在 38.7~39.5℃，呼吸 94 次 / 分钟、脉搏 126 / 分钟。

（三）剖检变化

剖检患猪可见胃、肠出血，肝脏损害。解剖频死期仔猪，发现血液稀薄，凝固不良，心肌松软，心内外膜有出血斑点，肝脏肿大，脂肪变性，呈土黄色，并有一处栗粒大小黄色病灶，肝脏切面，肝小叶结构模糊，触摸有油腻感。肝门淋巴结出血，一头猪肾脏色淡并有出血条纹，呈花斑肾，这是药物代谢的引起。另外，肺门、肾门以及肠系膜淋巴结出血呈棕色。肌肉色淡，似煮熟状（图 7–26 至 7–28）。

询问和系统调查养殖户结果发现与注射土霉素有关。

主诉，出生仔猪都很健康，母猪也很健康，作为保健，出生当天用长效土霉素注射液，每头 0.5ml，肌肉注射。不过第二天发现有仔猪腹泻，每头又注射土霉素 1 毫升（说明书用量公斤体重 0.01ml，而本窝仔猪初生重平均重只有 1 千克），调查发现：发病的几头仔猪都是第二天又注射过土霉素的，而第一次注射过土霉素的仔猪，虽然用量也严重超标，但外观上并无明显的临床症状。由此推断可能是土霉素中毒。查阅资料，有说土霉素中毒大量流涎，但该窝发病仔猪，好像口腔干燥，但该症状又与药典中土霉素不良反应当中介绍的“出现口干、咽痛、口角炎和舌炎等”。相吻合。

图 7-24 发病仔猪侧卧，反应迟钝，进而出现昏迷、休克、侧卧，有的角弓反张

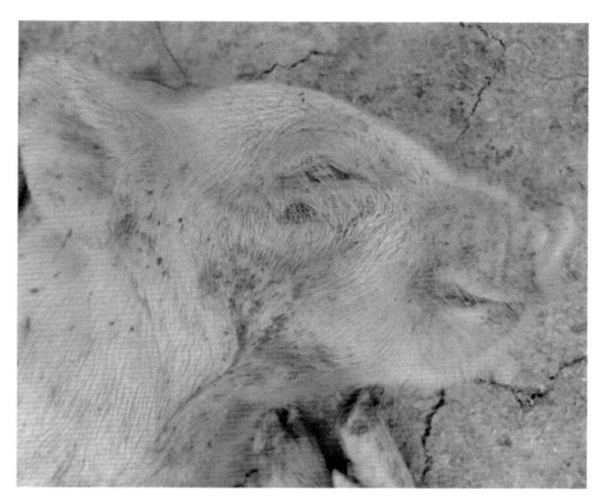

图 7-25 死亡仔猪眼睑青紫色

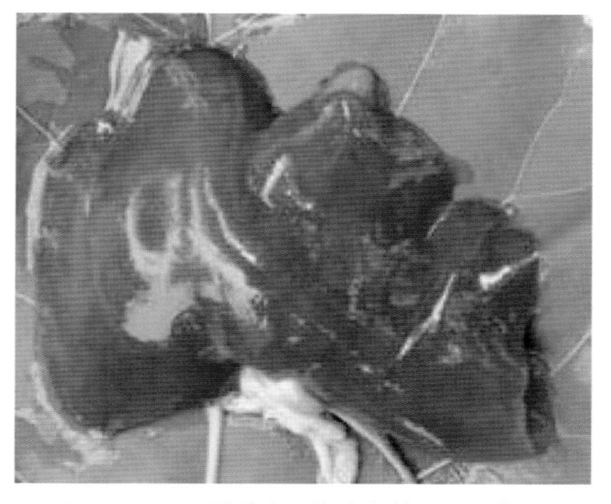

图 7-26 肝脏肿大，脂肪变性，呈土黄色，肝小叶结构模糊，触摸有油腻感

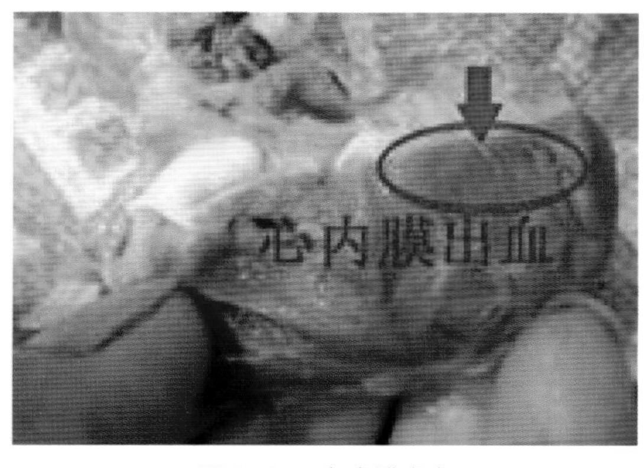

图 7-27 心内膜出血

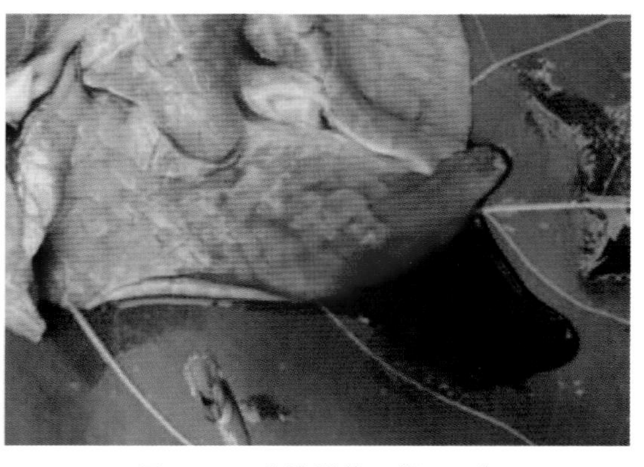

图 7-28 血液稀薄，凝固不良

（四）防治

立即注射扑尔敏，静脉使用 10% 葡萄糖溶液和葡萄糖酸钙。

饮水中加入葡萄糖或绿豆汤，同时，口服维生素 C，每次 10~20mg。

第八章　产　科

一、子宫内膜炎

母猪子宫内膜炎是导致母猪繁殖障碍的主要疾病之一，母猪发病后危害精子的生存，影响受精及胚胎的生长发育和着床，引起胎儿死亡而发生流产，或发情母猪屡配不孕。

（一）临床体会

子宫内膜炎是母猪生产中最常见的一种产科疾病，如果积极治疗比较轻微的子宫炎或卡他性炎症是有效的。对于脓性或较顽固的炎症，除非优良或应保留猪种外，要坚决予以淘汰。

病因是由于配种、人工授精及阴道检查时消毒不严、难产、胎衣不下、子宫脱出及产道损伤之后，细菌（双球菌、葡萄球菌、链球菌、大肠杆菌、弓形虫病等）侵入而引起。阴道内存在的某些条件性致病菌，在机体抗病力降低时，亦可发生本病。此外，布氏杆菌病、沙门氏菌病以及霉菌毒素中毒等也常并发子宫内膜炎。

（二）临床症状

急性子宫内膜炎：

多见于产后母猪。病猪体温升高，没有食欲，常卧地，从阴门流出灰红色或黄白色脓性腥臭的分泌物，附着在尾根及阴门外，病猪常作排尿动作，弓背，努责，不发情或发情不正常，不易受胎等（图 8–1）。

慢性子宫黏膜炎：

多由急性炎症转变而来，常无明显的全身症状，有时体温略微升高，食欲及泌乳稍减，阴道检查，子宫颈略开张，从子宫流出透明、浑浊或杂有脓性絮状渗出物（图 8–2）。

图 8–1　产后母猪体温升高，喜卧、食欲差

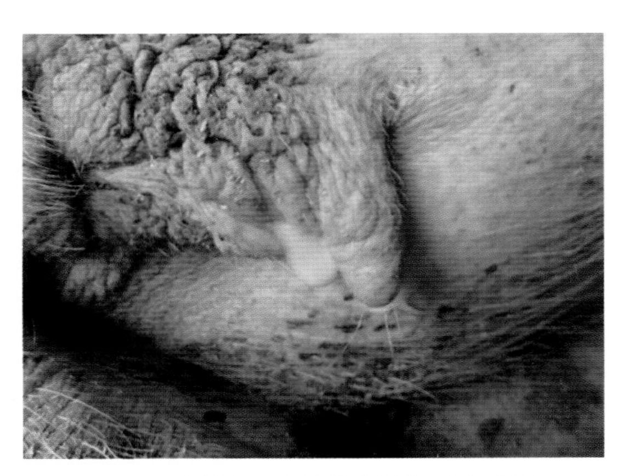

图 8–2　从阴门流出脓性分泌物，屡配不孕

有的在临诊症状、直肠及阴道检查，均无任何变化，仅屡配不孕，发情时从阴道流出多量不透明的黏液，子宫冲洗物静置后有沉淀物（隐性子宫内膜炎）。当脓液蓄积于子宫时（子宫蓄脓），子宫增大，宫壁增厚，当浆液蓄积于子宫（子宫积液）时，子宫增大，宫壁变薄，感有波动，均可能出现腹围增大。

（三）防治

（1）选择 0.02%新洁尔灭溶液或 0.1%高锰酸钾溶液冲洗子宫，冲洗后排出溶液，然后用注射用水 20mL 稀释 80 万 ~160 万 IU 青霉素灌注子宫中。

（2）对慢性子宫内膜炎的病猪，可用青霉素 80 万 ~160 万 IU、链霉素 100 万 IU，混于高压消毒的植物油 20mL 中，向子宫内注入。

（3）用宫炎康泡腾片 1 粒，用专用工具放入子宫内。

（4）全身疗法可用青霉素，肌肉注射，每次 320 万 ~400 万 IU；链霉素，肌肉注射，每次 100 万 IU，每日 2 次。

（5）为了促使子宫蠕动加强，有利于子宫腔内炎性分泌物的排出，亦可使用于宫收缩剂，可皮下注射缩宫素 20 万 IU。

二、母猪产后无乳综合征

母猪产后无乳综合征又称母猪泌乳失败。是多种病因作用的结果，其主要病因包括：子宫内膜炎、乳房炎、肾炎、膀胱炎和繁殖与呼吸障碍综合征以及饲料霉菌毒素超标。母猪产后无乳综合征在猪场中时有发生，特别是在盛夏高温季节发病率最高，是母猪产后的常发病之一，其特征是在母猪产后 13 日逐渐表现少乳或无乳、厌食、便秘、对仔猪淡漠等。任何年龄的母猪均可发病。母猪一旦发生本病，会使仔猪生长受阻、腹泻、脱水，甚至死亡，母猪断奶后发情延迟，屡配不孕而最终被淘汰。仔猪由于得不到充足的母乳而变得瘦弱，易发病，死亡率较高，给养殖业造成严重的损失。管理状况不同的猪场发病率存在较大的差异，有的场发病率高达 50%，有的场却很少见到。部分患病母猪虽经治疗和加强饲养管理，泌乳功能得到改善，但仍赶不上正常母猪的泌乳量。

（一）临床体会

母猪产后无乳综合征是养殖生产中常见的疾病之一。不过因病因复杂，确诊困难，加之认识不足，临床上往往被忽视。诊断时一定要全面考虑，不放过临床上每一个诊断细节。实践中，我们发现本病在中小养殖场（户）易发。霉菌毒素中毒是其主要原因之一。较大规模猪场因对饲料质量把关较严，饲料问题不大。猪饲养密度大，经产母猪多头混养，易发生互相咬架、挤压，争食时，饲养员大声恐吓、击打等现象致使母猪应激性增加，都能导致猪抵抗力下降，增加母猪产后无乳综合征的发病率。母猪无乳综合征通过临床表现和流行病学分析，一般不难诊断。即使乳房无炎症表现，也可以通过仔猪饥饿、脱水消瘦等一系列表现得到证实。但真正找出病因就需要认真分析，掌握相关知识和技能。

（二）临床症状

本病的病因复杂，包括应激、内分泌失调、传染病、中毒、营养以及饲养管理等均可能引起。因此，临床症状不同。但共同特征是母猪在分娩后发生乳汁减少或停止。同时，表现采食量和饮水量减少，甚至废绝，精神沉郁，不愿站立，有的体温升高，有的体温可能偏低。粪便干、少，缺乏母性对仔猪的关怀，表现对仔猪冷漠，甚至呈卧姿，将乳头压于腹下，拒绝仔猪哺乳。或虽允许仔猪哺乳，但放乳时间极短，仔猪表现饥饿、血糖下降，对感染无抵抗能力，易发疾病死亡。因乳房炎造成泌乳失败的母猪可见乳房肿大，乳腺组织坚硬，触诊疼痛，皮肤充血或淤血、指压褪色发白，恢复缓慢，脉搏加快，呼吸急迫。产道感染的还可见阴门红肿并有污红色或脓性分泌物流出。霉菌感染还可见后肢软弱，红眼，红色眼露和皮肤油脂溢出。非传染性因素引起除母猪无乳综合征，除表现无乳以外，临床上可能见不到明显症状。有的母猪常因症状不明显而被忽视（图 8-3 至 8-6）。

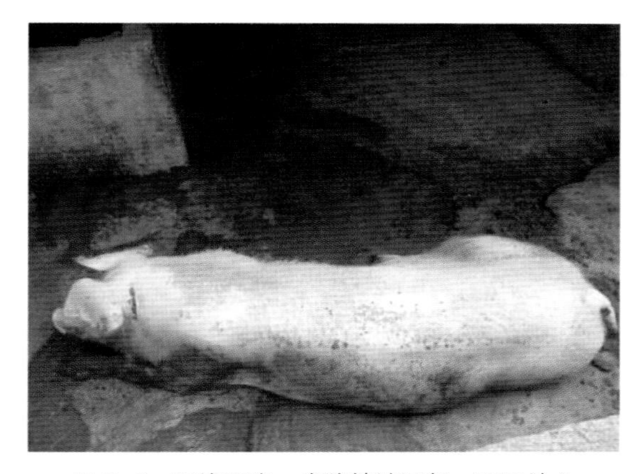

图 8-3　环境恶劣，病猪精神沉郁，不愿站立

图 8-4　健康猪与患猪对照（右侧为健康母子，左侧为患病母子）

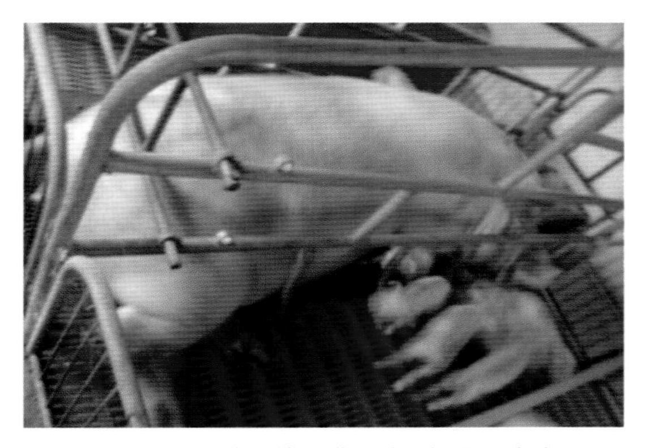

图 8-5　对仔猪表情淡漠，甚至拒绝仔猪哺乳

图 8-6　从额头污秽可知乳猪缺乳，吃不饱又无别的办法，乳猪显得无奈

（三）防治

造成母猪无乳综合征的原因很多，因此，预防要综合考虑，如做好传染病特别是泌尿和生殖系统疾病防治工作，加强妊娠母猪饲养管理；猪舍通风、透光，环境卫生，营养以及霉菌毒素和正确接产及助产。产房、临产母猪的冲洗、消毒。保持产房、产床的干燥卫生，定期消毒。分娩过程中应保持安静，避免助产人员和兽医对母猪过多干扰。

（1）激素疗法：肌内注射乙烯雌酚 4~5mL，一日两次；或肌肉注射缩宫素 5~6mL，每日两次。

（2）药物疗法：

① 清除炎症：肌内注射常量青霉素、链霉素或磺胺类药物。② 中药治疗：口服以五不留行、穿山甲为主的中药催乳散。

（3）通过对母猪乳房按摩、仔猪吮乳促进母猪乳房消炎、消肿和排乳。

（4）对初生小猪可采取寄养的方法，以免饿死。

三、生产瘫痪

生产瘫痪是指产前不久或产后 2~5 天，母猪所发生的四肢运动能力丧失或减弱的一种疾病。

（一）临床体会

生产瘫痪的主要病因是饲养管理不当。母猪怀孕后期，由于胎儿发育迅速，对矿物质的需要量增加，此时当饲料中缺乏钙、磷，或钙磷比例失调，均可导致母猪后肢或全身无力，甚至骨质发生变化，而发生瘫痪。缺乏蛋白质饲料时，妊娠母猪变得瘦弱，也可发生瘫痪。此外，饲养条件较差，限位栏高密度饲养时，母猪运动空间有限，产后护理不好，冬季圈舍寒冷、潮湿，也可发病。

（二）临床症状

产前瘫痪：怀孕母猪长期卧地，后肢起立困难，无任何病理变化，知觉反射，食欲、呼吸、体温等均正常。

产后瘫痪：见于产后 2~5 天，食欲减退或废绝，病初粪便干硬而少，停止排粪、排尿，体温正常或略有升高，乳汁很少或无奶（图 8-7 至图 8-10）。

（三）防治

（1）肌内注射维生素 A、维生素 D 3mL，隔 2 日 1 次，静脉注射 20% 葡萄糖酸钙 50~100mL，或用 10% 氯化钙溶液 20~50mL。

（2）肌肉注射维生素D_2钙 10mL，每日 1 次，连用 3~4 天。

（3）后躯局部涂擦刺激剂，以促进血液循环。

（4）饲料中适量添加骨粉，便秘时可用温肥皂水灌肠，或内服人工盐 30~50g。

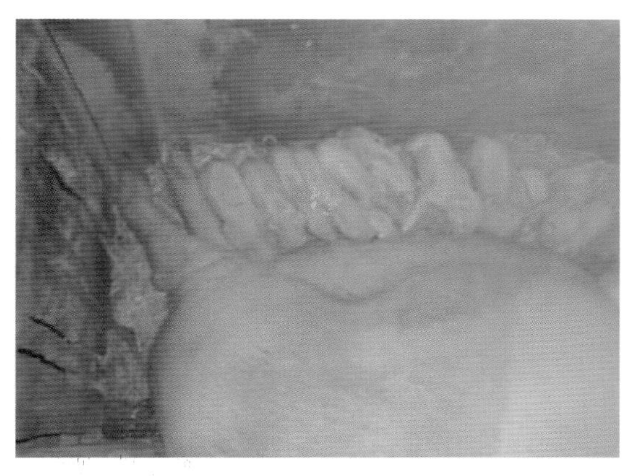

图 8-7　食欲减迟或废绝，病初粪便干硬而少，停止排粪、排尿，体温正常或略有升高，乳汁很少或无奶

图 8-8　该猪试图起立，频繁昂头甩尾，仍不能起立，至口部损伤出血

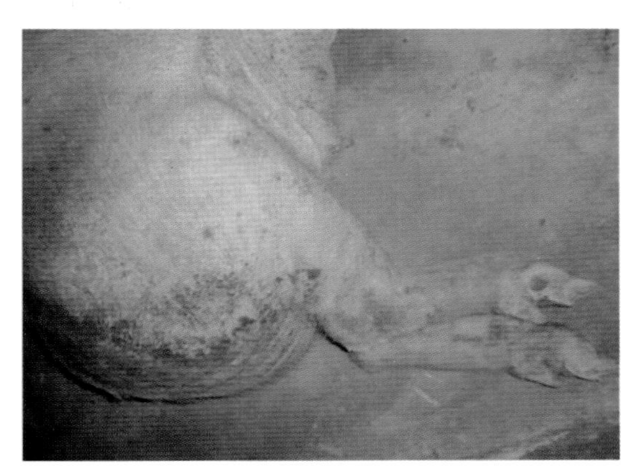

图 8-9　产后护理不好，试图起立，划动腿部，致使蹄部磨损出血

图 8-10　大多只是后肢严重，前肢尚能支撑

四、卵巢囊肿

卵巢囊肿是母猪生殖器常见病，也是母猪正常生产的疾病之一。所谓卵巢囊肿是指卵巢出现囊样的肿块。该病可使母猪因长期不孕而被淘汰。调查发现，老的淘汰母猪约有10% 患有卵泡囊肿，给养猪业造成一定的经济损失。

（一）临床体会

卵巢囊肿是猪卵巢疾病中最常见的疾病，一侧或两侧卵巢均可发生，有的囊泡直径可达 5cm 以上，这样的囊泡有的达几十个以上，有的重量达 500g 以上。卵泡的生长、发育、成熟及取决于垂体的促卵泡素（FSH）和垂体促黄体素 (LH) 平衡作用。特别是在排卵上垂体前叶促卵泡素 (FSH) 和垂体促黄体素 (LH) 两者间的平衡尤其重要。如果没有达到平衡，垂体促黄体素 (LH) 量减少，则不发生排卵，卵泡里逐渐积留许多的泡液，使卵泡增大。许多囊肿卵泡直径达14mm以上。卵巢囊肿的原因之一是促甲状腺素分泌过多。

（二）临床症状

患病母猪生长发育尚属正常，但屡配不孕，以后发情周期受到扰乱（图8–11、图8–12）。病母猪多肥壮，性欲亢进，频繁，不规律或长时间持续发情，外阴充血、肿胀，常流出大量透明黏液分泌物，但屡配不孕或个别受孕但产仔数少。有的表现出不适以及磨牙等症状。

（三）剖检变化

囊肿的卵泡直径1~6cm，囊肿的数量1~20不等，严重的病例，囊肿数可接近排卵数。囊肿的卵泡外观呈灰白色，表面光滑，囊壁较薄，囊内含淡黄色清亮透明的液体，手指稍用力可"噗"地一下压破。多个囊肿的卵泡使卵巢皮质严重变性，黄体完全缺失，像一个点系住数个"水铃铛"。多个黄体囊肿较少见，与卵泡囊肿区别在于黄体囊肿壁厚可达2~3mm，手指压迫囊壁不那么紧张，而且很难压破，切开时有肉质感，囊内有粘稠的黄色浆液。

图8–11　患病母猪生长发育无异常

图8–12　发情周期紊乱，且屡配不能受孕

（四）治疗

卵泡囊肿应用垂体促黄体素(LH)：虽然此药是传统用药，但实践证明，仍然是目前治疗卵泡囊肿的良药，应用LH 100~200IU，肌肉注射2~3次。促黄体素释放激素（LHRH）或人绒毛膜促性激素（HCG）可促进囊肿的卵泡黄体化，注射后14天再注射氯前列烯醇，每头母猪肌肉注射0.1~0.2mg，一旦黄体消除，发情周期很快趋于正常。

五、流　产

流产是指母猪正常妊娠发生中断，表现为死胎、未足月活胎(早产)或排出干尸化胎儿等。流产是养猪业发生的常见病，对养猪业有很大的影响，常由传染性和非传染性(饲养和管理)因素引起，可发生于怀孕的任何阶段，但多见于怀孕早期。

（一）临床体会

众所周知，引起妊娠母猪流产有以下原因。

（1）感染性：病毒性疾病，细小病毒病、日本乙型脑炎等；细菌性疾病，布鲁氏菌病、李氏杆菌等；还有钩端螺旋体病以及弓形虫等均可引起猪流产。

（2）非传染性：非传染性流产的病因更加复杂，如营养、遗传、应激（噪音、惊吓）内分泌失调、创伤、中毒、用药不当等因素有关。

（二）临床症状

隐性流产发生于妊娠早期，由于胚胎尚小，骨骼还未形成，胚胎被子宫吸收，而不排出体外，不表现出临诊症状。有时阴门流出多量的分泌物，过些时间再次发情。

有时在母猪妊娠期间，仅有少数几头胎猪发生死亡，但不影响其余胎猪的生长发育，死胎不立即排出体外，待正常分娩时，随同成熟的仔猪一起产出。死亡的胎猪由于水分逐渐被母体吸收，胎体紧缩，颜色变为棕褐色，称木乃伊胎。

流产过程中，如果子宫口开张，腐败细菌便可侵入，使子宫内未排出的死亡胎儿发生腐败分解。这时母猪全身症状加剧，从阴门不断流出污秽、恶臭分泌物和组织碎片，如不及时治疗，可因败血症而死（图 8-13 至图 8-16）。

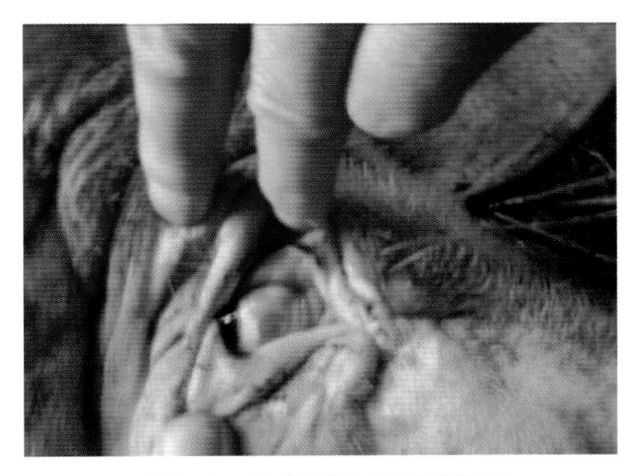

图 8-13　流产母猪可视黏膜潮红

图 8-14　饲料霉变引发流产

图 8-15　营养不良引发流产

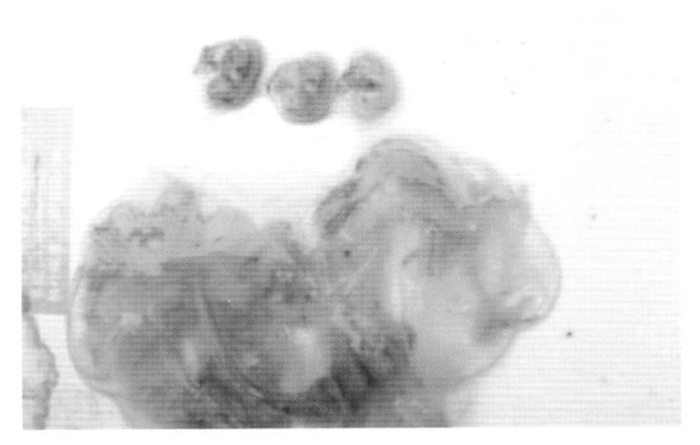

图 8-16　惊吓引发流产

（三）防治

1. 预防

加强对怀孕母猪的饲养管理，避免对怀孕母猪的挤压、碰撞，饲喂营养丰富，容易消化的饲料，严禁喂冰冻、霉变及有毒饲料。做好预防接种，定期检疫和消毒。谨慎用药，以防流产。

2. 治疗

妊娠母猪表现出流产的早期症状，胎儿仍然存活时，应尽量保住胎儿，防止流产。可肌肉注射孕酮10~30mg，隔日1次，连用2次或3次。若胎儿已经死亡或发生腐败，则应促使死胎尽早排出。肌肉注射氯前列烯醇，多在24小时内将胎儿产出。流产后子宫排出污秽分泌物时，可用0.2%新洁尔灭等消毒液冲洗子宫，然后注入抗生素，再肌肉注射氯前列烯醇，以利子宫积液排除。

六、难　产

难产是指在分娩过程中，分娩过程受阻，胎儿不能正常排出，母猪很少发生难产，发病率比其他家畜低得多，因为母猪的骨盆入口直径比胎儿最宽横断面长2倍，很容易把仔猪产出。

（一）临床体会

难产的发生取决于产力、产道及胎儿3个因素中的一个或多个。

（1）怀孕母猪在营养不良、年老体弱、疾病、运动不足、激素分泌不足、外界刺激等因素下都会造成子宫收缩微弱，引起难产。

（2）子宫颈狭窄、阴道及阴门狭窄、骨盆变形及狭窄。此种难产初产猪多见。

（3）胎儿的姿势、位置、方向异常，胎儿过大、畸形或两个胎儿同时契入产道等。饲养管理和繁殖管理不当，母猪过肥及过早交配等也可造成难产。

（二）临床症状

不同原因造成的难产，临诊表现不尽相同，有的在分娩过程中时起时卧，痛苦呻吟，母猪阴户肿大，有黏液流出，时做努责，但不见小猪产出，乳房膨大而滴奶，有时产出部分小猪后，间隔很长时间不能继续排出，有的母猪不努责或努责微弱，生不出胎儿，若时间过长，仔猪可能死亡，严重者可致母猪衰竭死亡（图8-17至图8-20）。

（三）防治

1. 预防

预防母猪难产，应严格选种选配，及时淘汰老弱母猪，加强后备母猪饲养管理和选育。不要对尚未成熟的后备母猪配种，发育不全的母猪应缓配，同时加强妊娠期间的饲养管理，适当加强运动，注意母猪健康情况，加强临产期管理。

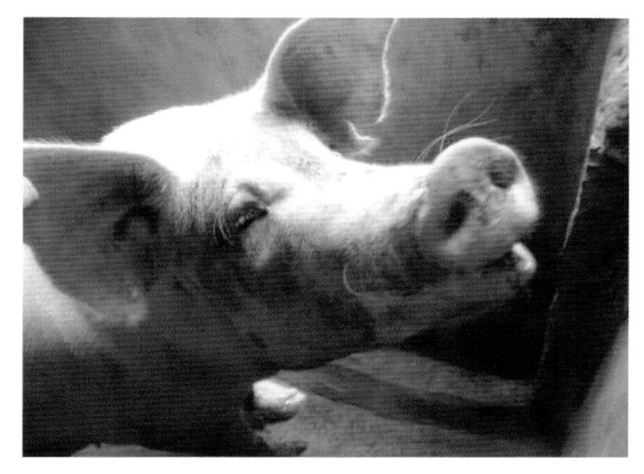

图 8-17　分娩过程中时起时卧，痛苦呻吟

图 8-18　乳房膨大滴奶正常

图 8-19　频繁努责，只见黏液不见胎儿

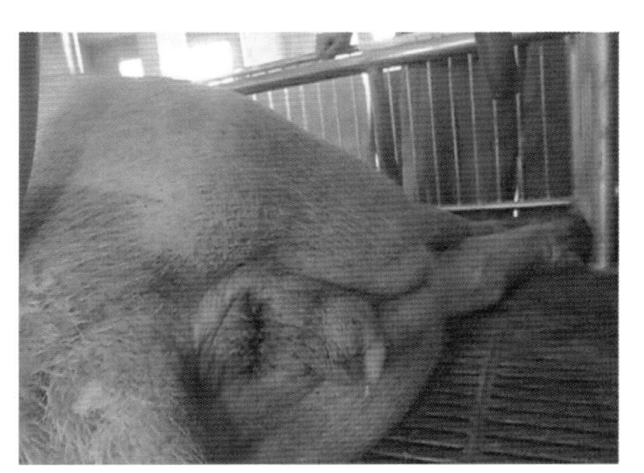

图 8-20　母猪阴户肿大，有黏液流出，时做努责，但不见小猪产出

2. 治疗

确定难产的种类，查明原因，并采取相应的措施。将手伸入产道，检查子宫颈是否开张，骨盆腔是否狭窄，有无骨折、肿瘤，胎儿是否进入盆腔口，胎儿是否过大，以及胎位、胎向、胎姿是否正常。

（1）娩出力微弱。当子宫颈未充分开张、胎囊未破时，可隔着腹壁按摩子宫，促进子宫肌的收缩；子宫颈已经开张时，可向产道注入温肥皂水或油类润滑剂，然后将手伸入产道抓住胎儿头或两后肢慢慢拉出；如子宫颈已开，胎儿产出无障碍时，可注射垂体后叶素或催产素 10~30IU。

（2）骨盆狭窄及胎儿头过大。胎儿过大或母猪产道狭窄所致难产多见于初产母猪，可将产道涂少量的润滑剂，用手牵引，缓缓拖出，必要时可行截肢术或剖腹产。

（3）胎位、胎势、胎向异常。如横腹位、横背位、倒生以及两个胎儿同时挤入产道等，首先，应将胎儿推入腹腔，纠正胎儿的位置，采取正生或倒生，牵引两前肢或后肢，慢慢拉出。

助产的注意事项：所用器械必须煮沸消毒，术者应修剪指甲、洗手、消毒并涂润滑油。助产时先将母猪外阴用 0.2% 的新洁尔灭洗净，手伸入产道必须小心触摸，胎儿取出后，应及时擦净胎儿口鼻中黏液，如有假死，应将仔猪后肢提起轻拍或人工呼吸。

难产母猪经过助产尚不能将仔猪全部产出的，可考虑剖腹术。

七、胎衣不下

胎衣不下，又称胎衣滞留，是指母猪分娩后，胎衣（胎膜）在 1h 内不排出。胎衣不下主要与产后子宫收缩无力和胎盘炎症有关。流产、早产、难产之后或子宫内膜炎、胎盘炎、管理不当、运动不足、母体瘦弱时，也可发生胎衣不下。

（一）临床体会

猪胎衣不下一般预后不良，应引起重视，因泌乳不足，不仅影响仔猪的发育，而且也可引起子宫内膜炎，使以后不易受孕。非贵重品种或后备母猪充足时，不建议治疗，待断乳后，应及时淘汰。

（二）临床症状

胎衣不下分全部胎衣不下和部分胎衣不下两种，多为部分不下。全部胎衣不下时，胎衣悬垂于阴门之外，呈红色、灰红色和灰褐色的绳索状（图 8-21），常被粪土污染；部分胎衣不下时，残存的胎儿胎盘仍存留于子宫内，母猪常表现不安，不断努责，体温升高，食欲减退，泌乳减少，喜喝水，精神不振，卧地不起，阴门内流出暗红色带恶臭的液体，内含胎衣碎片，严重者，可引起败血症。

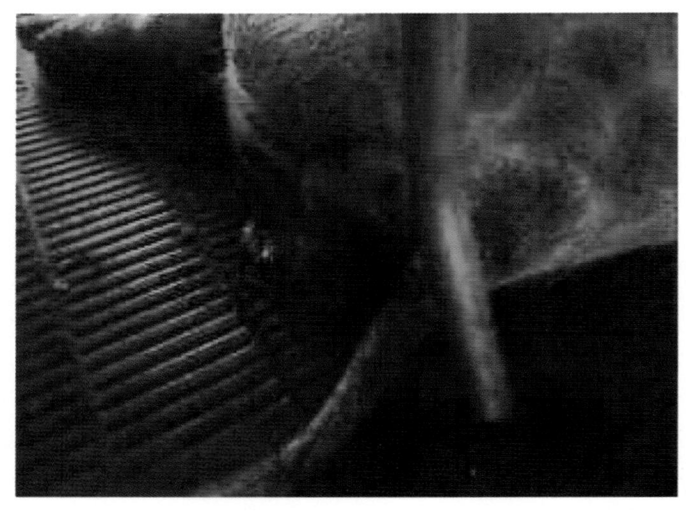

图 8-21　胎衣悬垂于阴门之外，呈红色、灰红色和灰褐色的绳索状

（三）防治

1. 预防

加强饲养管理，适当运动，增喂钙及维生素丰富的饲料，可有效预防猪胎衣不下。

2. 治疗

治疗原则为加快胎膜排出，控制继发感染。

注射脑垂体后叶素或缩产素 20~40IU。也可静脉注射 10% 氯化钙 20mL，或 10% 葡萄糖酸钙 50~100mL。

以上处理无效时，可将手伸入子宫剥离并拉出胎衣。猪的胎衣剥离比较困难。用 0.1% 高锰酸钾溶液冲洗子宫，导出洗涤液后，投入适量抗生素（1g 土霉素加 100mL 蒸馏水溶解，注入子宫）。

中药治疗：当归 10g、赤芍 10g、川芎 10g、蒲黄 6g、益母草 12g、五灵脂 6g，水煎取汁，候温喂服。

八、阴道脱及子宫脱

阴道的部分或全部脱出于阴门之外，称阴道脱出。分阴道上壁脱出和下壁脱出，以下壁脱出为多见。日粮中缺乏常量元素及微量元素，运动不足，阴道损伤及老猪、弱猪等使固定阴道的结缔组织松弛，是其主要原因，便秘、腹泻、阴道炎，以及分娩及难产时的阵缩、努责等，致使腹内压增加，是其诱因。由霉菌毒素引起的外阴道炎暴发时，30% 的发病母猪可以发生阴道脱垂。

（一）临床体会

阴道脱和子宫脱易修复，但近几年，霉菌毒素造成的脱出，如不采取手术切除，极易再脱出，因霉菌毒素作用，致使肿胀的阴道或子宫持续肿胀很长时间。难产助产后易造成子宫完全脱出，子宫体积大，这种情况还纳时，一定要找出最后外翻子宫口，从子宫口有顺序的还纳，否则，很难复位（图 8-22）。

（二）临床症状

一般无全身症状，多见病猪不安、弓背、回顾腹部和作排尿姿势。

（1）部分脱出：常在卧下时，见到形如鹅卵到拳头大的红色或暗红色的半球状阴道襞突出于阴门外，站立时缓慢缩回。但当反复脱出后，则难以自行缩回。

（2）完全脱出：多由部分脱出发展而成，可见形似网球大的球状物突出于阴门外，其末端有子宫颈外口，尿道外口常被压在脱出阴道部分的底部，故虽能排尿但不流畅。脱出的阴道，初呈粉红色，后因空气刺激和摩擦而淤血水肿，渐成紫红色肉胨状，极脆易裂，进而出血、结痂、糜烂。个别伴有膀胱脱出（图 8-23）。

图 8-22　赤霉素造成

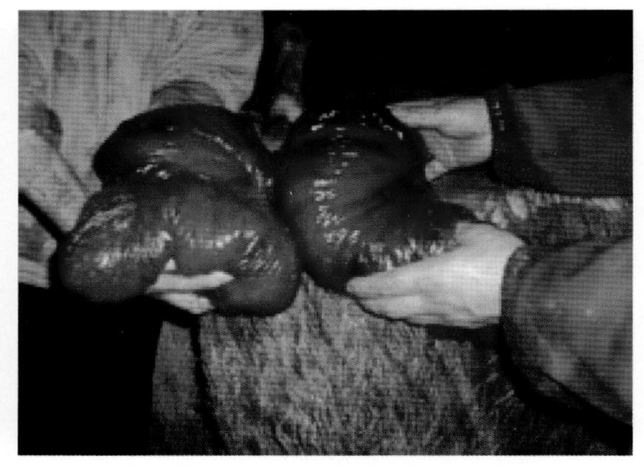

图 8-23　母猪难产用手掏出仔猪，约 1 小时子宫完全脱产

（三）防治

（1）部分脱出的治疗：站立时能自行缩回者，一般不需整复和固定。在加强运动、增强营养，减少卧地，多能自愈。当站立时不能自行缩回者，则应进行整复固定，并配以药物治疗。

（2）完全脱出的治疗：应行整复固定，并配以药物治疗。整复时，将病猪保定在前低后高的地方，小猪可以倒提，裹扎尾巴并拉向体侧，选用 2%明矾水、1%食盐水、0.1%高锰酸钾溶液、0.1%雷夫诺尔或淡花椒水，清洗局部及其周围。水肿严重时，热敷挤揉或划刺以使水肿液流出。然后用消毒的湿纱布或涂有抗菌药物的细纱布把脱出的阴道包盖，趁猪不甚努责的时候用手掌将脱出的阴道托送还纳后，取出纱布。取治脱穴（阴唇中点旁开 1mm）及后海穴龟针，或在两侧阴唇黏膜下蜂窝织内注入 70%酒精 30~40mL，或以栅状阴门托或绳网结予以固定，亦可用消毒的粗缝线将阴门上 2/3 作减张缝合或纽扣状缝合。当病猪剧烈努责而影响整复时，可作硬膜外腔麻醉或骶封闭。

脱出的阴道有严重感染时，应注射抗生素。必要时，可行阴道部分切除术。

九、产褥热

产褥热是母猪在分娩过程中或产后，在排出或助产取出胎儿时，软产道受到损伤，或恶露排出迟滞引起感染而发病，又称产后败血症。

（一）临床体会

产褥热是母猪在分娩过程中或产后，在排出或助产取出胎儿时，软产道受到损伤，或恶露排出迟滞引起感染而发生，又称产后败血症、产后风。本病是由产后子宫感染病原菌而引起高热。临床上以产后体温升高、寒战、食欲废绝、阴户流出褐色带有腥臭气味分泌物为特征的疾病。助产时消毒不严，或产圈不清洁，或助产时损伤产道黏膜，致产道感染细菌（主要是溶血链球菌、金黄色葡萄球菌、化脓棒状杆菌、大肠杆菌），这些病原菌进入血液大量繁殖，产生毒素而发生产褥热。

（二）临床症状

产后不久，病猪体温升高到 41℃至 41.5℃，打寒战，食欲下降或食欲废绝，泌乳减少，乳房缩小，呼吸加快，表现衰弱，时时磨齿，四肢末端及耳尖发冷，有时阴道中流出带臭味的分泌物。

产后 2~3 天发病，体温达 41℃而稽留，呼吸迫促，脉搏加快，每分钟超过 100 次，甚至达 120 次。精神沉郁，躺卧不起，耳及四肢寒冷，常卧于垫草内，起卧均现困难。行走强拘，四肢关节肿胀，发热、疼痛，排粪先便秘后下痢，阴道黏膜肿胀污褐色，触之剧痛。阴户常流褐色恶臭液体和组织碎片，泌乳减少或停止（图 8-24、图 8-25）。

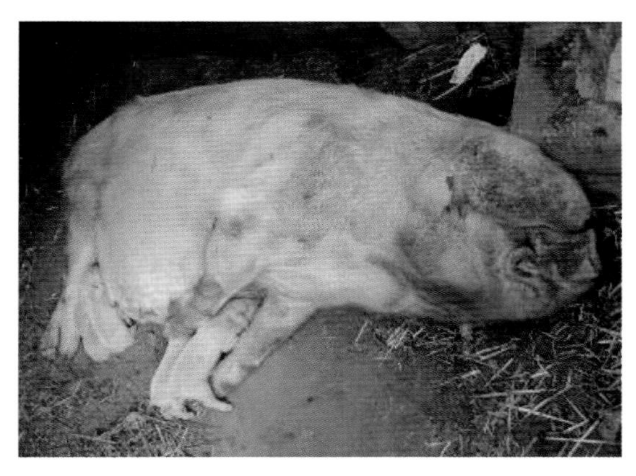

图 8-24　产后发热泌乳不足，乳猪消瘦，血糖低

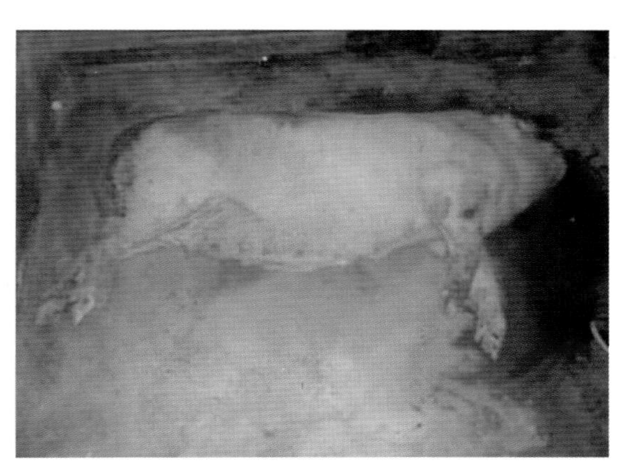

图 8-25　多次试图站立无果，摔破齿龈致使口腔出血

（三）防治

1. 预防

在分娩前搞好产房的环境卫生，垫草暴晒干净，分娩时，助产者必须严密消毒双手后方可进行助产，并准备碘酒和一盆消毒药水 (2% 来苏儿液或 0.1% 新洁尔灭) 随时备用，以保证助产无菌、阴道无创伤，避免发生感染。在母猪产出最后 1 头仔猪后 36~48 小时，肌注前列腺素 2mg，可排净子宫残留内容物，避免发生产褥热。加强猪舍卫生工作，母猪产前圈床应垫上清洁干草，助产时，严格消毒，切勿损伤子宫，如有损伤，就应及时处理。

2. 治疗

可用 3% 双氧水或 0.1% 雷佛奴尔溶液冲洗子宫，冲洗完毕须将余液排出，适当选用磺胺类药物或青霉素，必要时加链霉素，肌注 0.01~0.02g/kg/ 日，分 1~2 次注射。青霉素肌注 4 000~10 000IU/kg，每 24 小时注射 1 次，油剂普鲁卡因青霉素 G，肌注 4 000~10 000IU/ 千克，每 24 小注射 1 次。帮助子宫排出恶露，可应用脑垂体后叶素 20~40IU 注射，或用益母草 100g 煎水。中草药：① 当归、炒川芎、大桃仁各 15g，炮姜炭、怀牛膝各、木红花各 10g、益母草 20g，煎服，连服 2~3 次。② 乌豆壳 200g、桃仁 40g、生韭菜 100~200g，煎水 1 次内服。

十、乳房炎

母猪的乳房炎是哺乳母猪常见的一种疾病，多发于一个或几个乳腺，临诊以红、肿、热、痛及泌乳减少为特征。

（一）临床体会

乳房炎的发病原因很多，不同因素均可引起发病：母猪腹部松垂，尤其是经产母猪的乳头几乎接近地面，常与地面摩擦受到损伤，或因仔猪吃奶咬伤乳头，或因母猪圈舍不清洁，由乳头管感染细菌(链球菌、葡萄球菌、大肠杆菌和绿脓杆菌)。母猪在分娩前后，喂饲大量发酵和多汁饲料，乳汁分泌旺盛，乳房乳汁积滞也常会引起乳房炎。当母猪患有子宫炎等疾病时，也常继(并)发乳房炎（图 8–26、图 8–27）。

（1）多发生于初次饲养母猪的养猪场（户），因担心母猪泌乳不足，采取的补饲方法不当，补饲时间早，往往在母猪分娩后就补饲，且补饲的饲料质量过好，数量过多，导致泌乳量过多，加之仔猪小，吮乳量有限，乳汁积滞而致发乳房炎。

（2）猪舍卫生差，湿度大，母猪分娩后，机体抵抗力相对处于弱势，细菌通过松弛的乳头孔侵入或乳房、乳头受体表寄生虫侵袭，诱发乳房炎。

（3）母猪分娩后，泌乳不足，加之仔猪较多时，不容易固定乳头，仔猪抢咬伤乳头后感染所致。

（4）有些品种猪脊背过于凹陷，或老年经产母猪，腹部松弛、下垂，妊娠后期乳头触地磨擦而感染。

（5）上述因子的协同作用。

（二）临床症状

1. 急性乳房炎

患病乳房有不同程度的充血(发红)、肿胀(增大、变硬)、温热和疼痛，乳房上淋巴

图 8–26　乳房炎母猪四肢收于腹下压住乳房，拒绝哺乳

图 8–27　乳房炎患病母猪乳房红肿

结肿大，乳汁排出不畅或困难，泌乳减少或停止；乳汁稀薄，含乳凝块或絮状物，有的混有血液或脓汁。严重时，除局部症状外，尚有食欲减退、精神不振、体温升高等全身症状。

2. 慢性乳房炎

乳腺患部组织弹性降低，硬结，泌乳量减少，挤出的乳汁变稠并带黄色，有时内含凝乳块。多无明显全身症状，少数病猪体温略高，食欲降低。有时由于结缔组织增生而变硬，致使泌乳能力丧失。

结核性乳房炎表现为乳汁稀薄似水，进而呈污秽黄色，放置后有厚层沉淀物；无乳链球菌性乳房炎表现为乳汁中有凝片和凝块；大肠杆菌性乳房炎表现为乳汁呈黄色；绿脓杆菌和酵母菌性乳房炎表现为乳腺患部肿大并坚实。

（三）防治

1. 预防

要加强母猪猪舍的卫生管理，保持猪舍清洁，定期消毒。母猪分娩时，尽可能使其侧卧，助产时间要短，防止哺乳仔猪咬伤乳头。

2. 治疗

（1）青霉素 400 万 IU，链霉素 2g，注射用水 10~20mL，混合一次肌注，2 次 / 天，连续 3~5 天。

（2）糖盐水 1 500mL，注射用阿莫西林 3g，地塞米松磷酸钠 15mg，安乃近注射液 10mL，混合一次静脉注入，2 次 / 天，连续 3~5 天。

（3）0.25% 盐酸普鲁卡因溶液 10~30mL，加入青霉素 160 万 IU，在乳房实质与腹壁之间进行乳基封闭疗法，2~3 次 / 天，连续 3~5 天。

（4）乳房热敷和按摩对慢性病例可促进血液循环，但对发热、急性和有痛感的乳腺需用冷敷疗法，以抑制渗出。

十一、妊娠期 B 超检测

利用超声波的物理特性进行诊断和治疗的一门影像学科，称为超声医学。其临床应用范围广泛，目前已成为现代临床医学中不可缺少的诊断方法。养猪生产中，使用最多的是测孕和测背膘。

（一）孕猪扫描部位

腹部倒数第 1 个与第 2 个乳头之间上部，要清洁探测部位、无污物后，探测部位涂抹耦合剂，并稍微用力贴近皮肤，调整探头与脊椎呈 45° 角进行前后、上下定点呈扇形慢慢探测，切勿在皮肤上滑动探头和快速扫描。怀孕早期诊断，探头方向应调整在耻骨前缘，骨盆腔入口方向（图 8-28、图 8-29）。

（二）测孕扫描影像特征

1. 空怀母猪影像特征

空怀母猪，可能扫查不到子宫角，常被充气的肠管阻挡，充气的肠管呈云雾状强反射，或画面颜色基本均匀、一致，不显示黑洞（图 8-30）。

2. 孕初母猪影像特征

有时可见画面羊水呈蜂窝状，每一个黑洞显示一个胎儿，21~40 天（图 8-31、图 8-32）。

3. 孕中母猪影像特征 40~80 天

与孕初比较，此时羊水减少，胎儿骨骼发育形成，可以通过观察胎儿骨骼来判断（图 8-33）。

4. 孕末母猪影像特征

此期生长迅速，骨骼显示明显，胎儿羊水已不存在。画面可显示胎儿脊椎和肋骨。

因母猪乱动，拍照片较困难，以下图片是笔者拍摄的视频截图，不够清晰，仅供为参考。

图 8-28　探测部位和方法

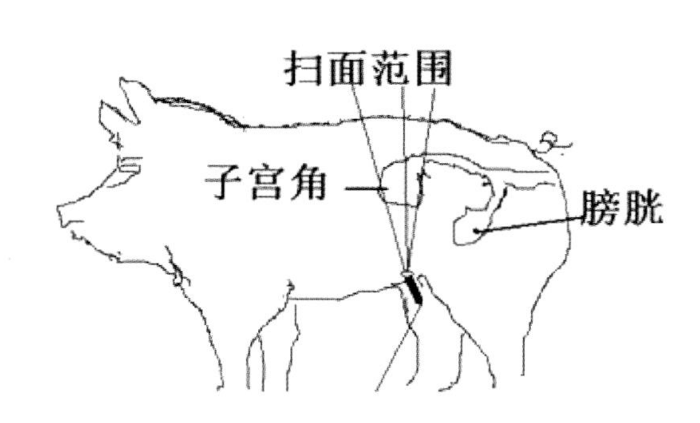

图 8-29　扫描范围示意图

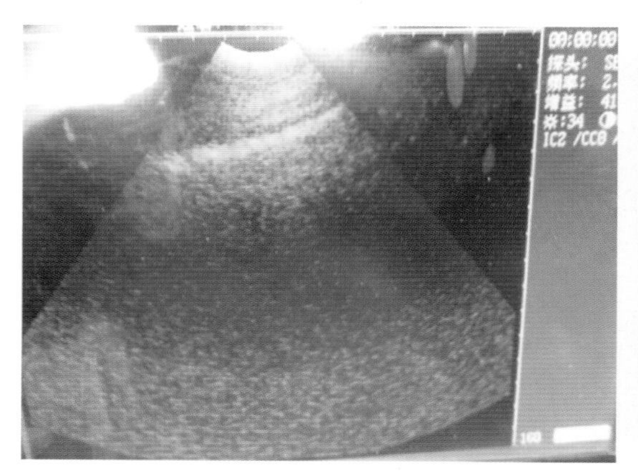

图 8-30　空怀画面

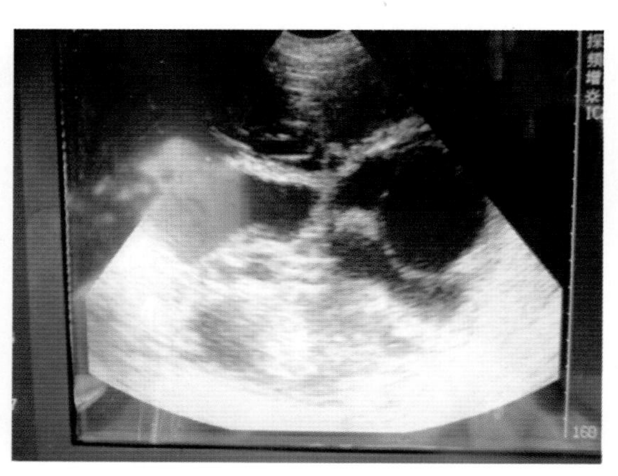

图 8-31　妊娠 26 天画面

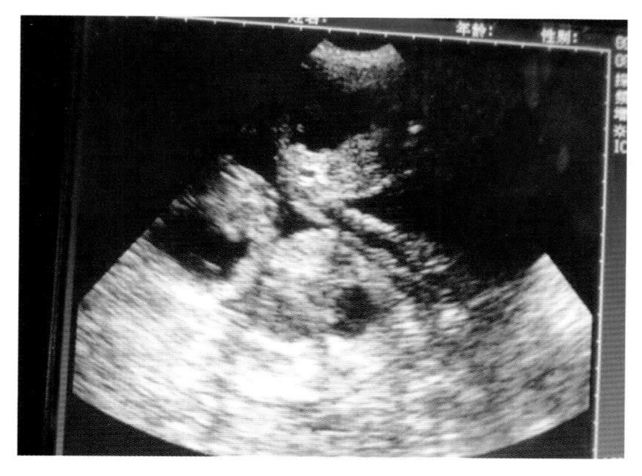

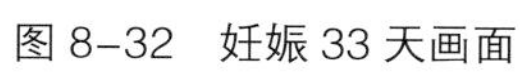
图 8-32 妊娠 33 天画面

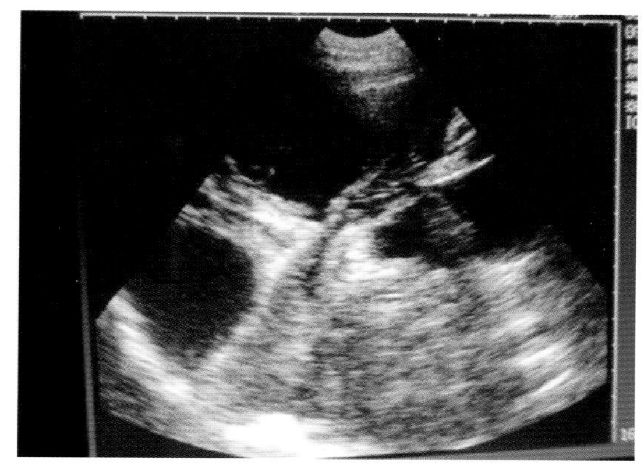

图 8-33 妊娠 50 天画面

参考文献

（美）齐默尔曼等 . 2014. 猪病学（第十版）[M]. 赵德明等主译 . 北京：中国农业大学出版社 .

张弥申 . 2014. 猪病误诊解析彩色图谱 [M]. 北京：中国农业出版社 .

赵德明 . 2012. 兽医病理学（第 3 版）[M]. 北京：中国农业大学出版社 .

杨汉春 . 2009. 猪传染病策略防控大讲堂 [M]. 北京：中国农业出版社 .

芦惟本 . 2012. 跟芦老师学猪的病理剖检 [M]. 北京：中国农业出版社 .

张弥申 . 2013. 十大猪病诊断多病例对照图谱 [M]. 北京：中国农业科学技术出版社 .

潘耀谦 . 2010. 猪病诊治彩色图谱（第二版）[M]. 北京：中国农业出版社 .

蔡宝祥 . 1997. 郑明球，猪病诊断和防治手册 [M]. 上海：科学技术出版社 .

陈怀涛 . 2008. 兽医病理学原色图谱 [M]. 北京：中国农业出版社 .

王春傲 . 2010. 猪病诊断与防治原色图谱 [M]. 北京：金盾出版社 .

宣长和 . 2010. 猪病学（第三版）[M]. 北京：中国农业大学出版社 .

吴家强 . 2012. 猪常见病快速诊疗图谱 [M]. 济南：山东科学技术出版社 .

甘孟侯 . 2005. 杨汉春，中国猪病学 [M]. 北京：中国农业出版社 .

宣长和 . 2013. 规模化猪场疾病信号监测诊治辩证法一本通图谱 [M]. 北京：中国农业科学技术出版社 .